普通高等教育"十二五"规划教材

功能陶瓷材料及制备工艺

吴玉胜　李明春　编著

化学工业出版社

·北京·

本书主要介绍了功能陶瓷的基本性质、组成结构、性能特点、制备工艺以及功能陶瓷在电、热、力、声、磁等方面的基础理论和应用知识，突出基础性和前瞻性。

全书共分为7章，分别为：功能陶瓷概述、电磁功能陶瓷的物理基础、功能陶瓷的生产工艺、电介质陶瓷、压电陶瓷、敏感陶瓷、超导陶瓷。并且结合几类典型功能陶瓷材料（包括介电、铁电、压电、导电、敏感、超导和磁性陶瓷）的功能效应、结构特征、制备原理和应用基础来阐述功能陶瓷的基本原理、组成-结构-性能关系和发展趋势，同时对各类功能陶瓷材料的生产工艺过程也作了简要介绍。

本书可作为高等学校有关先进性陶瓷材料的专业教学用书，也可供功能陶瓷材料研究应用及其元器件生产开发的科技人员参考。

图书在版编目（CIP）数据

功能陶瓷材料及制备工艺/吴玉胜，李明春编著. 北京：化学工业出版社，2013.9（2023.8重印）
普通高等教育"十二五"规划教材
ISBN 978-7-122-18101-5

Ⅰ.①功…　Ⅱ.①吴…②李…　Ⅲ.①功能材料-陶瓷-高等学校-教材　Ⅳ.①TQ174.75

中国版本图书馆CIP数据核字（2013）第176865号

责任编辑：杨　菁　石　磊　　　　　　文字编辑：李　玥
责任校对：顾淑云　　　　　　　　　　装帧设计：刘丽华

出版发行：化学工业出版社（北京市东城区青年湖南街13号　邮政编码100011）
印　　装：北京机工印刷厂有限公司
787mm×1092mm　1/16　印张12　字数289千字　2023年8月北京第1版第9次印刷

购书咨询：010-64518888　　　　　　售后服务：010-64518899
网　　址：http：//www.cip.com.cn
凡购买本书，如有缺损质量问题，本社销售中心负责调换。

定　　价：49.00元

前　言

功能陶瓷材料为新材料的重要组成部分，是高新技术产业发展的三大基础材料之一，被广泛应用于国民经济的各个领域中。它与传统陶瓷材料最主要的区别是具有电、磁、声、光、热和力等直接效应及其耦合效应所提供的一种或多种特性和功能。功能陶瓷和传统陶瓷、结构陶瓷所发挥的作用完全不同，例如，航天技术中导航用的陀螺或加速器是由压电陶瓷制成的；半导体功能陶瓷制成的自控温恒温发热体，可根据环境温度自动调节热量大小，实现"按需供热"，其他很多功能陶瓷材料也都在我们的生活中发挥着巨大的作用。当前，功能陶瓷材料产业已渗透到国民经济、国防建设和人民生活的各个领域，对电子信息、生物技术、航空航天等一大批高新技术产业的发展起着支撑和先导作用，同时也推动着诸如机械、能源、化工等传统产业的制造和产品结构的调整。世界各国对功能陶瓷材料的研究、开发和产业化都给予了高度重视，我国也将功能陶瓷材料列为科技开发和产业化计划支持的重要领域。

本书是在国内现有相关著作内容体系的基础上，将陶瓷制备传统工艺和当代最新陶瓷材料制备工艺技术、方法及设备有机地结合起来进行阐述，更加具有基础性、系统性、前沿性和实用性。全书对功能陶瓷的基础理论，代表性功能陶瓷材料的化学组成、微观结构、制备工艺、性能特点、主要应用以及它们之间的相互关系，生产实际中必须掌握的重要关键技术、经常遇到的问题和解决方法进行了系统介绍。使读者能够充分掌握功能陶瓷的基本性质、应用和制备工艺原理，并对功能陶瓷材料及元器件的结构、设计原理和生产工艺等有较全面的了解。因此，可以作为材料科学与工程专业学生的基础课教材，使学生顺应我国特种陶瓷工业迅速发展的形势，满足先进陶瓷相关专业人才培养的需求，实践"厚基础、宽口径、重实践、强应用、善创新"的现代人才培养理念。也可供功能陶瓷材料研究应用及其元器件生产开发的科技人员参考。

本书参编人员主要有沈阳工业大学材料科学与工程学院吴玉胜、李明春，在编写过程中得到了沈阳工业大学无机非金属材料教研室的大力支持，在此谨向沈阳工业大学无机非金属材料教研室的各位老师表示感谢。

由于编者水平所限，书中存有不当之处在所难免，还望读者批评指正。

编著者
2013 年 6 月

目　录

第1章 概 述

功能陶瓷具有独特的电、光、热、声、磁、生物、力学、化学和物理等特性，是新材料的重要组成部分。新材料是指那些新出现或已在发展中的、具有传统材料所不具备的优异性能的材料。其主要范围是：电子信息、光电、超导材料；生物功能材料；能源材料和生态环境材料；高性能陶瓷材料、智能材料等。人们把新材料、信息技术和生物技术并列为新技术革命的重要标志，作为新材料重要组成的功能陶瓷材料在人类社会进步和发展过程中有着非常重要的地位和作用。对它的研究在无机材料研究领域中非常活跃并具有十分诱人的前景。可以说，研究功能陶瓷材料的合成与制备、组成与结构、性能与使用效能之间的关系和规律，已经成为一门新的学科。

1.1 功能陶瓷的地位及定义

现在将陶瓷一般分为两大类：传统陶瓷和先进陶瓷（advanced ceramics）。传统陶瓷以天然的硅酸盐矿物烧制而成，人们一般将它称为传统陶瓷或普通陶瓷，也叫硅酸盐陶瓷，诸如日用陶瓷、艺术陶瓷和工业陶瓷（电力工业用的高压电瓷、化学工业用耐腐蚀的化工陶瓷、建筑工业用的建筑陶瓷和卫生陶瓷等）。与之相区别，人们将近代发展起来的各种陶瓷总称为先进陶瓷，先进陶瓷又称现代陶瓷、精细陶瓷（fine ceramics）、特种陶瓷（special ceramics）和高技术陶瓷（high technology ceramics）、高性能陶瓷（high performance ceramics）等。它是为了与传统陶瓷相区别而命名的。

先进陶瓷在原料和制备工艺上都在传统硅酸盐陶瓷的基础上，进行了很大的改进。①在原料上，传统陶瓷以天然矿物原料为主体，先进陶瓷是以精制、高纯的化工产品为原料，且材料的组成已远远超出硅酸盐的范围。②制备工艺上，无论是在成型方法或是在烧成工艺方面，它都在传统陶瓷工艺基础上发展和创造出一系列新的工艺技术。所以先进陶瓷在化学组成、内部结构、性能和使用效能等各方面都不同于传统陶瓷。它与传统陶瓷最主要的区别是具有优良的力学、热学、电性、磁性、旋光性等各种特性和功能。先进陶瓷广泛应用于工业机械设备、燃气具行业、汽车（摩托车）行业、纺织工业、机电行业、医疗器械等领域。随着经济的发展，高科技陶瓷的应用范围也不断扩大，其应用范围从电容器、滤波器、点火器、保温材料、医疗器械和通信元件等方向已扩展到航天、卫星及半导体芯片等高新技术领域。先进陶瓷可以"上天入地"，"上天"指特种陶瓷应用于航天科技行业，"入地"指特种陶瓷可以应用于汽车等行业。目前，特种陶瓷涵盖了可用于电子行业的纳米陶瓷、用于航天器的烧蚀材料、用于气体泄漏检测的气敏陶瓷、与肌体相容的生物陶瓷、用于光学材料的透明陶瓷等。据统计，进入21世纪以来，世界特种陶瓷制作品每年以15%～20%的速度增长。

我国特种陶瓷的研究和生产在过去二十九年中得到很大发展，但在实际应用、生产水平和工业化程度上仍然与发达国家相差甚远。2010年我国特种陶瓷产值已达到300亿元，预计到2015年我国特种陶瓷产值可达到450亿元，市场需求巨大。我国特种陶瓷资源十分丰富，科研力量较强，我国从事特种陶瓷开发研制的高校、科研院所和生产企业已超过 500 余家，其中研发生产功能陶瓷的单位占 65%，研发生产结构陶瓷的单位占 35%。其中，中国科学院、上海硅酸盐研究所、清华大学等对我国特种材料研究起到了重要的推动作用。

先进陶瓷按照其在使用中的作用，可分为结构陶瓷（structural ceramics）和功能陶瓷（functional ceramics）两大类。

结构陶瓷是指在应用时主要利用其力学机械、热及部分化学功能的先进陶瓷，如果能在高温下应用的则称为高温结构陶瓷。

功能陶瓷是指应用时主要利用其非力学性能的先进陶瓷材料，这类材料通常具有一种或多种功能，如电学、磁学、光学、热学、化学、生物等；有的有耦合功能，如压电、压磁、热电、电光、声光、磁光等。

先进陶瓷中功能陶瓷占较大部分（60%～70%），目前功能陶瓷和结构陶瓷的产值比为 3∶1。世界功能陶瓷年产值约 70 亿美元以上。按品种其产值百分比为：电容器 21%，磁性瓷 18%，集成封装 15%～16%，压电瓷 11%，热敏电阻 5.6%，传感元件 5.1%，基片 2.4%，变阻器 1.9%。可见，在功能陶瓷中电磁功能陶瓷所占的比例可达 80% 左右，这些元件主要用于计算机、通信、电视、广播、家用电器、空间技术、自动化、汽车及医疗等领域。我国已有近百个功能陶瓷生产厂、研究所和设计院。主要生产和研究的是在微电子、光电子信息和自动化技术中应用的电子陶瓷制品。

1.2 功能陶瓷的种类及应用

1.2.1 电磁功能陶瓷

电磁功能陶瓷是指主要利用其电学和磁学性能的功能陶瓷。电磁陶瓷包括电介质陶瓷、敏感陶瓷、磁性陶瓷和超导陶瓷等。

（1）电介质陶瓷

电介质陶瓷是指电阻率大于 $10^8\ \Omega \cdot m$ 的陶瓷材料，它能承受较强的电场而不被击穿。按电介质陶瓷在电场中的极化特性，可分为电绝缘陶瓷和电容器陶瓷。电介质陶瓷在静电场或交变电场中使用时，衡量其特性的主要参数是体积电阻率、介电常数和介电损耗。随着材料科学的发展，在这类材料中又相继发现了压电、铁电和热释电等性能，因此电介质陶瓷作为功能陶瓷又在传感、电声和电光技术等领域中得到广泛应用。

① 电绝缘陶瓷　在电子陶瓷中，占有最重要位置的是绝缘体。特别是高级集成电路用的绝缘基片或封装材料，在电器设备中应用极为广泛。电绝缘陶瓷又称为装置瓷，有人也称它为电子工业用的结构陶瓷，具有优良的电绝缘性能，用作电子设备和器件中安装、固定、支撑、保护、绝缘、隔离及连接作用的结构件、集成电路的绝缘基片和外壳等的电子陶瓷。在电子及电器设备中，电绝缘瓷主要用于高频绝缘子、线圈骨架、电子管座、插座、磁轴、瓷条、瓷管、基板、波段开关片、磁环、电容器支柱支架、集成电路基片和封装外壳等。陶瓷基片为绝缘陶瓷材料的主要研究方向，市场占有率也比较高。

电绝缘陶瓷应具备以下基本性质：

a. 高的体积电阻率 ρ（室温下大于 $10^{10}\ \Omega \cdot m$）和高的介电强度 E_J（大于 $10^4 kV/m$），以减少漏导损耗和承受较高的电压。

b. 介电常数 ε 小（常小于 9），可以减少不必要的电容分布值，避免在线路中产生恶劣的影响，从而保证整机的质量。此外，介电常数越小，在使用中所产生的介电损耗也越小，这对保证整机的正常运转也是有利的。

c. 高频电场下的介电损耗要小（$\tan\delta$ 一般在 $2\times10^{-4}\sim9\times10^{-3}$ 范围内）。介电损耗大，材料会消耗电能而发热，使整机温度升高，影响工作。另外，介电损耗大还可能造成一系列附加的衰减现象。

d. 机械强度要高，因为电绝缘陶瓷在使用时，一般都要承受较大的机械负荷。通常抗弯强度为 $40\sim300\text{MPa}$，抗压强度为 $400\sim2000\text{MPa}$。

e. 良好的化学稳定性，能耐风化、耐水、耐化学腐蚀，保证使用过程中不致性能老化。

电绝缘陶瓷材料按瓷坯中主要矿物成分可分为钡长石瓷、高铝瓷、莫来石瓷、刚玉瓷、滑石瓷、镁橄榄石瓷、硅灰石瓷及锆英石瓷等。

② 电容器陶瓷　主要是用于制造电容器两极板间绝缘介质的陶瓷材料，称为电容器陶瓷。陶瓷电容器以其体积小、容量大、结构简单、高频特性优良、品种繁多、价格低廉、便于大批量生产而广泛应用于家用电器、通信设备、工业仪器仪表等领域。电子工业特别是计算机和通信（包括信息高速公路）行业，都需要用到很多要求尺寸小而薄，同时电容量大、工作电压低的电容器。固体电解电容器只能适用于直流场合，因此在交流的情况下，半导体陶瓷电容器则具有其特殊的重要性。所以这类陶瓷材料用量最大、规格品种也最多。

电容器陶瓷材料在性能方面要满足下列基本要求：

a. 陶瓷的介电常数应尽可能的高。介电常数越高，陶瓷电容器的体积可以做的越小。

b. 陶瓷材料在高频、高温、高压及其他恶劣环境下，应能可靠、稳定地工作。

c. 介电损耗角正切要小，这样可以在高频电路中充分发挥作用，对于高频率陶瓷电容器能提高无功功率。

d. 比体积电阻要求高于 $10^{10}\,\Omega\cdot\text{m}$，这样可保证在高温下工作不致失效。

e. 高的介电强度。陶瓷电容器在高压和高功率条件下，往往由于击穿而不能工作，所以提高其耐压性能，对充分发挥陶瓷的功能有重要作用。

若按制造陶瓷电容器的材料性质可将电容器陶瓷分为四大类。第一类为非铁电电容器陶瓷，其特点是高频介电损耗小，在使用的温度范围内介电常数随温度变化而呈线性变化，因此又称热补偿电容器陶瓷；第二类为铁电电容器陶瓷，其特点是介电常数呈非线性（随温度和电场）且值高，又称强介电常数电容器陶瓷；第三类为反铁电电容器陶瓷；第四类为半导体电容器陶瓷。

③ 压电陶瓷　压电陶瓷是一种经极化处理后的人工多晶铁电体，属于铁电体一类的物质，利用陶瓷的压电效应进行工作。所谓压电效应是指在无对称中心的晶体上施加一定压力时，晶体发生与压力成比例的极化，导致晶体两端表面出现符号相反的电荷，称为正压电效应。反之，当对这类晶体施加一定的电场时，晶体产生与电场成比例的应变，这种现象称为逆压电效应。石英晶体是最早发现的压电晶体，1880 年法国人居里兄弟发现了石英晶体"压电效应"。石英目前仍是应用最好和最重要的压电晶体之一。最早使用的压电陶瓷材料是钛酸钡（BaTiO_3）。它的压电系数约为石英的 50 倍，但居里点温度只有 115℃，使用温度不超过 70℃，温度稳定性和机械强度都不如石英。目前使用较多的压电陶瓷材料是锆钛酸铅（PZT）系列，它是钛酸铅（PbTiO_3）和锆酸铅（PbZrO_3）组成的 $[\text{Pb}(\text{ZrTi})\text{O}_3]$。居里点在 300℃ 以上，性能稳定，有较高的介电常数和压电系数。

利用压电陶瓷的正压电效应或逆压电效应可以实现将变化的力转换为电或将电转换为机械振动。压电陶瓷的应用大致分为两大类：压电振子和压电换能器。利用压电效应实现机械能和电能相互转化的器件称为换能器；利用外电场使压电陶瓷产生机械谐振的器件称为压电振子。由压电陶瓷制成的产品已经遍布日常生活的各个角落，在化工、医疗、探测、计量、遥控等方面有重要作用。如煤气灶、热水器等的点火要用压电点火器；电子钟表、声控门、报警器、儿童玩具、电话等要用压电谐振器、蜂鸣器；银行、商店、超净厂房和安全保密场所的管理以及侦察、破案等场合都可能要用到能验证每个人笔迹和声音特征的压电传感器；常用电气产品如电视机等要用压电陶瓷滤波器、压电 SAW 滤波器、压电变压器，甚至压电风扇；收录机要用压电微音器、压电喇叭；照相机和录像机要用压电马达等。成熟的压电产品如滤波器、蜂鸣器、点火器、压电陀螺、换能器等的生产。

（2）半导体陶瓷

半导体陶瓷是功能陶瓷研究的又一个热点。半导体陶瓷的基本特征是这种陶瓷具有半导体性质。通常认为只有复杂工艺得到的单晶才具有半导体性质，而简单工艺制得的陶瓷一般为绝缘体。但事实证明，正是用简单陶瓷工艺制得的某些陶瓷具有优良的半导体性质，且价格低廉，这类陶瓷已成为功能材料中的一个重要的、富有生命力的分支。

半导体陶瓷的电阻率显著受外界环境的影响，例如受温度、光照、电场、磁场、气氛、湿度等变化的影响。半导体陶瓷制品能将外界这些物理量的变化转化为可供测量的电信号，从而可做成各种传感器来检测温度、光、电、气体、湿度、压力、速度、流量和离子浓度等。传感器在现代工业自动化进程中有着十分重要的地位，广泛用于工业检测、控制仪表、交通运输、汽车、机器人、防止公害、防灾、公安以及家用电器等各个领域。由于半导体陶瓷多用于制造敏感元件，所以常将半导体陶瓷称为敏感陶瓷。

敏感陶瓷绝大部分是由各种氧化物组成的，由于这些氧化物多数具有比较宽的禁带（通常禁带宽度 E_g 不小于 3eV），在常温下它们都是绝缘体。通过微量杂质的掺入，控制烧结气氛（化学计量比偏离）及陶瓷的微观结构，则可在导带与价带间创造出施主或受主能级，减小能级的间隙宽度，形成半导体陶瓷，使得陶瓷体可以导电。半导体陶瓷的电阻系数约为 $10^{-3} \sim 10^6 \Omega \cdot cm$，电导系数则会受到物质的能带结构、晶格缺陷、杂质含量及种类的影响。由于半导体陶瓷的电阻率、电动势等物理量会受到外在环境温度、电压、气氛等条件的影响，故半导体陶瓷材料可用来侦测周围温度、电压、环境气体成分或其他因素的变化。如 $ZrO_2-Y_2O_3$ 为氧离子导电瓷体，由于晶体内的氧缺陷，使得其导电度随环境中氧浓度变化而改变，利用此原理即可侦测汽车排气内的氧气浓度。常用的敏感陶瓷材料如 $SrTiO_3$、$BaTiO_3$、ZnO、TiO_2、Fe_2O_3、SiC 及其他过渡金属的氧化物等为基体系列半导体陶瓷材料。

（3）磁性陶瓷

在外加磁场中可以被磁化的陶瓷材料称为磁性陶瓷。目前被广泛使用的磁性陶瓷材料都是金属氧化物，因其化学组成通常是以三价铁为主，再搭配或掺入不同金属的氧化物，是氧和以铁为主的一种或多种金属元素组成的复合氧化物，所以这种陶瓷也称为铁氧磁体-铁氧体。铁氧体又名铁淦氧磁物，它是将铁的氧化物与其他某些金属氧化物用制造陶瓷的工艺方法制成的非金属磁性材料。因此铁氧体磁性来自两种不同的磁矩。一种磁矩在一个方向相互排列整齐；另一种磁矩在相反的方向排列。这两种磁矩方向相反，大小不等，两个磁矩之差，就产生了自发磁化现象。因此铁氧体磁性又称亚铁磁性。其特点为：全部为氧化物、以

Fe_2O_3 为主要成分，以及具有自发性的磁化效应。不含铁却具有铁磁性的氧化物材料有 $NiMnO_3$ 及 $CoMnO_3$ 等，其导电性与半导体相似，因其制备工艺和外观类似陶瓷而得名。磁性陶瓷材料具有强大的磁偶极、高的电阻系数、极低损耗等特性，铁氧磁体是主要的陶瓷磁性材料，从晶体结构分，目前已有尖晶石型、石榴石型、磁铅石型、钙钛矿型、钛铁矿型和钨青铜型等 6 种。

铁氧磁体可以加入不同过渡金属氧化物而形成具有高保磁力的硬磁铁氧体，或低保磁力的软磁铁氧体。软磁铁氧体具有高频损耗小的特点，广泛用于各种高频磁芯。硬磁铁氧体易于加工成各种形状，已经在扬声器、电表和发电机等仪器设备中得到有效应用。立方晶系软磁性铁氧磁体的化学通式可表示为 MFe_2O_4（或 $MO \cdot Fe_2O_3$），其中 M 代表二价的金属元素（如镁、镍、锌、锰等）。硬磁性六方晶系铁氧磁体的化学通式是 $MFe_{12}O_{19}$（或 $MO \cdot 6Fe_2O_3$），其中 MO 是离子半径较大的二价金属氧化物。

陶瓷磁性材料最常见的应用有录音带、录影带及电脑磁片上的磁粉镀层，块状的磁性陶瓷材料则应用于电动机、发电机、录音机磁头、电感、变压器等电子装置。在现代无线电电子学、自动控制、微波技术、电子计算机、信息储存、激光调制等方面都有广泛的用途。

（4）超导陶瓷

某些材料的温度降低到某一临界温度以下时，其电阻突然消失，这种现象叫做超导电现象。超导材料由于具有完全导电性和完全抗磁性，获得了广泛的应用。但由于早期的超导体只能存在于液氦极低温度条件下，而要获得液态氦非常困难，导致超导技术在电力系统中的应用始终处于实验阶段，这极大地限制了超导材料的应用。所以，研究者们一直致力于寻找具有更高临界温度的超导材料。

1986 年 4 月，美国国际商用机器 IBM 公司苏黎世实验室的马勒（K. A. Muller）和柏诺兹（J. G. Bednorz）发现了一种成分为钡、镧、铜、氧的陶瓷性金属氧化物 $LaBaCuO_4$，其临界温度约为 35K。由于陶瓷性金属氧化物通常是绝缘物质，打破了传统"氧化物陶瓷是绝缘体"的观念，引起世界科学界的轰动。1987 年 2 月，美国华裔科学家朱经武和中国科学家赵忠贤相继在钇-钡-铜-氧 YBCO（钇钡铜氧）系材料上把临界超导温度提高到 90K 以上，至此，液氮的禁区（77K）也奇迹般地被突破了。1988 年初，日本研制成临界温度达 110K 的 Bi-Sr-Ca-Cu-O 超导体。至此，人类终于实现了液氮温区超导体的梦想，实现了科学史上的重大突破。这类超导体由于其临界温度在液氮温度（77K）以上，因此被称为高温超导体。科学家还发现铊系化合物超导材料的临界温度可达 125K，汞系化合物超导材料的临界温度则高达 135K（如 Tl-Ba-Cu-O 系超导陶瓷，起始转变温度为 125K，Hg-Ba-Ca-Cu-O 系超导陶瓷，起始转变温度为 133K）。高温超导陶瓷材料的不断问世，为超导材料从实验室走向应用铺平了道路。

利用超导陶瓷的完全导电性可以制备无损耗传输电缆，这对节约能源意义显著。利用超导陶瓷的完全抗磁性可以制作高速超导磁悬浮列车，现实中最成功应用的例子就是磁悬浮列车，超导磁悬浮列车的工作原理是利用超导材料的抗磁性，将超导材料置于永久磁体（或磁场）的上方，由于超导的抗磁性，磁体的磁力线不能穿过超导体，磁体（或磁场）和超导体之间会产生排斥力，使超导体悬浮在上方。列车与轨道之间完全没有摩擦，所以列车高速且无噪声，我国的第一列高速磁悬浮列车已经在上海运营。已运行的日本新干线列车、上海浦东国际机场的高速列车等时速可达 400km。超导材料在电力系统的应用如获成功将为能源利用带来革命性的变化，因为超导材料电阻为零，完全没有能量损耗。另外，利用超导陶瓷的抗磁性，在环保方面可以进行废水净化。

1.2.2 其他功能陶瓷

（1）化学功能陶瓷

所谓化学功能陶瓷主要是利用该类陶瓷材料对某些化学物质的敏感性、吸附性和催化性，加之陶瓷材料所特有的耐高温、耐腐蚀、高的化学稳定性和尺寸稳定性等，使得化工工业中越来越多的用陶瓷作为催化剂或催化剂载体材料。

催化剂的主要催化活性组分常常比较昂贵，一般含有 Pr、Rh 和 Pd 等在自然界中储量很少的贵金属。固体催化剂只在表面显示催化作用，要制备高效率的催化剂，降低成本，就要使昂贵的活性组分实现微粒化，使单位质量的表面积尽可能大。但是催化活性成分单独实现微粒化是很困难的，所得到的微粒子也不稳定，在反应过程中粒子会长大。所以常把催化剂的活性组分分散在固体表面上，这种固体就是载体。载体与催化活性组分及助催化剂共同构成现代多相反应用工业催化剂的三个基本要素。

催化剂载体应具有比表面积大、热稳定性高、热膨胀系数小、较高的机械强度、热容量低和耐腐蚀性好的性能。多孔陶瓷具有很大的比表面积，而且其孔大小可以控制，又具有耐高温、强度较高的特点，所以可广泛用于催化剂的载体材料，根据不同的材质可适用于不同场合。例如，汽车尾气的净化就是通过在催化剂表面发生多相催化反应而进行的，其所使用的固体催化剂载体为堇青石、莫来石、二氧化钛、富铝红柱石等材质的整体式蜂窝陶瓷载体以及活性氧化铝（可添加其他氧化物 ZrO_2）陶瓷颗粒状载体；多孔陶瓷还可用作固定化酶和微生物的载体，这在食品与发酵工业、医药工业、化学工业、环境保护和能源开发等各个领域中都广泛应用。以前，这些酶都制成溶于水的液体，现在可以制成不溶于水的固定化酶。常用的固定化酶载体有多孔玻璃、多孔氧化铝、多孔二氧化硅以及硅藻土基多孔陶瓷等。另外，陶瓷填料、多孔陶瓷和泡沫陶瓷用作吸附剂、干燥剂、过滤渗透分离材料等在水净化处理、工业收尘、环境保护等方面也是常用材料。

（2）生物功能陶瓷

生物功能陶瓷主要应用于生物硬组织医用材料，即将生物陶瓷用作医用复合材料，应用于人体生物体的修复，制作人工关节、人工骨、人工牙根、听觉小骨、中耳引流管等。生物陶瓷能模仿人体骨头的成分、强度，不仅具有不锈钢塑料所具有的特性，而且具有亲水性、能与细胞等生物组织表现出良好的亲和性。生物陶瓷作为硬组织的代用材料来说，主要分为生物惰性和生物活性两大类。

① 生物惰性陶瓷材料 它主要指化学性能稳定，生物相容性好的陶瓷材料。这类陶瓷结构稳定、分子键力较强，且具有较高的机械强度、耐磨性以及化学稳定性。植入骨组织后，能和骨组织产生直接的、持久性的骨性接触，界面外一般无纤维组织介入，形成骨融合。

由于陶瓷与人类的骨头组织具有一定的亲和性，因此，与金属人工关节相比，陶瓷人工关节具有非常大的市场前景。20 世纪 80 年代后期，人们以部分烧结稳定氧化锆用作骨头取代烧结氧化铝材料，结果发现氧化锆显示出更高的机械强度与抗破坏韧性。发展到 20 世纪 90 年代后，氧化锆陶瓷骨头已被用于临床治疗，成为新一代生物陶瓷材料。

② 生物活性陶瓷材料 它包括表面生物活性陶瓷和生物吸收性陶瓷，又叫生物降解陶

瓷。生物表面活性陶瓷通常含有羟基，还可做成多孔性，生物组织可长入并同其表面产生牢固的键合。生物吸收性陶瓷的特点是能部分或者全部被人体吸收，在生物体内能诱发新骨的生长，并与骨组织形成牢固的化学键结合。

20 世纪 70 年代以来，人们发现在人工骨材上有少量未被纤维组织覆膜包围，而是与骨组织直接连接并牢固结合在一起。它们是 $Na_2O-CaO-SiO_2-P_2O_5$ 系的贝偶玻璃（bioglass）及羟基磷灰石、磷灰石、硅灰石的晶体玻璃材料 A-W。这类材料意味着由诱导与调节生理学活性可以设计出新的生物材料，亦称生物活体材料。现在贝偶玻璃陶瓷因其高生物活性而用作人工耳小骨节，且也用于因牙周病而失去的骨组织的修复。1991 年开始以陶瓷骨 A-W 名称命名人工胫骨、人工椎体及骨骼补填材料，至今已达到 50000 多个用例。到 20 世纪 80 年代后期，磷酸钙系陶瓷烧结羟基磷灰石和 β-磷酸三钙（$3CaO \cdot P_2O_5$）作为骨骼补填材料已开始上市销售。现在日本已形成磷质陶瓷、骨质陶瓷、骨质充填物、陶瓷石等名称的微密体、多孔性、颗粒状等生物陶瓷材料，用于临床治疗。

生物陶瓷又可分为与生物体相关的植入陶瓷和与生物化学相关的生物工艺学陶瓷。前者植入体内可以恢复和增强生物体的机能，是直接与生物体接触使用的生物陶瓷。后者用于固定酶、分离细菌和病毒以及作为生物化学反应的催化剂，是使用时不直接与生物体接触的生物陶瓷。植入陶瓷又称生物体陶瓷，主要有人造牙、人造骨、人造心脏瓣膜、人造血管和其他医用人造气管和穿皮接头等。

第2章 电磁功能陶瓷的物理基础

在电子工业中主要利用其电学和磁学性能的功能陶瓷称为电磁功能陶瓷或电子陶瓷或电子工业用陶瓷，在能源、家用电器、汽车、航天等许多领域被广泛应用。电子陶瓷通过对材料表面、晶界和尺寸结构的精密控制而最终获得具有新功能的陶瓷。电子陶瓷在化学成分、微观结构和机电性能上，均与一般的电力用陶瓷有着本质的区别。这些区别是电子工业对电子陶瓷所提出的一系列特殊技术要求而形成的，其中最重要的是电子陶瓷必须具有高机械强度，耐高温高湿，抗辐射，介电常数在很宽的范围内变化，介质损耗角正切值小，电容量温度系数可以调整（或电容量变化率可调整），抗电强度和绝缘电阻值高，以及老化性能优异等。在开发制备及使用过程中，电子陶瓷的电学、磁学性质是其研究和应用的关键和中心。本章重点论述电磁功能陶瓷电学性能和磁学性能相关的各种物理概念和基本理论基础。

2.1 电学性能

功能陶瓷最基本的电学性能参数有电导率、介电常数、介质损耗角正切值和击穿电场强度等。其中电导率和介电常数是功能陶瓷材料电学性能的两个最基本参数，分别表述功能陶瓷在电场作用下的传导电流和被电场感应的能力。

2.1.1 电导的表征与微观机制

通常人们概念中的陶瓷材料为绝缘体，实际上没有任何一种材料是绝对不导电的，各种陶瓷材料中或多或少都会存在一定数量能够传递电荷的微观粒子，这些微观质点称为载流子。在电场作用下，载流子定向移动就会形成电流。

2.1.1.1 电导率定义

材料在电场作用下传导电流的性质可用下式来描述：

$$J = \sigma E \tag{2-1}$$

式中，J 为电流密度，是指单位面积通过的电流 $\mathrm{d}I/\mathrm{d}S$，$\mathrm{A/m^2}$；σ 为电导率；E 为电场强度，$\mathrm{N/C}$ 或 $\mathrm{V/m}$。

欧姆定律（$I = \dfrac{U}{R}$，I 为电流强度，U 为电压，R 为电阻）是大家都熟悉的。实验表明，陶瓷材料在低压作用时，其电阻 R 和电流 I 与电压 U 之间的关系符合欧姆定律。但在高压作用时，三者之间的关系则不符合欧姆定律。因此国际有关标准和国家标准规定采用三电极系统测量陶瓷材料的体积电阻和表面电阻，再根据陶瓷试样的几何尺寸计算陶瓷材料的体积电阻率 ρ_v 和表面电阻率 ρ_s。陶瓷材料的表面电阻不仅与材料的表面组成和结构有关，还与陶瓷材料表面的污染程度、开口气孔和开孔气孔率的大小、是否亲水，以及环境等因素有关，而陶瓷材料的体积电阻率只与材料的组成和结构有关系，是陶瓷材料导电能力大小的特征参数。若标准陶瓷试样的测量电极面积为 S，厚度（测量电极与高压电极的间距）为 h，则陶瓷试样的体积电阻为：

$$R = \rho_{\text{v}} \frac{h}{S} \qquad (2\text{-}2)$$

式中，R 为试样的电阻，表征物体绝缘能力的大小，Ω。ρ_{v} 为体积电阻率，$\Omega \cdot \text{m}$。通常从宏观上，用电阻率的大小来区分导体、半导体和绝缘体。导体的电阻率小于 $10^2 \Omega \cdot \text{cm}$，绝缘体的电阻率大于 $10^{10} \Omega \cdot \text{cm}$，电阻率处于这中间范围的为半导体。

在直流电路里，电阻值的倒数就是电导 G，体积电阻率的倒数即为体积电导率 $\sigma = \dfrac{1}{\rho}$。

$$G = \frac{1}{R} = \sigma \frac{h}{S} \qquad (2\text{-}3)$$

则体积电导率 σ 为

$$\sigma = \frac{Gh}{S} \qquad (2\text{-}4)$$

由式（2-4）可知，试样的电导率为面积为 1cm^2，厚度为 1cm 的陶瓷试样所具有的电导。它是表征陶瓷材料导电能力大小的特征参数，又称为比电导或导电系数，单位为 S/m（西门子每米）。一般电导率大小的表示是以国际标准软铜的电导率为 100%，其他材料的电导率再以相对标准软铜的百分数表示，这样 Cu 的电导率为 100%，银的电导率为 106%，显然银的导电性比铜好。

表 2-1 列出了一些常见陶瓷材料室温时的电导率值。由表 2-1 中数据发现，陶瓷材料的电导率的大小相差有 10^{20} 之多。同样是陶瓷材料为什么电导率会出现这样大的差别，这要从陶瓷材料的导电机理进行分析。

表 2-1　某些陶瓷材料室温时的电导率

材　料	电导率/(S/m)	材　料	电导率/(S/m)
ReO_3	10^8	NiO	10^{-6}
SnO_2、CuO、Sb_2O_3	10^5	$BaTiO_3$	10^{-8}
SiC	10	TiO_2（金红石瓷）	10^{-9}
$LaCrO_3$	10	Al_2O_3（刚玉瓷）	10^{-12}

2.1.1.2　陶瓷材料的导电机理

简单地说，材料能导电是由于在电场作用下材料中产生了电荷的定向运动，而电荷的运动是通过一定的微观粒子来实现的。通常将带电荷的微观粒子统称为载流子（电流的载体），载流子可以是自由电子或空穴；也可以是正、负离子或空位。以前者为载流子的称为电子电导，以后者为载流子的称为离子电导。特别要说明的是空穴和空位是不同的概念。空穴是指在电子平衡分布状态下有的地方缺了电子；空位是指原子或分子平衡状态下的规则排列中出现的空缺。金属材料中的载流子是自由电子，而陶瓷材料中的载流子可能是离子、电子、空穴中的一种或几种载流子同时存在。无论是哪种类型的陶瓷材料，都或多或少地存在着传递电荷的质点。

（1）电导机制

根据物质内部传递电荷质点种类的不同，可以把导电机制分为以下两类。

① 离子电导　离子作为载流子的电导机制称为离子电导，一般来说，电介质陶瓷主要是离子电导。

② 电子电导　电子或空穴作为载流子的电导机制称为电子电导。半导体陶瓷、导电陶

瓷和超导陶瓷则主要呈现电子电导。

根据能带理论，对于不同的材料，禁带宽度不同，导带中电子的数目也不同，从而具有不同的导电性，如图 2-1 所示。以图 2-1(a) 为例，绝缘体中的电子具有满带的能态，该满带与导带相隔一个宽的禁带，一般这种电子是非导电的束缚电子，因此，绝缘体中较少呈现电子电导。如绝缘材料 SiO_2 的 E_g 约为 5.2eV，导带中电子极少，所以导电性不好，电阻率大于 $10^{12}\Omega \cdot cm$。

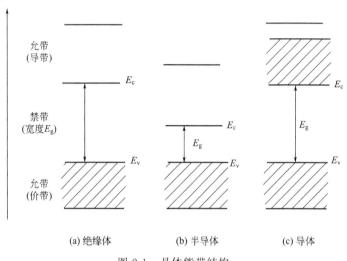

图 2-1　晶体能带结构

电子电导的情况主要存在于导体和半导体中。例如半导体 Si 的 E_g 约为 1.1eV，它容易受外界电场、光、热等的作用，获得较小的能量就可跃迁到空带形成自由态的导电电子，导带中有一定数目的电子，从而有一定的导电性，该类材料的电阻率范围为 $10^{-3} \sim 10^{12}\Omega \cdot cm$。一些重要的半导体材料的能隙见表 2-2，从中可以看到，各类材料除具有不同的能隙值外，能隙还随温度变化，温度越高能隙越小，这主要是由于温度升高，晶格膨胀，同时晶格振动加剧，导致能隙值随温度升高而降低。

表 2-2　重要半导体材料能隙

材　料	$E_g(300K)/eV$	$E_g(0K)/eV$
Si	1.12	1.17
Ge	0.67	0.75
PbS	0.37	0.29
PbSe	0.26	0.17
PbTe	0.29	0.19
InSb	0.16	0.23
GaSb	0.69	0.79
AlSb	1.5	1.6
InAs	0.35	0.43
InP	1.3	
GaAs	1.4	
GaP	2.2	
Sn	0.1	
Se	1.8	
Te	0.35	
B	1.5	
C(金刚石)	5.5	

金属是导体，具有金属键和规则的晶体结构。金属的导带与价带有一定程度的重合，$E_g＝0$，价电子可以在金属中自由运动，所以导电性好，电阻率为 $10^{-6}\sim10^{-3}\Omega\cdot cm$。

从理论上说，没有缺陷的离子晶体是绝缘体，但实际的大多数离子晶体都或多或少存在一定的缺陷，具有低的电导率。离子晶体中的电导机制主要为离子电导。离子电导是离子在电场作用下的定向扩散运动，分为以下两类。

① 本征电导，也叫固有离子电导，是晶体点阵的离子由于热振动而离开了晶格，形成热缺陷。这种热缺陷无论是离子，还是空位都是带电的，都可作为离子电导载流子。

② 杂质电导，由于杂质与基体间的键合弱，在较低的温度下杂质就可以运动，杂质离子载流子的浓度取决于杂质的数量和种类。

离子电导率的大小与温度、晶体结构、晶体缺陷有关。温度增加电导率增加。在较高温度下，固有电导起主导作用；低温下，杂质电导占主要地位。电导率与晶体结构的关系主要从原子间结合力的大小来进行分析。原子间结合力大的，电导率低。晶体缺陷，特别是离子性晶格缺陷的浓度大，电导率高。因此离子性晶格缺陷的生成及其浓度大小是决定离子电导的关键。

离子电导率达 $10^{-1}\sim10^{-2}S/cm$ 的固体物质为固体电解质。实际上，只有部分易形成离子性晶格缺陷的离子晶体能形成固体电解质，共价晶体和分子晶体都不能。

（2）电导机制的特征

离子电导和电子电导有本质区别，离子的扩散运动伴随着一定的明显的质量变化，有些离子在电极附近有电子得失，因而产生新的物质，也就是发生了电化学反应，遵循法拉第定律，即新物质产生的量与通过的电量成正比。另外，由于离子的迁移率要比电子或空穴的迁移率低近十个数量级，所以达到相同的电导率，二者的数目会有很大差异，电子和空穴要少得多。

电子电导没有上述效应，电子电导的特征是具有霍尔效应。如图 2-2 所示，当电流 I 通过电子电导的陶瓷试样时，如果在垂直于电流的方向加一磁场 H，根据左手定则传递电荷的质点也就是载流子在磁场作用下，将会受到洛仑兹力的作用，产生横向位移，那么在垂直于 I-H 平面的方向产生电场 E_H。若导电的是电子，则电场方向从左至右；若导电的是空穴，则电场方向为从右至左。由于离子质量比电子大得多，离子在该磁场作用下，不呈现横向位移，因此离子电导不呈现霍尔效应。因此常用霍尔效应来区分陶瓷材料的载流子主要是电子还是离子。

常见属于电子电导的化合物材料有 ZnO、TiO_2、WO_3、Al_2O_3、$MgAl_2O_4$、SnO_2、

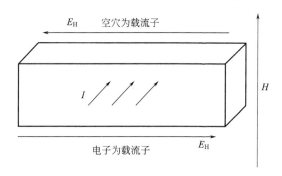

图 2-2　电子电导的霍尔效应

Fe_3O_4 等。属于空穴电导的化合物材料有 Cu_2O、Ag_2O、Hg_2O、SnO、MnO、Bi_2O_3、Cr_2O_3 等。既有电子电导又有空穴电导的化合物材料有 SiC、Al_2O_3、Mn_2O_3、Co_3O_4 等。

（3）影响陶瓷材料电导的主要因素

陶瓷材料主要由三大部分构成：晶相、玻璃相和气孔相，三者间量的大小及其相互间的关系，决定了陶瓷材料电导率的大小。由于玻璃相形成了网络，结构较松弛，活化能较低，故含玻璃相的陶瓷材料，电导很大程度上决定于玻璃相，玻璃相含量较高的陶瓷材料其电导也较高。如果陶瓷材料含有大量碱性氧化物的无玻璃相，则其电导率较高。实际材料中，做绝缘用的电瓷含有大量碱金属氧化物，具有含碱金属的玻璃相，因而电导率较大，刚玉陶瓷含玻璃相较少，电导率就小。

一般的绝缘陶瓷材料和电介质陶瓷材料主要为离子电导，这些陶瓷的离子电导，一部分是由晶相提供，一部分由玻璃相提供，通常，晶相的电导率比玻璃相小，在玻璃相含量较多的陶瓷中，例如含碱金属离子较多的陶瓷材料，电导主要取决于玻璃相，具有玻璃的电导规律，电导率一般比较大。玻璃相含量较少的陶瓷，如刚玉陶瓷，其电导主要取决于晶相，具有晶体的电导规律，电导率小。离子晶体中晶格结点离子离开结点进入晶格间隙，成为填隙离子，填隙离子也可以回到空位称为复合，而没有离子存在的结点称为空位。填隙离子和空位都是晶体缺陷，由热运动形成的本征填隙离子和空位缺陷称为热缺陷，热缺陷是晶体普遍存在的一种缺陷。杂质也是一种缺陷，该缺陷称为化学缺陷或杂质缺陷。正负填隙离子、空位、电子和空穴都是带电质点，在电场作用下这些带电质点规则地迁移，形成电流。玻璃相的离子电导规律一般可用玻璃网状结构理论来描述。晶体中的离子电导可用晶格振动理论来描述，晶体一般可分为离子晶体、原子晶体和分子晶体。离子晶体中占据结点的是正负离子，它们离开结点就能产生电流。原子晶体和分子晶体中占据结点的是电中性的原子和分子，它们不能直接充当载流子，只有当这类晶体中存在杂质离子时才能引起离子电导。固溶体陶瓷材料的导电机制较复杂，既有电子电导，也有离子电导。此时，杂质与缺陷为影响导电性的主要内在因素。当然具体问题要具体分析，对于多价型阳离子的固溶体，当非金属原子过剩，形成空穴半导体；当金属原子过剩时，形成电子半导体。

晶界对多晶材料的电导影响应与离子运动的自由程及电子运动的自由程相联系。对离子电导，离子运动自由程的数量级为原子间距；对电子电导，电子运动的自由程为 $100\sim150\text{Å}$。因此，除了薄膜及超细颗粒外，晶界的散射效应比晶格小得多，因而均匀材料的晶粒大小对电导影响很小。相反，半导体材料急剧冷却时，晶界在低温已达平衡，结果晶界比晶粒内部有较高的电阻率。由于晶界包围晶粒，所以整个材料具有很高的直流电阻。例如 SiC 电热元件，二氧化硅在半导体颗粒间形成，晶界中 SiO_2 越多，电阻越大。对于少量气孔分散相，气孔率增加，陶瓷材料的电导率减少。这是由于一般气孔相电导率较低，如果气孔量很大，形成连续相，电导主要受气相控制。这些气孔形成通道，使环境中的潮气、杂质很易进入，对电导有很大的影响，因此提高密度仍是很重要的。

设单位体积陶瓷试样中载流子数目为 n，每个载流子所载电荷为 q，在电场 E 作用下，载流子沿电场迁移的平均速度为 $\bar{v}$，则电流密度可表示为：

$$J = nq\bar{v} \tag{2-5}$$

则电导率为：

$$\sigma = \frac{nq\bar{v}}{E} = nqX \tag{2-6}$$

其中 $X=\dfrac{\overline{v}}{E}$，为迁移率，表示载流子在单位电场强度作用下的平均迁移速率。迁移率单位是 $cm^2/(s\cdot V)$。迁移率的大小与材料的化学组成、晶体结构、温度等常数有关，离子迁移率范围为 $10^{-8}\sim10^{-10}\,cm^2/(s\cdot V)$，电子的迁移率范围为 $1\sim100\,cm^2/(s\cdot V)$。式（2-6）用三个微观量表达了电导率这一材料宏观的特征参数。还可以根据玻耳兹曼能量分配定律写出电导率的指数表达式：

$$\sigma=A\exp\left(-\frac{B}{T}\right) \tag{2-7}$$

$$B=\frac{U_0}{K}$$

式中，A、B 为与陶瓷材料的化学组成、晶体结构有关的常数；U_0 为活化能，当载流子为离子时，它与离子的解离和迁移有关，当载流子为电子时，它与禁带宽度有关；K 为玻耳兹曼常数，$K=1.38\times10^{-23}\,J/K$ 或 $K=0.86\times10^{-4}\,eV/K$（$1eV=1.6\times10^{-19}\,J$）；$T$ 为热力学温度。由式（2-7）可见，一种载流子引起的电导率与温度有一定关系。

当有多种载流子共同存在时，可用多项式表示：

$$\sigma=\sum A_j\exp(-\frac{B_j}{T}) \tag{2-8}$$

式（2-8）表明陶瓷材料的导电机理很复杂，不同温度范围载流子的性质可能不同，例如，刚玉（Al_2O_3）陶瓷在低温时为杂质离子导电，高温超过 1100℃ 时呈现明显的电子电导。

需要注意的是，本书所讲的电导率都是指体积电导率，因为表面电导率和表面电阻率一样都与材料的表面组成、结构、性质和环境条件等因素有关，只有体积电导率才能真实地表征材料的特性。通常导体、半导体表面电导率大于体积电导率，绝缘体则相反。

如果陶瓷介质材料在电场的作用下，带电质点仅发生短距离的位移，而不是传导电流，因此在电场中表现出特殊的性状，大量地用于电绝缘体和电容元件。在这些应用中，涉及介电常数、介电损耗因子和介电强度等。

2.1.2 电极化的表征与微观机制

2.1.2.1 介质的电极化

陶瓷材料在电场作用下表现出的特性不仅在于传导电流能力的大小，还会存在极化现象。在电场作用下，能产生极化的一切物质又被称为电介质。电介质陶瓷在电子工业中主要用来做集成电路的基板、电容器等。如果将一块电介质放入一平行电场中，则可发现在介质表面感应出了电荷，即正极板附近的电介质感应出了负电荷，负极板附近的介质表面感应出正电荷。这种电介质在电场作用下感生电荷的现象，称为电介质的极化。感应电荷产生的原因在于介质内部质点（原子、分子、离子）在电场作用下正负电荷中心的分离，变成电偶极子。

一个正点电荷 q 和另一个符号相反数量相等的负点电荷 $-q$，由于某种原因而坚固地互相束缚于不等于零的距离上，形成一个电偶极子，如图 2-3 所示。若从负电荷到正电荷作一矢量 l，则这个粒子具有的电偶极矩可表示为矢量：

$$\boldsymbol{\mu}=q\,\boldsymbol{l} \tag{2-9}$$

电偶极矩的单位为德拜（D）或库仑·米（$C\cdot m$）。式中，q 表示质点的电荷量；l 表示在电场作用下，构成质点的正负电荷沿电场方向移动的位移矢量；1D表示单位正负电荷，间距为 $0.2×10^{-8}$ cm 时的偶极矩。矢量电偶极矩的方向是由负电荷指向正电荷。可见，电偶极矩的方向与外电场方向一致。

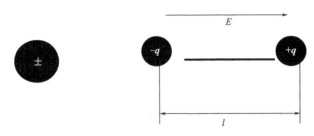

图2-3 电偶极子和电偶极矩

电介质的极化一般包括三个部分：电子极化、离子极化和偶极子取向极化。其中电子极化和离子极化是指在外电场作用下，介质内的质点（分子、原子、离子）正负电荷中心的分离，使其转变成电偶极子的过程；偶极子取向极化是极性电介质的一种极化方式。组成极性电介质中的极性分子由于结构的不对称性而具有恒定的固有偶极矩。无外加电场时，这些极性分子的取向在各个方向的概率是相等的，就介质整体来看，偶极矩等于零。在电场作用下，这些极性分子除贡献电子极化和离子极化外，其固有的偶极矩将沿外电场方向有序化。各固有偶极矩的矢量和不再为零。然而，取向极化过程中热运动（温度的作用）和外电场是使偶极子运动的两个矛盾方面，电场使偶极子趋于有序，而热运动破坏这种有序，最终存在的状态是二者平衡的结果。在这种状态下，沿外场方向取向的偶极子比它反向的偶极子的数目多，所以介质整体出现宏观偶极矩。这种极化现象为偶极子取向极化。

单位电场强度下，质点电偶极矩的大小称为质点的极化率 α，即

$$\alpha = \frac{\mu}{E_l} \tag{2-10}$$

式中，α 表征了材料的极化能力，只与材料性质有关，单位为法·米²（F·m²）。注意，此处 E_l 为作用在微观质点处的局部电场，有时称为有效电场。晶体中一个原子位置上的局部电场是外加电场 $E_{外}$ 与晶体内部其他原子偶极子所产生的电场之和。极化率是衡量原子、离子、分子在电场作用下极化强度的微观参数，数值上等于原子、离子、分子在电场作用下形成的偶极矩与作用于原子、离子、分子上的有效内电场之比。

介质单位体积内的电偶极矩的矢量和 $\boldsymbol{P}$ 为介质的极化强度：

$$\boldsymbol{P} = \frac{\sum \boldsymbol{\mu}}{V} \text{ 或 } \boldsymbol{P} = n_0 \boldsymbol{\mu} \tag{2-11}$$

式中，V 为介质体积，极化强度是一个具有平均意义的宏观物理量，其单位为库仑/米²（C/m²）。由于每个偶极子的电偶极矩都是平行电场的方向，所以极化强度也可以用标量表示。

2.1.2.2 介电常数的概念及物理含义

介质在外加电场时会产生感应电荷削弱电场。原外加电场（真空中）与最终介质中电场的比值即为介电常数。介电常数又叫介电系数或电容率，是衡量介质极化行为或介质储存电荷能力的重要特征参数，以字母 ε 表示，单位为法/米（F/m）。

在平行板电容器中，若在两板间插入固体电介质，则在外加电场作用下，固体介质中原来彼此中和的正、负电荷产生位移，形成电矩，使介质表面出现束缚电荷，极板上电荷量增多，造成电容量增大。当平行板电容器的两个极板之间是真空时，电容器的电容 C 和正对面积 S、极板间距离 d 之间的关系是：

$$C=\varepsilon_0\frac{S}{d} \tag{2-12}$$

式中，ε_0 为真空介电常数，$\varepsilon_0=\frac{1}{4}\pi\times9\times10^{11}\,F/cm$。设 Q_0 为真空介质时电极上的电荷量，在同一电场和电极系统中，某一非真空材料为电介质时电极的电荷量为 Q。则该非真空电介质材料的相对介电常数为：

$$\varepsilon_r=\frac{Q}{Q_0} \tag{2-13}$$

式中，ε_r 的物理含义为，在同一电场作用下，同一电极系统中，介质为非真空电介质比真空电介质情况下电极上储存电荷量增加的倍数等于该非真空介质的介电常数。某一非真空电介质材料的实际介电常数应为：

$$\varepsilon=\varepsilon_0\varepsilon_r \tag{2-14}$$

但在实际应用中，人们总是采用相对介电常数来描述某种材料的极化行为或储存电荷能力的大小，所以本书中所提的介电常数如没有特殊说明，都指的是该材料的相对介电常数。

为了将极化强度 P 和宏观实际有效电场 E 相联系，人们定义：

$$P=\varepsilon_0\chi_e E \tag{2-15}$$

式中，ε_0 为真空介电常数，$\varepsilon_0=8.85\times10^{-12}\,F/m$，$\chi_e$ 为电介质的极化系数（电介质的相对电极化率 χ_e），是个无量纲的数，数值上等于束缚电荷和自由电荷的比例。宏观实际有效电场 E 一方面与外加电场有关，另外还与电介质极化电荷所产生的电场有关。

电介质在电场 E 中极化后产生的电场可用电感应强度 D 表征：

$$D=\varepsilon_0 E+P=\varepsilon_0 E+\varepsilon_0\chi_e E=\varepsilon_0(1+\chi_e)E=\varepsilon_0\varepsilon_r E=\varepsilon E \tag{2-16}$$

式中，ε 为电介质的绝对介电常数；ε_r 为电介质的相对介电常数。可见，还可以得出电介质的相对介电常数与相对电极化率 χ_e 有以下关系：

$$\varepsilon_r=1+\chi_e \tag{2-17}$$

绝对介电常数、相对介电常数都是物理学中讲平板电容时引入的参数，表征电介质极化并储存电荷的能力，是个宏观物理量。

综上可知，要获得高介电常数的介质，需要选择大 α 的离子，极化介质中的极化质点数 n 要多，即单位体积的极化质点数要多。

对于功能陶瓷来说，介电常数是一个非常重要的物理参数，根据用途不同，对陶瓷材料介电常数的要求也不同。各种功能陶瓷室温时的介电常数大致如下：装置陶瓷、电阻瓷、及电真空瓷的介电常数为 2～12；Ⅰ类电容器陶瓷（高频电路中使用的电容器陶瓷）的介电常数为 12～900；Ⅱ类电容器陶瓷（高频电路中使用的电容器陶瓷）的介电常数为 200～30000；Ⅲ类电容器陶瓷（半导体陶瓷，主要用于制造汽车、计算机等电路中要求体积非常小的陶瓷电容器）的介电常数为 7000 至几十万。从以上数据可以看出，功能陶瓷介电常数的数值变化范围很大，因材料、使用范围及条件不同而有很大差异。

2.1.2.3 极化机制

各种材料介电常数的差异是由于其内部存在不同的极化机制而决定的。陶瓷中参加极化的质点只有电子和离子，这两种质点在电场作用下以多种形式参加极化过程。

（1）位移式极化

位移式极化是电子或离子在电场作用下的一种完全弹性、不消耗电场能量、介质不发热、平衡位置不发生变化、瞬间就能完成、去掉电场时又恢复原状态的极化形式。包括电子位移极化和离子位移极化。

① 电子位移极化　组成陶瓷介质的基本质点是离子（或原子），它们由原子核和核外电子组成，在没有外界电场作用时，离子（或原子）所带正负电荷中心重合，对外呈中性。在外电场作用下，原子核外围的电子云相对于原子核发生相对位移，造成正负电荷中心分离形成极化，中性分子则转化为偶极子，当外加电场取消后又恢复原状，不导致介质损耗（图 2-4）。离子（或原子）的这种极化称为电子位移极化，它是在离子（或原子）内部发生的可逆变化，不以热的形式损耗能量，所以不导致介质损耗。它的主要贡献是引起介电常数的增加，这种极化使材料的介电常数约为一到几十。

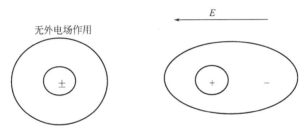

图 2-4　电子位移极化

电子式极化存在于一切陶瓷材料之中，它具有以下特点。

a. 因为电子很轻，它们对电场的反应很快，建立电子位移极化所需时间极短，约为 $10^{-14} \sim 10^{-15}$ s，可以光频跟随外电场变化。所以只要作用于陶瓷材料的外加电场频率小于 10^{15} Hz（相当于可见光频率），都会存在这种形式的极化，其 ε_r 不随频率变化。

b. 具有弹性，当外电场去掉时，作用中心又马上会重合而整个呈现非极性，故电子式极化没有能量损耗。

c. 温度对电子式极化影响不大。温度升高时介质略有膨胀，单位体积内的分子数减少（介质密度降低，极化强度 P 也降低），引起 ε_r 略为下降，即 ε_r 具有不大的负温度系数。电子位移极化的电子极化率 α_e 的量级约为 10^{-40} F·m^2。

电子位移极化为主的电介质材料，包括金红石瓷、钙钛矿瓷以及某些含锆（铅）陶瓷等。

② 离子位移极化　离子晶体中，无电场作用时，离子处在正常结点位置并对外保持电中性，但在电场作用下，正、负离子产生相对位移，在其平衡位置附近也发生与电子位移极化类似的可逆性位移，破坏了原先呈电中性分布的状态，电荷重新分布，相当于从中性分子转变为偶极子产生离子位移极化（图 2-5）。离子位移极化与离子半径、晶体结构有关。有些特殊的晶体结构，如四方晶系的某些晶体结构（如金红石型、钙钛矿型等），可以在仅有电子位移和离子位移极化的情况下提供较大的介电常数，如几十至几百。

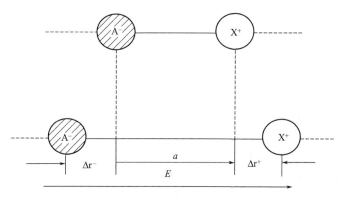

图 2-5　在电场 E 的作用下，正负离子产生离子位移极化

离子位移极化的特点如下。

a. 离子位移极化所需的时间与离子晶格振动的数量级相同，约为 $10^{-12} \sim 10^{-13}$ s，一般当外加电场的频率低于 10^{13} Hz（相当于红外线频率）时，离子位移极化就存在，通常，当频率高于 10^{13} Hz 时，离子位移极化来不及完成，以电子位移极化为主，此时，陶瓷材料的介电常数减小，但在一般的频率范围内，可以认为 ε_r 与频率无关。

b. 属弹性极化，几乎没有能量损耗。

c. 离子式极化的影响，存在两个相反的因素：温度升高时离子间的结合力降低，使极化程度增加，但离子的密度随温度升高而减小，使极化程度降低。通常，前一种因素影响较大，故 ε_r 一般具有正的温度系数，即温度升高，而出现极化程度增强趋势的特征。

离子位移极化为主的电介质材料，包括刚玉、斜顽辉石为基础的陶瓷以及碱性氧化物含量不高的玻璃。

（2）松弛式极化

松弛式极化是一种与电子、离子（原子）、分子热运动有关的极化形式。也就是说，这种极化不仅与外电场作用有关，还与质点的热运动有关。这种极化是非弹性的、平衡位置发生变化（比位移极化移动较大距离，移动时需克服一定的势垒）、完成的时间比位移极化长、消耗电场能量、介质发热，是一种非可逆过程，去掉电场时不能恢复原状态的极化形式。

参与松弛式极化的质点主要是材料中存在的弱联系电子和弱联系离子。松弛式极化的带电质点在热运动时，移动的距离可与分子大小相比拟，甚至更大。并且质点需要克服一定的势垒才能移动，因此这种极化建立的时间较长（可达 $10^{-2} \sim 10^{-9}$ s），并且需要吸收一定的能量，因而与弹性极化不同，它是一种非可逆过程。在陶瓷材料中主要有离子松弛极化和电子松弛极化，多发生在晶体缺陷区域或玻璃体内。

① 离子松弛极化　陶瓷晶相中处于正常结点的离子具有的能量最低，被牢固地束缚在晶格结点上，称为强联系离子。这些强联系离子一般在电场作用下只能进行弹性位移极化，电场撤销后平衡位置不发生变化。但通常陶瓷材料的晶相中都会存在一定的晶格缺陷，如图 2-6（a）所示，产生一些联系弱的离子。陶瓷玻璃相中也往往存在较多的弱联系离子，如一价金属离子等，如图 2-6（b）所示。这些弱联系离子本身能量较高，容易活化迁移，在热运动过程中，受热运动起伏的影响，不断从一个平衡位置迁移到另一个平衡位置。无外电场作用时，这些离子向各个方向迁移的概率相等，所以整个陶瓷介质不呈现宏观电极性。在外

加电场作用下，这些弱联系离子向电场方向或反电场方向迁移的概率增大，使陶瓷介质呈现宏观电极性。这种极化不同于离子位移极化，这些离子所进行的极化过程是在外电场作用和热运动的同时影响下，从一个平衡位置迁移到另一个平衡位置而产生的，其平衡位置发生了变化，当去掉外电场时，这些离子并不能恢复到原来的平衡位置，是不可逆过程。即作用于离子上与电场作用力相对抗的力，不是离子间的静电力，而是不规则的热运动阻力，极化建立的过程是一种热松弛过程。由于离子松弛极化与温度有明显关系，因而介电常数与温度也有明显关系，随温度变化有极大值。

离子松弛极化迁移的距离比位移极化的位移大，一般可与分子大小相比，甚至更大，形成的偶极矩比位移式极化大很多，通常离子松弛极化率比离子位移极化率大一个数量级，可导致材料产生大的介电常数。所以离子松弛极化对材料的介电常数的贡献大，介电常数可以提高到几百至几千，甚至更大。离子松弛极化建立的时间约为 $10^{-2} \sim 10^{-9}$ s。在高频电场作用下，离子松弛极化往往不易充分建立起来，因此表现出其介电常数随频率升高而减小。

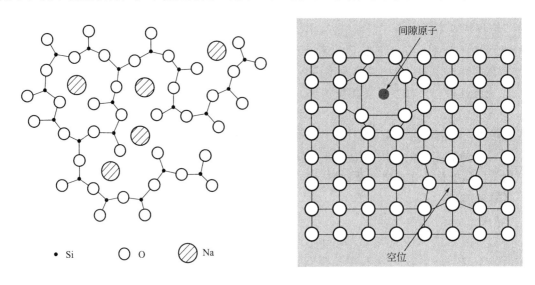

(a) 玻璃相中的弱联系离子 (b) 晶相中的弱联系离子

图 2-6 陶瓷中存在的弱联系离子

需要注意，离子的这种极化过程与离子电导不同，电导是离子载流子在电场作用下的远程迁移，离子松弛极化是弱联系离子在电场作用下，发生有限距离的近程迁移，由于离子参加电导需要的活化能远大于参加松弛极化的能量，所以离子参加极化的概率远远大于参加电导的概率。

② 电子松弛极化 晶格热振动、晶格缺陷、杂质的引入、化学组成的局部改变等因素都能使电子能态发生变化，出现位于禁带中的电子局部能级，形成弱束缚的电子或空穴。例如离子晶体中的一个负离子空位点缺陷，该点缺陷是有效电荷的中心，可能束缚电子，这种缺陷的电子结构能吸收可见光而使该晶体着色，故称这种能吸收可见光的晶体缺陷为色心。离子晶体中一个负离子空位束缚一个电子形成的色心称为 F-心缺陷。该电子处于禁带中距导带很近的施主能级上，属于弱束缚电子，在晶格热振动过程中，吸收很少的能量就处于激发状态。无外电场作用时，F-心的弱束缚电子为周围结点上的阳离子所共有，连续地由一个阳离子结点转移到另一个阳离子结点。在外加电场的作用下，该弱束缚电子的运动具有方向

性，而呈现极化，这种极化称为电子松弛极化。

电子松弛极化可使介电常数上升到几千至几万，同时产生较大的介质损耗。通常在钛质陶瓷、钛酸盐陶瓷及以铌、铋氧化物为基础的陶瓷中存在着电子松弛极化。电子松弛极化建立的时间约需 $10^{-2} \sim 10^{-9}$ s。这些陶瓷材料的介电常数随频率升高而减小，随温度变化有极大值。

电子松弛极化与电子电导的根本区别在于迁移的距离不同，电子电导是电子载流子在电场作用下的远程迁移，而电子松弛极化是弱束缚电子在电场作用下几个离子半径的近程迁移，因此具有电子松弛极化的陶瓷材料往往具有电子电导。

（3）空间电荷极化

陶瓷材料是多晶多相材料，为不均匀介质，非均匀介质中存在的晶界、相界、晶格畸变、杂质、夹层、气泡等缺陷区，都可以成为自由电荷（自由电子、间隙离子、空位等）运动的障碍，在电场作用下，陶瓷中原先混乱排布的正、负自由电荷发生了趋向有规则的运动过程，自由电荷在障碍处积聚，空间电荷的重新分布，实际形成了介质极化，称为空间电荷极化，如图 2-7 所示。由于空间电荷的积聚，可形成很高的与外电场方向相反的电场，因此一般为高压式极化。

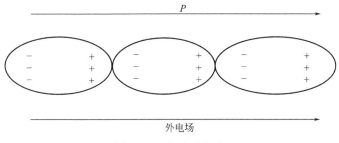

图 2-7　空间电荷极化

空间电荷极化具有以下特点。

① 空间电荷的建立需要较长的时间，其时间约为几秒钟到数十分钟，甚至数十余小时，因而空间电荷极化与电源的频率有关，主要存在于直流和低频至超低频阶段，高频时，因空间电荷来不及移动，就没有或很少有这种极化现象。

② 属非弹性极化，有能量损耗。

③ 随温度的升高而下降。因为温度升高，离子运动加剧，离子扩散就很容易，因而空间电荷的积聚就会减小。

（4）自发极化

某些晶体中存在另一种极化机构——自发极化，即这种极化状态并非由外电场所引起，而是由晶体内部结构特点所引起，晶体中每个晶胞内存在固有电偶极矩。这种晶体通常称为极性晶体。因自发极化机制不同可以大致分为三大类。第一类是有序-无序型，其自发极化同个别离子的有序化相联系。典型的有序-无序型晶体是含有氢键的晶体，这类晶体中质子的有序化运动引起自发极化。例如 KH_2PO_4 晶体，该晶体具有铁电体的特征；第二类是位移型，其自发极化同一类离子的亚点阵相对于另一类亚点阵的整体位移相联系。如钛酸钡晶体在临界温度下发生位移型相变所引起的自发极化；第三类是结构本身具有自发极化性质。

（5）取向极化

取向极化存在于极性电介质中，是极性电介质的一种极化方式。组成极性电介质中的极性分子具有恒定的偶极矩。无外加电场时，这些固有偶极矩的取向在各个方向的概率是相等的，就介质整体来看，偶极矩等于零。当有外电场时，在电场作用下，这些极性分子除贡献电子极化和离子极化外，其固有的偶极矩将沿外电场方向有序化，沿外电场方向取向的偶极子比和它反向的偶极子的数目多，所以介质整体出现宏观偶极矩。这种极化现象为偶极子取向极化。具有以下特点。

① 极化是非弹性的，消耗的电场能在复原时不可能收回。

② 形成极化所需时间较长，约为 $10^{-10} \sim 10^{-2}$ s，故其 ε_r 与电源频率有较大的关系，频率很高时，偶极子来不及转动，因而其 ε_r 减小。

③ 温度对极性介质的 ε_r 有很大的影响。温度高时，分子热运动加剧，妨碍它们沿电场方向取向，使极化减弱，故极性气体介质常具有负的温度系数，但对液体、固体介质则情况有所不同，温度过低时，由于分子间联系紧（例如液体介质的黏度很大），分子难以转向，ε_r 也变小（只有电子式极化），所以极性液体、固体的 ε_r 在低温下先随温度的升高而增加，当热运动变得较强烈时，ε_r 又随温度的上升而减小。

对于一个典型的偶极子，$p_0 = e \times 10^{-10}$ C·m，得 $\alpha_d = 2 \times 10^{-38}$ F·m²，取向极化比电子的极化率（10^{-40} F·m²）高得多。表 2-3 对上述几种极化形式的特点进行了对比。

表 2-3　各种极化形式的比较

极化形式	极化的电介质种类	极化的频率范围	与温度的关系	能量消耗
电子位移极化	一切陶瓷	直流—光频	无关	无
离子位移极化	离子结构	直流—红外	温度升高极化增强	很弱
离子松弛极化	离子不紧密的材料	直流—超高频	随温度变化有极大值	有
电子位移松弛极化	高价金属氧化物	直流—超高频	随温度变化有极大值	有
自发极化	温度低于居里点的铁电材料	直流—超高频	随温度变化有极大值	很大
空间电荷极化	结构不均匀的陶瓷介质	直流—音频	随温度升高而减弱	有
取向极化	极性分子	直流—超高频	随温度变化有极大值	有

总的极化率为上述每一种极化机制所决定的极化率的总和。

$$\alpha = \alpha_e + \alpha_a + \alpha_d + \alpha_s \tag{2-18}$$

式中，α_e 为电子式极化；α_a 为离子式极化；α_d 为转向极化；α_s 为空间电荷极化。

2.1.2.4　电子功能陶瓷介质的极化

陶瓷为多晶多相介质材料，其极化机构可以不止一种。一般都含有电子位移极化和离子位移极化。介质中如有缺陷存在，则通常存在松弛极化。

电子功能陶瓷介质材料按其电子极化形式可分类如下。

① 电子位移极化为主的电介质材料，包括金红石瓷、钙钛矿瓷以及某些含锆陶瓷。

② 离子位移极化为主的电介质材料，包括刚玉、斜顽辉石为基础的陶瓷以及碱性氧化物含量不高的玻璃。

③ 离子松弛极化和电子极化显著的电介质材料，包括绝缘子瓷、碱玻璃和高温含钛陶瓷。以离子松弛极化为主的电介质材料，一般折射率小、结构松散，如硅酸盐玻璃、绿宝石、堇青石等矿物；以电子松弛极化为主的电介质材料，一般折射率大、结构紧密、内电场大、电子电导大，如含钛瓷。

2.1.3 介质损耗

2.1.3.1 介质损耗的定义及形式

陶瓷材料在电场作用下能存储电能，同时电导和部分极化过程都不可避免地要消耗能量，将一部分电能转变为热能、光能等消耗掉，它是导致电介质发生热击穿的根源。电介质在单位时间内消耗的能量称为电介质损耗功率，简称介质损耗。

能量损耗与介质内部的松弛极化、离子变形和振动、电导等有关。加上电场后，陶瓷介质材料内部介质损耗的形式有以下几种。

（1）电导损耗

在电场作用下，介质中会有漏导电流流过，这一电流与自由电荷有关，引起的损耗为电导损耗。由于材料结构中或多或少存在一些弱联系的带电质点，这些带电质点的电子在外电场的作用下，能沿着与电场平行的方向作贯穿于电极之间的运动，结果产生了漏导损耗。气体的电导损耗很小，而液体、固体中的电导损耗则与它们的结构有关。非极性的液体电介质、无机晶体和非极性有机电介质的介质损耗主要是电导损耗。而在极性电介质及结构不紧密的离子固体电介质中，则主要由极化损耗和电导损耗组成。它们的介质损耗较大，并在一定温度和频率上出现峰值。

电导损耗，实质是相当于交流、直流电流流过电阻做功，故在这两种条件下都有电导损耗。绝缘好时，电介质在工作电压下的电导损耗是很小的，与电导一样，电导损耗是随温度的增加而急剧增加的。

（2）极化损耗

只有缓慢极化过程才会引起能量损耗，如偶极子的极化损耗。在交流电场作用下，如果陶瓷介质的极化缓慢，电偶极子的取向落后于电场方向的改变，在交变电场改变半周期后，介质中还存在着剩余极化，当下一个半周期电场方向改变时，为了克服这一部分的剩余极化就得消耗能量。极化损耗与温度有关，也与电场的频率有关。在某种温度或某种频率下，损耗都有最大值。用 $\tan\delta$ 来表征电介质在交流电场下的损耗特征。

（3）电离损耗

陶瓷材料中通常会含有气泡。在外电场强度超过了气孔内气体电离所需要的电场强度时，由于气体电离而吸收能量，造成的损耗，即为电离损耗。其损耗功率可以用下式近似计算：

$$P_W = A\omega(U - U_0)^2 \tag{2-19}$$

式中，A 为常数；ω 为频率；U 为外施电压；U_0 为气体的电离电压。式（2-19）只有在 $U > U_0$ 时才适用，此时，$U > U_0$，$\tan\delta$ 剧烈增大。固体电介质内气孔引起的电离损耗，可能导致整个介质的热破坏和化学破坏，应尽量避免。

（4）结构损耗

是在高频、低温下，与介质内部结构的紧密程度密切相关的介质损耗。其损耗机理目前还不清楚，大概与结构的紧密程度有关。结构损耗与温度的关系很小，损耗功率随频率升高而增大，但 $\tan\delta$ 则和频率无关。实验表明，结构紧密的晶体或玻璃体的结构损耗都是很小的，但是当某些原因（如杂质的掺入、试样经淬火急冷的热处理等）使它的内部结构变松散了，会使结构损耗大为提高。

一般材料，在高温、低频下，主要为电导损耗，在常温、高频下，主要为松弛极化损耗，在高频、低温下主要为结构损耗。

2.1.3.2 陶瓷材料的介质损耗

陶瓷材料由晶相、玻璃相和气孔组成。主要是电导损耗、松弛质点的极化损耗及结构损耗。此外，表面气孔吸附水分、油污及灰尘等造成表面电导也会引起较大的损耗。

（1）离子晶体的损耗

根据内部结构的紧密程度，离子晶体可以分为结构紧密的晶体和结构不紧密的离子晶体。前者离子都堆积得十分紧密，排列很有规则，离子键强度比较大，如 $\alpha\text{-}Al_2O_3$、镁橄榄石晶体，在外电场作用下很难发生离子松弛极化（除非有严重的点缺陷存在），只有电子和离子式的弹性位移极化，所以无极化损耗，仅有的一点损耗是由漏导引起（包括本征电导和少量杂质引起的杂质电导）。在常温下热缺陷很少，因而损耗也很小。这类晶体的介质损耗功率与频率无关。$\tan\delta$ 随频率的升高而降低。因此以这类晶体为主晶相的陶瓷往往用在高频的场合。如刚玉瓷、滑石瓷、金红石瓷、镁橄榄石瓷等，它们的 $\tan\delta$ 随温度的变化呈现出电导损耗的特征。后者如电瓷中的莫来石（$3Al_2O_3 \cdot 2SiO_2$）、耐热性瓷中的堇青石（$2MgO \cdot 2Al_2O_3 \cdot 5SiO_2$）等，这类晶体的内部有较大的空隙或晶格畸变，含有缺陷或较多的杂质，离子的活动范围扩大。在外电场作用下，晶体中的弱联系离子有可能贯穿电极运动（包括接力式的运动），产生电导损耗。弱联系离子也可能在一定范围内来回运动，形成热离子松弛，出现极化损耗。所以这类晶体的损耗较大，由这类晶体作主晶相陶瓷材料不适用于高频，只能应用于低频。另外，如果两种晶体生成固溶体，则因或多或少带来各种点阵畸变和结构缺陷，通常有较大的损耗，并且有可能在某一比例时达到很大的数值，远远超过两种原始组分的损耗。例如 ZrO_2 和 MgO 的原始性能都很好，但将两者混合烧结，MgO 溶进 ZrO_2 中生成氧离子不足的缺位固溶体后，使损耗大大增加，当 MgO 含量约为 25%（摩尔分数）时，损耗有极大值。

（2）玻璃相的损耗

复杂玻璃中的介质损耗主要包括三个部分：电导损耗、松弛损耗和结构损耗。哪一种损耗占优势，决定于外界因素——温度和外加电压的频率。高频和高温下，电导损耗占优势；在高频下，主要的是由联系弱的离子在有限范围内的移动造成的松弛损耗；在高频和低温下，主要是结构损耗，其损耗机理目前还不清楚，通常认为其与结构的紧密程度有关。

一般简单纯玻璃的损耗都是很小的，这是因为简单玻璃中的"分子"接近规则的排列，结构紧密，没有联系弱的松弛离子。在纯玻璃中加入碱金属氧化物后，介质损耗大大增加，并且损耗随碱性氧化物浓度的增大而增大。这是因为碱性氧化物进入玻璃的点阵结构后，使离子所在处点阵受到破坏。因此，玻璃中碱性氧化物浓度愈大，玻璃结构就愈疏松，离子就有可能发生移动，造成电导损耗和松弛损耗，使总的损耗增大。

在玻璃电导中出现的"双碱效应"（中和效应）和"压碱效应"（压抑效应）在玻璃的介质损耗方面也同样存在，即当碱离子的总浓度不变时，由两种碱性氧化物组成的玻璃，$\tan\delta$

大大降低，而且有一最佳比值。

以结构紧密的离子晶体为主晶相的陶瓷材料，损耗主要来源于玻璃相。为了改善某些陶瓷的工艺性能，往往在配方中引入一些易熔物质（如黏土），形成玻璃相，这样就使损耗增大。如滑石瓷、尖晶石瓷随黏土含量的增大，其损耗也增大。因而一般高频瓷，如氧化铝瓷、金红石瓷等很少含有玻璃相。

大多数电工陶瓷的离子松弛极化损耗较大，主要原因是：主晶相结构松散，生成了缺陷固溶体、多晶形转变等。如果陶瓷材料中含有可变价离子，如含钛陶瓷，往往具有显著的电子松弛极化损耗。因此，陶瓷材料的介质损耗是不能只按照瓷料成分中纯化合物的性能来推测。在陶瓷烧结过程中，除了基本物理化学过程外，还会形成玻璃相和各种固溶体。固溶体的电性能既可能优于也可能低于各组分的电性能。这是在估计陶瓷材料的损耗时必须考虑的。

总之，介质损耗是介质的电导和松弛极化引起的电导和极化过程中带电质点（弱束缚电子和弱联系离子，并包括空穴和缺位）移动时，将它在电场中所吸收的能量部分地传给周围"分子"，使电磁场能量转变为"分子"的热振动，能量消耗在使电介质发热的效应上。

2.1.3.3　介质损耗角 δ

在交变电场作用下，无损耗电容器的电流和电压的相位差为 90°，而有损耗的电容器的电流与电压的相位差则小于 90°，所减小的角称为介质损耗角，也就是电介质内流过的电流相量和外施电压相量之间的夹角（功率因数角 Φ）的余角（δ）。功能陶瓷的损耗角一般都很小，小于 1°。

在理想电容器中，电压与电流强度呈 90°，在真实电介质中，由于 GU 分量，而不是90°。此时，合成电流为：

$$I = (i\omega C + G)U \tag{2-20}$$

$$j = (i\omega\varepsilon + \sigma)E, \quad j = i\omega\varepsilon^* E \tag{2-21}$$

故定义复电导率为：

$$\sigma^* = i\omega\varepsilon + \sigma \tag{2-22}$$

复介电常数为：

$$\varepsilon^* = \frac{\sigma^*}{i\omega} = \varepsilon - i\frac{\sigma}{\omega} \tag{2-23}$$

损耗角的定义：

$$\tan\delta = \frac{损耗项}{电容项} \tag{2-24}$$

只要电导（或损耗）不完全由自由电荷产生，那么电导率 σ 本身就是一个依赖于频率的复量，故实部 ε^* 不是精确地等于 ε，虚部也不是精确地等于 $\frac{\sigma}{\omega}$。复介电常数最普通的表示方式是：

$$\varepsilon^* = \varepsilon' - i\varepsilon'' \tag{2-25}$$

ε'、ε'' 都是依赖于频率的量，所以：

$$\tan\delta = \frac{\varepsilon''}{\varepsilon'} \tag{2-26}$$

2.1.3.4　介质损耗正切值 tanδ

介质损耗正切又称介质损耗因数，是指介质损耗角正切值，简称介损角正切。介质损耗因数的定义如下：

$$介质损耗因数(\tan\delta)=\frac{被测试样的有功功率 P}{被测试样的无功功率 Q}\times100\% \tag{2-27}$$

总电流可以分解为电容电流 I_c 和电阻电流 I_r 合成，因此：

$$介质损耗因数(\tan\delta)=\frac{P}{Q}\times100\%=\frac{UI_r}{UI_c}\times100\%=\frac{I_R}{I_c}\times100\% \tag{2-28}$$

这正是损失角 $\delta=(90°-\Phi)$ 的正切值。因此现在的数字化仪器从本质上讲，是通过测量 δ 或者 Φ 得到介损因数。

等效电导率：

$$\sigma=\omega\varepsilon\tan\sigma \tag{2-29}$$

式中，$\varepsilon\tan\delta$ 仅与介质有关，称为介质的损耗因子，其大小可以作为绝缘材料的判据。

介质的损耗由复介电常数的虚部 ε'' 引起，通常电容电流由实部 ε' 引起，相当于实际测得的介电常数。

测量介质损耗对判断电气设备的绝缘状况是一种传统的、十分有效的方法。绝缘能力的下降直接反映为介质损耗增大。进一步就可以分析绝缘下降的原因，如绝缘受潮、绝缘油受污染、老化变质等。

测量介质损耗的同时，也能得到试品的电容量。如果多个电容屏中的一个或几个发生短路、断路，电容量就有明显的变化，因此电容量也是一个重要参数。

2.1.3.5　介电损耗的表示方法

有关介质损耗的描述方法有多种，参见表 2-4，哪一种描述方法比较方便，需根据用途而定。多种方法对材料来说都涉及同一现象。即实际电介质的电流位相滞后理想电介质的电流位相 δ。

表 2-4　有关介质损耗的描述方法

损耗角正切	$\tan\delta$	特　点
损耗因子	$\varepsilon'_1\tan\delta$	作为绝缘材料的选择依据
品质因素	$Q=1/\tan\delta$	应用于高频
损耗功率	p	功率的计算
等效电导率	$\sigma=\omega\varepsilon''$	电介质发热
复介电常数的复项	ε''	研究材料的功率、发热

介质损耗是介质的电导和松弛极化引起的。电导和极化过程中带电质点（弱束缚电子和弱联系离子，并包括空穴和缺位）移动时，将它在电场中所吸收的能量部分地传给周围"分子"，使电磁场能量转变为"分子"的热振动，能量消耗在电介质发热效应上。因此降低材料的介质损耗应从考虑降低材料的电导损耗和极化损耗入手。

2.1.3.6　介质损耗和频率、温度、湿度的关系

（1）频率的影响

① 当外加电场频率很低，即 $\omega\to0$ 时，介质的各种极化都能跟上外加电场的变化，此时不存在极化损耗，介电常数达最大值。介电损耗主要由漏导引起，P_W 和频率无关。$\tan\delta=\delta/\omega\varepsilon$，则当 $\omega\to0$ 时，$\tan\delta\to\infty$。随着 ω 的升高，$\tan\delta$ 减小。

② 当外加电场频率逐渐升高时，松弛极化在某一频率开始跟不上外电场的变化，松弛极化对介电常数的贡献逐渐减小，因而 ε_r 随 ω 升高而减少。在这一频率范围内，由于 $\omega\tau \ll 1$，故 $\tan\delta$ 随 ω 升高而增大，同时 P_w 也增大。

③ 当 ω 很高时，$\varepsilon_r \to \varepsilon_\infty$，介电常数仅由位移极化决定，$\varepsilon_r$ 趋于最小值。此时由于 $\omega\tau \gg 1$，此时 $\tan\delta$ 随 ω 升高而减小。$\omega \to \infty$ 时，$\tan\delta \to 0$。

在 ω_m 下，$\tan\delta$ 达最大值，ω_m 可由下式求出：

$$\omega_m = \frac{1}{\tau}\sqrt{\frac{\varepsilon(0)}{\varepsilon_\infty}} \tag{2-30}$$

$\tan\delta$ 的最大值主要由松弛过程决定。如果介质电导显著变大，则 $\tan\delta$ 的最大值变得平坦，最后在很大的电导下，$\tan\delta$ 无最大值，主要表现为电导损耗特征：$\tan\delta$ 与 ω 成反比。

（2）温度的影响

温度对松弛极化有较大影响，因而 P、ε 和 $\tan\delta$ 与温度关系很大。松弛极化随温度升高而增加，此时，离子间易发生移动，松弛时间常数 τ 减小。

① 当温度很低时，τ 较大，由德拜关系式可知，ε_r 较小，$\tan\delta$ 也较小。此时，由于 $\omega^2\tau^2 \gg 1$，$\tan\delta \propto \dfrac{1}{\omega\tau}$，$\varepsilon' \propto \dfrac{1}{\omega^2\tau^2}$，故在此温度范围内，随温度上升，$\tau$ 减小，ε_r、$\tan\delta$ 和 P_w 上升。

② 当温度较高时，τ 较小，此时 $\omega^2\tau^2 = 1$，因而

$$\tan\delta = \frac{[\varepsilon(0)-\varepsilon_\infty]\omega\tau}{\varepsilon(0)+\varepsilon_\infty\omega^2\tau^2} = \frac{[\varepsilon(0)-\varepsilon_\infty]\omega\tau}{\varepsilon(0)} \tag{2-31}$$

在此温度范围内，随温度上升，τ 减小，$\tan\delta$ 减小。这时电导上升并不明显，所以 P_w 主要决定于极化过程，P_w 也随温度上升而减小。由此看出，在某一温度 T_m 下，P_w 和 $\tan\delta$ 有极大值。

③ 当温度继续升高，达到很大值时，离子热运动能量很大，离子在电场作用下的定向迁移受到热运动的阻碍，因而极化减弱，ε_r 下降。此时电导损耗剧烈上升，$\tan\delta$ 也随温度上升急剧上升。比较不同频率下的 $\tan\delta$ 与温度的关系，可以看出，高频下，T_m 点向高温方向移动。

根据以上分析可以看出，如果介质的贯穿电导很小，则松弛极化介质损耗的特征是：$\tan\delta$ 在与频率、温度的关系曲线中出现极大值。

（3）湿度的影响

介质吸潮后，介电常数会增加，但比电导的增加要慢，由于电导损耗增大以及松弛极化损耗增加，而使 $\tan\delta$ 增大。对于极性电介质或多孔材料来说，这种影响特别突出，如纸内水分含量从 4% 增加到 10% 时，其 $\tan\delta$ 可增加 100 倍。

2.1.3.7 降低材料的介质损耗的方法

降低材料的介质损耗应从考虑降低材料的电导损耗和极化损耗入手。

① 选择合适的主晶相：尽量选择结构紧密的晶体作为主晶相。

② 改善主晶相性能时，尽量避免产生缺位固溶体或填隙固溶体，最好形成连续固溶体。这样弱联系离子少，可避免损耗显著增大。

③ 尽量减少玻璃相。有较多玻璃相时，应采用"中和效应"和"压抑效应"，以降低玻璃相的损耗。

④ 防止产生多晶转变，因为多晶转变时晶格缺陷多，电性能下降，损耗增加。如滑石

转变为原顽辉石时析出游离方石英：

$$Mg_3(Si_4O_{10})(OH)_2 \longrightarrow 3(MgO \cdot SiO_2) + SiO_2 + H_2O$$

游离方石英在高温下会发生晶形转变产生体积效应，使材料不稳定，损耗增大。因此往往加入少量（1%）的 Al_2O_3，使 Al_2O_3 和 SiO_2 生成硅线石（$Al_2O_3 \cdot SiO_2$）来提高产品的机电性能。

⑤ 注意焙烧气氛。含钛陶瓷不宜在还原气氛中焙烧。烧成过程中升温速度要合适，防止产品急冷急热。

⑥ 控制好最终烧结温度，使产品"正烧"，防止"生烧"和"过烧"以减少气孔率。此外，在工艺过程中应防止杂质的混入，坯体要致密。

2.1.4　绝缘强度

2.1.4.1　绝缘强度的定义

介质的特性，如绝缘、介电能力，都是指在一定的电场强度范围内的材料的特性，即介质只能在一定的电场强度内保持这些性质。当电场强度超过某一临界值时，介质由介电状态变为导电状态。这种现象称介电强度的破坏，或叫介质的击穿。相应的临界电场强度称为绝缘强度，或称为击穿电场强度，也可称为介电强度和抗电强度。对于凝聚态绝缘体，通常所观测到的击穿电场范围约为（$10^5 \sim 5 \times 10^6$）V/cm。从宏观尺度看，这些电场属于高电场，但从原子的尺度看，这些电场是非常低的。

2.1.4.2　击穿机制

虽然严格地划分击穿类型是很困难的，但为了便于叙述和理解，通常将击穿类型分为三种：热击穿、电击穿、局部放电击穿。

（1）热击穿

热击穿的本质是处于电场中的介质，由于其中的介质损耗而受热，当外加电压足够高时，可能从散热与发热的热平衡状态转入不平衡状态，若发出的热量比散去的多，介质温度将愈来愈高，直至出现永久性损坏，这就是热击穿。

（2）电击穿

固体介质电击穿理论是在气体放电的碰撞电离理论基础上建立的。以 A. Von Hippel 和 Frohlich 为代表的研究者们，在固体物理基础上，以量子力学为工具，逐步建立了固体介质电击穿的碰撞理论，这一理论可简述如下。

在强电场下，固体导带中可能因冷发射或热发射存在一些电子。这些电子一方面在外电场作用下被加速，获得动能；另一方面与晶格振动相互作用，把电场能量传递给晶格。当这两个过程在一定温度和场强下平衡时，固体介质有稳定的电导；当电子从电场中得到的能量大于传递给晶格振动的能量时，电子的动能就越来越大，至电子能量大到一定值时，电子与晶格振动相互作用导致电离产生新电子，使自由电子数迅速增加，电导进入不稳定阶段，击穿发生。

① 本征电击穿理论　与介质中自由电子有关，室温下即可发生，发生时间很短（$10^{-8} \sim 10^{-7}$ s）。介质中的自由电子的来源：杂质或缺陷能级、价带。

设单位时间电子从电场获得的能量为 A，则：

$$A = \frac{e^2 E^2}{m^*} \bar{\tau} \tag{2-32}$$

式中，τ 为电子平均自由行程时间，又称松弛时间，它与电子能量有关，高能电子速度快，松弛时间短；低能电子速度慢，松弛时间长。因此：

$$A=\left(\frac{\partial u}{\partial t}\right)_E=A(E,u) \tag{2-33}$$

式中，u 为电子能量；脚注 E 表示电场的作用。

设 B 为电子与晶格波相互作用时单位时间能量的损失。则：

$$B=\left(\frac{\partial u}{\partial t}\right)_L=B(T_0,u) \tag{2-34}$$

式中，T_0 为晶格温度。

平衡时：

$$A(E,u)=B(T_0,u) \tag{2-35}$$

当电场上升到能使平衡破坏时，碰撞电离过程便立即发生。把这一起始场强作为介质电击穿场强的理论即为本征击穿理论，它分为单电子近似和集合电子近似两种。Frohlich 利用集合电子近似（考虑电子间相互作用）的方法，建立了关于杂质晶体电击穿的理论，其击穿场强为：

$$\ln E=常数+\frac{\Delta u}{2kT_0} \tag{2-36}$$

式中，Δu 为能带中杂质能级激发态与导带底的距离的一半。

由集合电子近似得出的本征电击穿场强，随温度升高而降低，上式与热击穿有类似关系，因而可以看成热击穿的微观理论。单电子近似方法只在低温时适用。在低温区，由于温度升高，引起晶格振动加强，电子散射增加，电子松弛时间变短，因而使击穿场强反而提高。这与实验结果定性相符。

根据本征击穿模型可知，击穿强度与试样形状无关，特别是击穿场强与试样厚度无关。

② "雪崩"电击穿理论 "雪崩"电击穿理论以碰撞电离后自由电子数倍增到一定数值（足以破坏介质绝缘状态）作为电击穿判据。碰撞电离"雪崩"击穿的理论模型与气体放电击穿理论类似。Seitz 提出以电子"崩"传递给介质的能量足以破坏介质晶体结构作为击穿判据，他用"四十代理论"来计算介质击穿场强。

"四十代理论"：设电场强度为 $10^8\,\mathrm{V/m}$，电子迁移率 $\mu=10^{-4}\,\mathrm{m^2/(V\cdot s)}$，从阴极出发的电子，一方面进行"雪崩"倍增；另一方面向阳极运动。与此同时，也在垂直于电子"崩"的前进方向进行浓度扩散，若扩散系数 $D=10^{-4}\,\mathrm{m^2/s}$，则在 $t=1\,\mathrm{\mu s}$ 的时间中，"崩头"扩散长度为：$r=\sqrt{2Dt}\approx10^{-5}\,\mathrm{m}$，半径为 r，长 1cm 的圆柱形中（体积为 $\pi\times10^{-12}\,\mathrm{m^3}$）产生的电子都给出能量。该体积中共有原子约 10^{17} 个，松散晶格中一个原子所需能量约为 10eV，则松散上述小体积介质总共需 $10^{18}\,\mathrm{eV}$ 的能量。当场强为 $10^8\,\mathrm{V/m}$ 增加时，每个电子经过 1cm 距离由电场加速获得的能量约为 10eV，则共需要"崩"内有 10^{12} 个电子就足以破坏介质晶格。已知碰撞电离过程中，电子数以 $2n$ 关系增加。设经 a 次碰撞，共有 2^a 个电子，那么当 $2^a=10^{12}$，$a=40$ 时，介质晶格就破坏了。也就是说，由阴极出发的初始电子，在其向阳极运动的过程中，1cm 内的电离次数达到 40 次，介质便击穿。此估计虽然粗糙，但概念明确（更严格的数学计算，得出 $a=38$）。

由"四十代理论"可以推断，当介质很薄时，碰撞电离不足以发展到"四十代"，电子崩已进入阳极复合，此时介质不能击穿，即这时的介质击穿场强将要提高。"雪崩"电击穿和本征电击穿在理论上有明显的区别：本征击穿理论中增加导电电子是继稳态破坏后突然发生的，而"雪崩"击穿是考虑到高场强时，导电电子倍增过程逐渐达到难以忍受的程度，最终介质晶格破坏。

2.1.4.3　陶瓷材料的击穿

（1）不均匀介质中的电压分配

陶瓷材料为多晶多相材料，常常为不均匀介质，有晶相、玻璃相和气孔存在，这使陶瓷材料的击穿性质与均匀材料不同。

不均匀介质最简单的情况是双层介质。设双层介质具有各不相同的电性质，ε_1、σ_1、d_1和ε_2、σ_2、d_2分别代表第一层、第二层的介电常数、电导率、厚度。

若在此系统上加直流电压U，则各层内的电场强度E_1、E_2都不等于平均电场强度E：

$$\begin{cases} E_1 = \dfrac{\sigma_2(d_1+d_2)}{\sigma_1 d_2+\sigma_2 d_1} \times E \\ E_2 = \dfrac{\sigma_1(d_1+d_2)}{\sigma_1 d_2+\sigma_2 d_1} \times E \end{cases} \tag{2-37}$$

式（2-37）表明，电导率小的介质承受场强高，电导率大的介质承受场强低。如果σ_1和σ_2相差甚大，则必然其中一层的电场强度将大于平均场强E，这一层可能首先达到击穿强度而被击穿。一层击穿以后，增加了另一层的电压，且电场因此大大畸变，结果另一层也随之击穿。由此可见，材料的不均匀性可能引起击穿场强的降低。

陶瓷中的晶相和玻璃相的分布可看成多层介质的串联和并联，上述的分析方法同样适用。

（2）内电离

陶瓷材料中气泡的ε及σ很小，因此加上电压后气泡上的电场较高，介电强度远低于固体介质（一般空气的$E_b \approx 33kV/cm$，而陶瓷的$E_b \approx 80kV/cm$），所以首先气泡击穿，引起气体放电（电离）产生大量的热，容易引起整个介质击穿。由于在产生热量的同时，形成相当高的内应力，材料也易丧失机械强度而被破坏，这种击穿称为介电-机械-热击穿。把含气孔的介质看成电阻、电容串并联等效电路。由电路充放电理论分析可知，在交流50周情况下，每秒至少放电200次，可想而知，在高频下内电离的后果是相当严重的。这对在高频、高压下使用的电容器陶瓷是值得重视的问题。

大量的气泡放电，一方面导致介电-机械-热击穿；另一方面介质内引起不可逆的物理化学变化，使介质击穿电压下降。这种现象称为电压老化或化学击穿。

（3）表面放电和边缘击穿

固体介质的表面放电属于气体放电。固体介质常处于周围气体媒质中，有时介质本身并未击穿，但有火花掠过它的表面，这就是表面放电。固体介质的表面击穿电压总是低于没有固体介质时的空气击穿电压，其降低的程度视介质材料的不同、电极接触情况以及电压性质而定。

① 固体介质材料不同，表面放电电压也不同。陶瓷介质由于介电常数大、表面吸湿等原因，引起离子式高压极化（空间电荷极化），使表面电场畸变，表面击穿电压降低。

② 固体介质与电极接触不好，使表面击穿电压降低，尤其当不良接触在阴极处时更是如此。其机理是空气隙介电常数低，根据夹层介质原理，电场畸变，气隙易放电。材料介电常数愈大，此效应愈显著。

③ 电场的频率不同，表面击穿电压也不同。随频率升高，击穿电压降低。这是由于气体正离子的迁移率比电子小，形成正的体积电荷，频率高时，这种现象更为突出。固体介质本身也因空间电荷极化导致电场畸变，因而表面击穿电压下降。

总之，表面放电与电场畸变有关系。电极边缘常常电场集中，因而击穿常在电极边缘发生，即边缘击穿。表面放电与边缘击穿不仅决定于电极周围媒质以及电场的分布（电极的形状、相互位置），还决定于材料的介电系数、电导率，因而表面放电和边缘击穿电压并不能表征材料的介电强度，它与装置条件有关。

提高表面放电电压，防止边缘击穿以发挥材料介电强度的有效作用，这对于高压下工作的元件，尤其是高频、高压下工作的元件，是极为重要的。另外，对材料介电强度的测量工作也有意义。

为消除表面放电，防止边缘击穿，应选用电导率或介电常数较高的媒质，同时媒质本身介电强度要高，通常选用变压器油。此外，在瓷介表面施釉，可保持介质表面清洁，而且釉的电导率较大，对电场均匀化有好处。如果在电极边缘施以半导体釉，则效果更好。为了消除表面放电，还应注意元件结构、电极形状的设计。一方面要增大表面放电途径；另一方面要使边缘电场均匀。

电击穿的特点是击穿电压高，作用时间短，击穿电压与温度关系很小；热击穿的电压低，作用时间长，击穿电压与温度有密切的关系。无论是哪一种击穿，介质击穿总是伴随着电流的跃增过程，作用在介质上的电压升高时，通过介质的电流也随之增大。但当电压升高到一定数值时，即使电压不再升高，甚至下降，电流却仍迅速剧增，即此时介质变为导体，即发生了击穿，我们把该曲线的斜率为∞时的电压，定义为击穿电压。陶瓷介质发生击穿时，基本上有两个过程：第一，介质由介电状态变为导电状态；第二，介质发生机械破坏，形成贯穿两个电极的直径不大的通道。

2.2　磁学性能

随着近代科学技术的发展，金属和合金磁性材料，由于它的电阻率低、损耗大，已不能满足应用的需要，尤其是高频范围。

磁性无机材料除了有高电阻、低损耗的优点以外，还具有各种不同的磁学性能，因此它们在无线电电子学、自动控制、电子计算机、信息存储、激光调制等方面，都有广泛的应用。磁性无机材料一般是含铁及其他元素的复合氧化物，通常称为铁氧体（ferrite）。它的电阻率为 $10 \sim 10^6 \Omega \cdot m$，属于半导体范畴。目前，铁氧体已发展成为一门独立的学科。

本节介绍磁性材料的一般磁性能，着重讨论铁氧体材料的性能与应用。

2.2.1　磁矩和磁化强度

2.2.1.1　磁矩

（1）磁矩的定义

在磁场的作用下，物质中形成了成对的 N、S 磁极，称这种现象为磁化。与讨论电场时的电荷相对应，引入磁量的概念，并把磁量叫做磁极强度或磁荷。将一对等量异号且相距很小的距离的磁极叫作磁偶极子。

在外磁场的影响下，磁偶极子沿磁场方向排列。为达到与磁场平行，该磁矩在力矩的作用下，发生旋转。

$$T = Lq_m H \sin\theta \tag{2-38}$$

式中，Lq_m 定义为磁矩 $M(\mathrm{Wb \cdot m})$。磁矩这一物理量是磁相互作用的基本条件，是物质中所有磁现象的根源。磁矩的概念可用于说明原子、分子等微观世界产生磁性的原因。

（2）原子磁矩

物质是原子核和电子的集合体，要理解物质的磁性起源，就要考虑原子具有的磁矩。现在我们可以从以下三方面来分析原子中的磁矩。

① 电子轨道运动产生的磁矩；

② 电子自旋产生的磁矩；

③ 原子核的磁矩。

2.2.1.2 磁化强度

磁化强度的物理意义是单位体积中的磁矩总和。设体积元 ΔV 内磁矩的矢量和为 $\sum M$，则磁化强度 M 为：

$$M = \frac{\sum M_i}{\Delta V} \tag{2-39}$$

式中，M_i 的单位为 $\mathrm{Wb \cdot m}$，V 的单位为 $\mathrm{m^3}$，因而磁化强度 M 的单位为 $\mathrm{Wb/m^2}$（或 T）。

电场中的电介质由于电极化而影响电场，同样，磁场中的磁介质由于磁化也能影响磁场，即磁性体对于外部磁场 H 的反映强度。

磁场强度 H、磁化强度 M 有关系式：

$$B = \mu_0 H + M = \mu H \tag{2-40}$$

式中，μ 为介质的磁导率，μ 只与介质有关。该式采用 MKS 单位制表示。因此磁化强度 M 表征物质被磁化的程度。对于一般磁介质，无外加磁场时，其内部各个磁矩的取向不一，宏观无磁性。但在外磁场作用下，各磁矩有规则的取向，使磁介质宏观显示磁性，这就叫磁化。

定义 $\mu_r = \dfrac{\mu}{\mu_0}$ 为介质的相对磁导率，则：

$$M = (\mu_r - 1) H \tag{2-41}$$

定义 $\chi_r = \mu_r - 1$ 为介质的相对磁化率或 $\chi = \mu_0 \chi_r$ 为介质的磁化率，则可得磁化强度与磁场强度的关系：

$$M = \chi_r H \tag{2-42}$$

式中，比例系数 χ_r 仅与磁介质性质有关，它反映材料的磁化能力。

为了便于直观地理解磁性相关的基本物理量，可以将其与电学量的基本物理量进行对比，具体参见表 2-5。

表 2-5　磁学和电学基本物理量的比较

磁学基本物理量		电学基本物理量	
名　称	单　位	名　称	单　位
磁极强度 q	Wb	电荷量 q	C
磁矩 m	Wb·m	电偶极矩 p	C·m
磁化强度 M	Wb/m² (或 T)	极化强度 P	C/m²
磁通量 Φ	Wb	电流强度 I	A
磁通密度 B	Wb/m²	电流密度 J	A/m²
磁场强度 H	A/m	电场强度 E	V/m
磁导率 μ	H/m	电导率 σ	S/m
磁阻	1/H	电阻	Ω
磁势 V_m	A	电动势 V	V

2.2.2　物质的磁性

物质的磁性由于原子磁矩不同的表现，使原子磁矩与磁场的作用、磁化强度与磁场强度的关系曲线、磁化率与温度的关系等具有不同的特点，下面讨论各种不同类型的磁性。

（1）顺磁性

由于电子自旋没有互相抵消，不论外加磁场是否存在，原子内部存在永久磁矩。在没有外磁场的作用时，由于物质中的原子做无规则的热振动，各个磁矩的指向是无序分布的，没有形成宏观磁化现象。但是在外加磁场的作用下，这些磁矩沿磁场方向排列，物质显示极弱的磁性，这种现象叫顺磁性。磁化强度 M 与外磁场方向一致，M 为正，而且 M 严格地与外磁场 H 成正比。

顺磁性物质的磁性除了与 H 有关外，还依赖于温度。其磁化率 χ 与热力学温度 T 成反比。

$$\chi = \frac{C}{T} \tag{2-43}$$

式中，T 为热力学温度，K；C 称为居里常数，取决于顺磁物质的磁化强度和磁矩大小。顺磁性物质的磁化率一般很小，室温下 χ 约为 10^{-5}。

（2）铁磁性

具有铁磁性物质的磁化率为正值，而且很大。如 Fe、Co、Ni，室温下磁化率可达 10^3 数量级，属于强磁性物质。一般磁介质的 B-H 为线性关系，即 $B = \mu H$，μ 不变，而对于铁磁体，B-H 为非线性，μ 随外磁场变化。

铁磁体的铁磁性只在某一温度以下才表现出来，超过这一温度，由于物质内部热骚动破坏电子自旋磁矩的平行取向，因而总磁矩为零，铁磁性消失。这一温度称为居里点 T_C。在居里点以上，材料表现为强顺磁性，其磁化率与温度的关系服从居里-外斯定律：

$$\chi = \frac{C}{T - T_C} \tag{2-44}$$

式中，C 为居里常数。

铁磁性物质和顺磁性物质的主要差异在于：即使在较弱的磁场内，前者也可得到极高的磁化强度，而且当外磁场移去后，仍可保留极强的磁性。

（3）反铁磁性

反铁磁性体的原子磁矩在同一子晶格中，无外磁场的作用时，磁矩是同向排列的，具有一定的磁矩；在不同的子晶格中磁矩是反向排列。两个子晶格中自发磁化强度大小相同，方向相反，整个晶体 $M=0$。反铁磁性物质大都是非金属化合物，如 FeO、NiF_2 及各种锰盐。

不论在什么温度下，都不能观察到反铁磁性物质的任何自发磁化现象，因此其宏观特性是顺磁性的，M 与 H 处于同一方向，磁化率 χ_r 为正值。

（4）抗磁性

当磁化强度 M 为负时，固体表现出抗磁性。抗磁性物质的磁化强度是磁场强度的线性函数。Bi、Cu、Ag、Au 等金属具有这种性质。在外磁场中，这类磁化了的介质内部，B 小于真空中的 B_0。构成抗磁性材料的原子（离子）的磁矩为零，即不存在永久磁矩，而前面所讨论的铁磁性、反铁磁性、顺磁性等都是源于原子磁矩而产生的磁性。当抗磁性物质放入外磁场中，外磁场使电子轨道改变，围绕原子核作回旋轨道运动的电子按照楞次定律会产生感生电流，此感生电流产生与外加磁场方向相反的磁场，这便是反磁性产生的根源。所以抗磁性来源于原子中电子轨道状态的变化。抗磁性物质的抗磁性一般很微弱，磁化率 χ 一般约为 -10^{-5}，其绝对值很小。符合抗磁性条件的就是那些填满了电子壳层的原子和离子，因此周期表中前 18 个元素主要表现为抗磁性。这些元素构成了无机材料中，几乎所有阴离子，如 O^{2-}、F^-、Cl^-、S^{2-}、SO_4^{2-}、CO_3^{2-}、N^{3-}、OH^- 等。在这些阴离子中，电子填满壳层，自旋磁矩平衡。

2.2.3　磁畴的形成和磁滞回线

（1）磁畴的形成

铁磁体在很弱的外加磁场作用下能显示出强磁性，这是由于物质内部存在自发磁化的小区域，即磁畴。对于处于退磁化状态的铁磁体，它们在宏观上并不显示磁性，这说明物质内部各部分的自发磁化强度的取向是杂乱的。因而物质的磁畴不会是单畴，而是由许多小磁畴组成。磁畴形成的原因有"交换"作用和超交换作用。

①"交换"作用　磁偶极子类似于一个小永久磁体，因此在其周围形成磁场，这一磁场必然会对其他磁矩产生作用，使磁矩在特定方向取向，由于磁矩的相互作用，使其取向趋于一致。实际上这是由于电子的静电相互作用造成的，也即"交换"作用。

这一现象也可从电子的"共有化"运动得到解释。

② 超交换作用　在某些材料中过渡金属离子不是直接接触，直接接触交换作用很小，只有通过中间负离子氧起作用。

在尖晶石结构中实际上存在 A-A、B-B、A-B 三种可能位置。因而存在三种交换作用。由于各种原因，这些化合物中只有其中的一种超交换作用占优势。

③ 磁畴的形成　由于铁磁体具有很强的内部交换作用，铁磁物质的交换能为正值，而且较大，使得相邻原子的磁矩平行取向，发生自发磁化，在物质内部形成许多小区域，即磁

畴。这种自生的磁化强度叫自发磁化强度 M_S。因此自发磁化是铁磁物质的基本特征，也是铁磁物质和顺磁物质的区别所在。

大量实验证明，为了保持自发磁化的稳定性，必须使强磁体的能量达最低值，因而就分裂成无数微小的磁畴，形成磁畴结构。每个磁畴的体积大约为 10^{-9}cm^3，约有 10^{15} 个原子。

铁磁性的自发磁化和铁电性的自发极化有相似的规律，但应该强调的是它们的本质差别：铁电性是由离子位移引起的，而铁磁性则是由原子取向引起的；铁电性在非对称的晶体中发生，而铁磁性发生在次价电子的非平衡自旋中；铁电体的居里点是由于熵的增加（晶体相变），而铁磁体的居里点是原子的无规则振动破坏了原子间的"交换"作用，从而使自发磁化消失引起的。

（2）磁滞回线

铁磁体在未经磁化或退磁状态时，其内部磁畴的磁化强度方向随机取向，彼此相互抵消，总体磁化强度为零。如果将其放入外磁场 H 中，其磁化强度 M 随外磁场 H 的变化是非线性的。

下面简单的介绍磁畴壁运动模型。在消磁状态下，畴壁受内应力等障碍物的钉扎作用，畴壁难以运动。在外磁场的作用下，由于各磁畴的磁矩发生转向而引起磁畴壁的移动，在磁畴壁的移动过程中，如果磁场较弱，不足以克服内应力等障碍物的钉扎作用，畴壁难以运动，当外磁场取消后，铁磁体即可回到消磁状态，即处于可逆的畴壁移动区域。随着外加磁场强度的增大，钉扎作用不足以抵消外磁场的作用，畴壁试图克服钉扎作用而移动，此时，争脱开障碍物钉扎作用的畴壁，发生雪崩式的移动。畴壁移动是突然和不连续的，从而磁化也是不连续的。用电气放大作用进行探测，会有不规则的噪声出现。称此为 Barkhausen 效应或噪声。在此之后，进入到可逆的磁畴旋转区，进而达到饱和磁化状态。

如果外磁场 H 为交变磁场，则与电滞回线类似，可得到磁滞回线。

可以用磁滞回线说明晶体磁学各向异性。在某一宏观方向上（如水平方向、垂直方向）生长的单磁畴粒子，且其自发磁化强度被约束在该方向内，当在该方向上施加外加磁场，磁滞回线为直角型，而在与此垂直的方向上施加磁场，磁滞回线缩成线性。

2.2.4 铁氧体结构及磁性

以氧化铁（Fe_2O_3）为主要成分的强磁性氧化物叫作铁氧体。铁氧体磁性与铁磁性相同之处在于有自发磁化强度和磁畴，因此有时也被统称为铁磁性物质。

铁氧体一般都是多种金属的氧化物复合而成，因此铁氧体磁性来自两种不同的磁矩。一种磁矩在一个方向相互排列整齐；另一种磁矩在相反的方向排列。这两种磁矩方向相反，大小不等，两个磁矩之差，就产生了自发磁化现象。因此铁氧体磁性又称亚铁磁性。

从晶体结构分，目前已有尖晶石型、石榴石型、磁铅石型、钙钛矿型、钛铁矿型和钨青铜型等 6 种。重要的是前三种。下面将分别讨论它们的结构及磁性。

（1）尖晶石型铁氧体

铁氧体亚铁磁性氧化物一般式表示为 $M^{2+}O \cdot Fe_2^{3+}O_3$，或者 $M^{2+}\text{-}Fe_2O_4$，其中 M 是 Mn、Fe、Co、Ni、Cu、Mg、Zn、Cd 等金属或它们的复合，如 $Mg_{1-x}Mn_xFe_2O_4$，因此组成和磁性能范围宽广。它们的结构属于尖晶石型。

（2）石榴石型铁氧体

稀土石榴石也具有重要的磁性能，它属于立方晶系，但结构复杂，分子式为 $M_3Fe_5O_{12}$，式中 M 为三价的稀土离子或钇离子，如果用上标 c、a、d 表示该离子所占晶格位置的类型。则其分子式可以写成 $M_3{}^cFe_2{}^aFe_3{}^dO_{12}$ 或 $(3M_2O_3)^c$ $(2Fe_2O_3)^a$ $(3Fe_2O_3)^d$，a 离子位于体心立方晶格格点上，c 离子与 d 离子位于立方体的各个面。

与尖晶石的磁性类似，由于超交换作用，石榴石的净磁矩起因于反平行自旋的不规则贡献：处于 a 位的 Fe^{3+} 和 d 位的 Fe^{3+} 的磁矩是反平行排列的，c 位的 M^{2+} 和 d 位的 Fe^{3+} 的磁矩也是反平行排列的。如果假设每个 Fe^{3+} 离子磁矩为 $5\mu_B$，则对 $M_3{}^cFe_2{}^aFe_3{}^dO_{12}$ 净磁矩为：

$$\mu_{净} = 3\mu_c - (3\mu_d - 2\mu_a) = 3\mu_c - 5\mu_B \tag{2-45}$$

因此选择适当的离子，可得到净磁矩。

（3）铅石型铁氧体

磁铅石型铁氧体的化学式为 $AB_{12}O_{19}$，A 是二价离子 Ba、Sr、Pb，B 是三价的 Al、Ga、Cr、Fe，其结构与天然的磁铅石 $Pb(Fe_{7.5}Mn_{3.5}Al_{0.5}Ti_{0.5})O_{19}$ 相同，属六方晶系，结构比较复杂。如含钡的铁氧体，化学式为 $BaFe_{12}O_{19}$。

磁化起因于铁离子的磁矩，每个 Fe 离子有 $5\mu_B$↑ 自旋，每个单元化学式的排列如下：在尖晶石块中，两个铁离子处于四面体位置形成 $2\times5\mu_B$↓，七个 Fe 离子处于八面体位置形成 $7\times5\mu_B$↑。在六方密堆积块中，一个处于氧围成的三方双锥体中的 Fe 离子给出 $1\times5\mu_B$↑，处于八面体中的两个 Fe 离子给出 $2\times5\mu_B$↓。净磁矩为 $4\times5\mu_B = 20\mu_B$。

由于六角晶系铁氧体具有高的磁晶各向异性，故适宜作永磁铁，它们具有高矫顽力。它的结构与天然磁铅石相同。

2.2.5 磁性材料的物理效应

磁性材料的物理性能随外界因素，例如电场、磁场、光及热等的变化而发生变化的现象称为磁性材料的物理效应。其物理效应有磁光效应、电流磁气效应、磁各向异性磁致伸缩效应动态磁化等。

（1）磁光效应

光属于电磁波，其电场、磁场和传播方向相互垂直，因此在光通过透明的铁磁性材料时，由于光与自发磁化相互作用，会出现特异的光学现象，称此现象为磁光效应。目前已知的磁光效应有下列几种。

① 塞曼效应　对发光物质施加磁场，光谱发生分裂的现象称为塞曼效应。从应用的角度来看，还属于有待开发的领域。

② 法拉第（Faraday）效应　法拉第效应是光与原子磁矩相互作用而产生的现象。当一些透明物质（如 $Y_3Fe_5O_{12}$）透过直线偏光时，若同时施加与入射光平行的磁场，在透射光射出时，其偏振面将旋转一定的角度。称此现象为法拉第效应。

如果施加与入射光垂直的磁场，入射光将分裂为沿原方向的正常光束和偏离原方向的异常光束。这一现象为科顿-莫顿（Cotton-Mouton）效应。

铁磁性材料的法拉第旋转角 θ_F 由式（2-46）表示：

$$\theta_F = FL(M/M_S) \tag{2-46}$$

式中，F 为法拉第旋转系数（°/cm）；L 为材料的长度；M_S 为饱和磁化强度；M 为沿入射光方向的磁化强度。任何透明的物质都会产生法拉第效应，而已知的法拉第旋转系数大的磁性材料主要是稀土石榴石系材料。

作为实用法拉第器件应满足的基本条件是：a. 法拉第系数要大，而与温度的相关性要小；b. 从透光性考虑，吸收系数 α 要小（F/α 要大），作为使用化的标准，一般要求 $F/\alpha \geqslant 200$；c. 居里温度 T_C 应在室温以上；d. 光学各向同性；e. 对于铁磁性材料来说，其饱和磁化强度要小。

③ 克尔（Kerr）效应　当光入射到被磁化的材料，或入射到外磁场作用下的物质表面时，其反射光的偏振面发生旋转的现象称为克尔效应，其所旋转的角度为克尔旋转角 θ_k。光盘就是利用了克尔效应而进行磁记录。

（2）磁各向异性

材料的磁化有难易之分，对于晶体来说，不同的晶体学方向其磁化也有所不同，即存在易磁化的晶体学方向和难磁化的结晶学方向，分别称为易磁化轴和难磁化轴。如体心立方结构的 Fe，其 [100] 的 3 个轴为易磁化轴，[111] 的 4 个轴为难磁化轴。

（3）磁致伸缩效应

使消磁状态的铁磁体磁化，一般情况下其尺寸、形状会发生变化，这种现象称为磁致伸缩效应。长度为 L 的棒沿轴向磁化时，若长度变化为 ΔL，则磁致伸缩率 $\lambda = \Delta L / L$，磁致伸缩率在强磁场的作用下达到饱和的值 λ_s 称为磁致伸缩常数，作为铁磁体的特性参数经常使用。

利用磁致伸缩可以使磁能（实际上是电能）转换为机械能，而利用磁致伸缩的逆效应可以使机械能转变为电能。磁致性伸缩的产生机制应进行综合分析。

2.2.6　磁性材料及应用

磁性材料是指具有可利用的磁学性质的材料。磁性材料按其功能可分为几大类：易被外磁场磁化的磁芯材料；可发生持续磁场的永磁材料；通过变化磁化方向进行信息记录的磁记录材料；通过光或热使磁化发生变化进行记录与再生的光磁记录材料；在磁场作用下电阻发生变化的磁致电阻材料；因磁化使尺寸发生变化的磁致伸缩材料；形状可以自由变化的磁性流体等。利用这些功能，磁性材料已用于器件和设备，如变压器、阻尼器、各类传感器、录像机等。

近年来，磁性材料在非晶态、稀土永磁化合物、超磁致伸缩、巨磁电阻等新材料相继发现的同时，由于组织的微细化、晶体学方位的控制、薄膜化、超晶格等新技术的开发，其特性显著提高。这些不仅对电子、信息产品等特性的飞跃提高作出了重大的贡献，而且成为新产品开发的原动力。目前，磁性材料已成为支持并促进社会发展的关键材料。下面从结构和性能方面介绍几种重要的磁性材料。

（1）高磁导率材料

这类材料要求磁导率高、饱和磁感应强度大、电阻高、损耗低、稳定性好等。其中尤以高磁导率和低损耗最重要。生产上为了获得高磁导率的磁性材料，一方面要提高材料的 M_S 值，这由材料的成分和原子结构决定；另一方面要减小磁化过程中的阻力，这主要取决于磁畴结构和材料的晶体结构。因而必须严格控制材料成分和生产工艺。表 2-6 和表 2-7 分别列出了各种磁介质的磁导率。

软磁材料主要应用于电感线圈、小型变压器、脉冲变压器、中频变压器等的磁芯以及天线棒磁芯、录音磁头、电视偏转磁轭、磁放大器等。

表 2-6　磁介质的磁导率

顺　磁　性		抗　磁　性	
物　　质	$(\mu_r-1)/10^{-6}$	物　　质	$(1-\mu_r)/10^{-6}$
氧(1atm)	1.9	氢	0.063
铝	23	铜	8.8
铂	360	岩盐	12.6
		铋	176

注：1atm＝101325Pa。

表 2-7　常用铁磁性物质、铁氧体的磁性能

物质	μ_0(起始)	居里温度/℃
Fe	150	1043
Ni	110	627
Fe_3O_4	70	858
$NiFe_2O_4$	10	858
$Mn_{0.65}Zn_{0.35}Fe_2O_4$	1500	400

（2）磁性记录材料

磁记录机是具有空气缝隙的环形记录磁头。该环形磁头是由铁铝合金片或锰锌铁氧体等磁性材料制成。缝隙很小，小于 0.001in（1in＝2.54cm）。记录用磁带是用极细小颗粒的磁性材料和一种非磁性材料的黏合剂混合后涂覆在带机而成。输入信号加到线圈形成的磁通进入到磁带内，造成磁性颗粒的磁化，把信息保留在带内。显然，磁记录必须是硬磁材料。信号读出时，从记录带中磁偶极子发出的磁通沿磁阻小的磁头磁芯进入，在线圈中感应出电信号而读出。所以对磁记录介质的磁性材料有类似永磁体的性质，要求高的剩磁、矫顽力和 H_m 值。当然为了能记录短波长，无规则噪声要最低，磁畴要小，并且它能够做成高强度、柔顺而光滑的薄层。

在上述磁畴知识中知道，磁性材料和磁畴结构及磁畴壁的移动有密切的关系。但是当晶粒粒度减小到临界尺寸大小，即一个细小的颗粒只能形成一个单畴时，材料的磁性质会发生很大的变化，矫顽力急速增大，这是由于缺乏磁壁，各个颗粒仅仅依靠自旋磁矩矢量的同时旋转来改变磁化，而这个过程又由于晶体磁各向异性的反抗变得很困难。此外，纤维状晶粒，还有形状各向异性来反抗它的旋转，造成矫顽力增大。例如 $15\mu m$ 的铁纤维的矫顽力比通常的甚至高达一万倍。但是颗粒太小，又由于热起伏作用超过了交换力的作用，而丧失铁磁性质，这时的状态称超顺磁体。磁性材料现在用的是 $\gamma\text{-}Fe_2O_3$ 的单畴颗粒，它是 $\alpha\text{-}Fe_2O_3$ 的亚稳相，具有尖晶石立方结构。

（3）高矫顽力材料

硬磁材料又称为永磁材料，其主要特点是剩磁 B_r 大，这样保存的磁能就多，而且矫顽力 H_c 也大，才不容易退磁，否则留下的磁能也不易保存。因此用最大磁能积 $(BH)_{max}$ 就可以全面地反映硬磁材料储有磁能的能力。最大磁能积 $(BH)_{max}$ 越大，则在外磁场撤去后，单位面积所储存的磁能也越大，性能也越好。此外对温度、时间、振动和其他干扰的稳定性也要好。这类材料主要用于磁路系统中作永磁以产生恒稳磁场，如扬声器、微音器、拾音器、助听器、录音磁头、电视聚焦器、各种磁电式仪表、磁通计、磁强计、示波器以及各种

控制设备。最重要的铁氧体硬磁材料是钡恒磁 $BaFe_{12}O_{19}$，它与金属硬磁材料相比的优点是电阻大、涡流损失小、成本低。

前面指出，磁化过程包括畴壁移动和磁畴转向两个过程，据研究，如果晶粒小到全部都只包括一个磁畴（单畴），则不可能发生壁移而只有畴转过程，这就可以提高矫顽力。

因此在生产铁氧体的工艺过程中，通过延长球磨时间，使粒子小于单畴的临界尺寸和适当提高烧成温度（但不能太高，否则使晶粒由于重结晶而重新长大），可以比较有效地提高矫顽力。另外，用所谓磁致晶粒取向法，即把已经过高温合成和通过球磨的钡铁氧体粉末，在磁场作用下进行模压，使得晶粒更好地择优取向，形成与外磁场基本一致的结构，可以提高剩磁。这样，虽然使矫顽力稍有降低，但总的最大磁能积 $(BH)_{max}$ 还有所增加，从而改善了材料的性能。

（4）矩磁材料

有些磁性材料的磁滞回线近似矩形。并且有很好的矩形度。图 2-8 表示了比较典型的矩形磁滞回线。可用剩磁比 B_r/B_m 来表征回线的矩形。另外，也可用 $B_{-\frac{1}{2}H_m}/B_m$（或简写为 $B_{-\frac{1}{2}}/B_m$）来描述回线的矩形度，其中 $B_{-\frac{1}{2}H_m}$ 表示静磁场达到 H_m 一半时的 B 值。可以看出前者是描述 Ⅱ、Ⅳ 象限的矩形程度。因为 B_r/B_m 在开关元件中是重要的参数，因此又称为开关矩形比；$B_{-\frac{1}{2}}/B_m$ 在记忆元件中是重要的参数，故也可称为记忆矩形比。利用 $+B_r$ 和 $-B_r$ 的剩磁状态，可使磁芯作为记忆元件、开关元件或逻辑元件。如以 $+B_r$ 代表"1"，$-B_r$ 代表"0"，就可得到电子计算机中的二进制逻辑元件。对磁芯输入信号，从其感应电流上升到最大值的 10% 时算起，到感应电流又下降到最大值的 10% 时的时间间隔定义为开关时间 t_s。它与外磁场 H_a 之间的关系如下：$(H_a-H_0)t_s=S_w$。式中，$H_a \approx H_c$（矫顽力），S_w 称为开关常数，对常用的矩磁铁氧体材料，S_w 为 $2.4 \times 10^{-5} \sim 12 \times 10^{-5}$c/m。

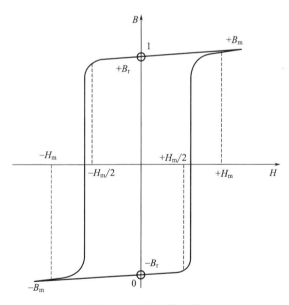

图 2-8　矩形磁滞回线

（5）磁泡材料

用单轴各向异性的磁性材料，切成薄片（50μm）或用晶体外延法生长制成薄膜，使易磁化轴垂直于表面，当未加外磁场时，薄片由于自发磁化，产生带状磁畴，当在外磁场的作用下，反向磁畴局部缩成分立的圆柱形磁畴，在显微镜下，它很像气泡，所以称为磁泡，直径约为 $1\sim100\mu m$。磁泡存储器就是利用某一区域磁泡的存在与否表示二进制码"1"和"0"的信息，实现信息的存储和处理。这种材料比磁矩铁氧体具有存储器体积小、容量大的优点。经过研究，原则上磁泡材料可获得每平方英寸百万位以上的容量，这对增大计算机容量和缩小体积具有很大的意义。

磁泡材料有：①铁氧体 $ReFeO_3$，Re 是 Y、Er、Sm 等稀土元素；②稀土石榴石型铁氧体，例如 $Gd_{2.54}Tb_{0.46}Fe_5O_{12}$、$Eu_1Er_2Ga_{0.7}Fe_{4.3}O_{12}$ 等；③新近发展出的 Gd-Co、Gd-Fe 等非晶态薄膜，具有很高的单轴各向异性性质。

第3章 功能陶瓷的生产工艺

功能陶瓷的生产工艺过程主要包括原料处理和加工、备料、成型、烧成及电极制备、元件性能检测等基本单元操作。功能陶瓷的生产工艺流程总体上与传统陶瓷的生产工艺流程相似，但在原料选取、粉体制备、成型和烧成方法等各工艺环节中，都在传统陶瓷生产工艺基础上借鉴相邻学科的一些先进技术，发展了很多新的工艺方法。同时，为了实现功能陶瓷材料与金属材料的焊接及满足功能陶瓷元器件的使用要求，需要对功能陶瓷材料进行表面金属化处理，制备成电容器或金属电极等，这也是传统陶瓷生产工艺中所未涉及的。

3.1 常用原料

3.1.1 原料种类

功能陶瓷工业生产所用原料分为天然矿物原料和化工原料两类。原料质量对最终产品的性能起着决定性作用，原料的化学组成、纯度、杂质的种类及其含量等将直接影响材料性能，而原料的物理状态如颗粒大小、颗粒形状、矿物组成等也会影响产品性能以及各道工序的工艺过程。

原料中常含有的杂质有以下几类：

① 碱金属氧化物，如 Na_2O、K_2O 等，此类杂质使陶瓷绝缘性能下降、介电损耗增大、机电耦合系数降低；

② 过渡元素氧化物，如 MnO_2、Fe_2O_3 等，这类杂质对陶瓷的压电性能影响极大，压电陶瓷原料中要求其含量要小于 0.1%；

③ 适量的 Ca^{2+}、Sr^{2+}、Ba^{2+} 等半径与 Pb^{2+} 接近的杂质离子，或与 Ti^{2+} 半径接近的 Mg^{2+} 杂质离子等，这类杂质可与主成分置换形成固溶体，从而影响陶瓷性能；

④ 有机杂质。

通常原料可通过水洗或预烧处理来提高其纯度。水洗或预烧都可以起到去除 Na_2O、K_2O 类杂质的作用，预烧还可以去除有机杂质。

天然矿物原料的组成由天然条件决定，含杂质较多，因此天然原料在加工前必须经过人工拣选和淘洗，尽量去掉有害杂质。尽管如此，由于天然原料价格便宜，能降低生产成本，如果产品性能符合相应的标准和使用要求，则工业生产中将尽可能使用组成适当、纯度相对较高的天然矿物原料，但天然原料的纯度、杂质种类和数量以及矿物组成等很难控制，故实际只有少数产品采用。

化工原料（高纯度、高精度）主要是化工企业生产的具有不同纯度、粒度、活性、晶体结构和杂质的化学试剂。化工原料大多为金属和非金属氧化物、碳酸盐等，是功能陶瓷生产中最常用的原料，其纯度和物理特性可控。随着高新技术的迅速发展，对功能陶瓷的性能提出越来越高的要求，因此，在功能陶瓷生产中，越来越多地使用高纯度、高细度的化学试剂为原料，在一些高性能功能陶瓷产品的生产中还要用到由特殊工艺制备的高纯纳米粉体作为原料。

3.1.2 矿物原料

纯的天然矿石原料不多，由于其组成复杂，会影响功能陶瓷的电性能指标，所以在实际功能陶瓷生产中应用不多，下面仅介绍几种常用的矿物原料。

（1）滑石

滑石是天然的含水硅酸镁 $Mg_3(Si_4O_{10})(OH)_2$，即 $3MgO \cdot 4SiO_2 \cdot H_2O$，理论化学组成为：$MgO$ 31.82%，SiO_2 63.44%，H_2O 4.74%，常含有少量的 Fe、Al 等元素。纯白色、灰白色，有脂肪光泽，有滑腻感，硬度1，相对密度 2.7～2.8。属单斜晶系，多为层状晶体，晶体呈六方或菱形片状，常见的是成片状或粒状的致密集合体。高纯度的致密块状滑石称块滑石，在功能陶瓷的生产中被广泛应用，其机械强度高、介电损耗小，是高频绝缘用滑石瓷的主要原料，常含有主要杂质为 Fe_2O_3（有害）和 Al_2O_3。滑石加热至 900℃ 附近发生分解 [参见式（3-1）]。

$$3MgO \cdot 4SiO_2 \cdot H_2O \xrightarrow{900℃} 3MgO \cdot SiO_2 + SiO_2 + H_2O \qquad (3-1)$$
$$\text{斜顽辉石}$$

采用滑石为主要原料时，要注意滑石瓷存放时易出现开裂问题。由未处理的片状滑石所制成的坯料，在挤制成型时容易定向排列，烧成时产生各向异性收缩，导致瓷体开裂现象的产生。此外，在干压成型过程中也易形成坯体层裂、压不实等缺陷。因此，配料前常采用预处理-煅烧方法来破坏滑石的层状结构，改善其使用性能，生产中煅烧滑石的温度通常选用 1350～1380℃。

（2）菱镁矿

菱镁矿也称为菱苦土，主要成分是 $MgCO_3$（MgO 47.82%，CO_2 52.18%），晶体属三方晶系的碳酸盐矿物。硬度 4～5，相对密度 2.9～3.1。菱镁矿的主要杂质为 CaO（有害）和 Fe_2O_3（有害），是制造耐火材料的一种重要原料。其分解温度从 350℃ 开始，至 850℃ 逸出全部 CO_2。经 700℃ 煅烧的称轻烧氧化镁，质地松软，晶粒细小，化学活性大，易吸收空气中的水分生成 $Mg(OH)_2$，陶瓷配料中不宜采用。在功能陶瓷的生产中通常采用的是经高温煅烧的菱镁矿，在电子陶瓷生产中，菱镁矿是生产镁橄榄石瓷（$2MgO \cdot SiO_2$）以及钛酸镁瓷（Mg_2TiO_4）的一种主要原料。

（3）黏土类矿物

黏土矿是一类含水的铝硅酸盐产物，功能陶瓷工业用黏土矿主要有高岭土、膨润土和黏土。黏土矿都有一定的可塑性，是用来增加泥料可塑性的一种常用添加物。高岭土、黏土的主要矿物组成是高岭石（$Al_2O_3 \cdot 2SiO_2 \cdot 2H_2O$），只是黏土含其他一些杂质。高岭石的理论组成是：$SiO_2$ 46.5%，Al_2O_3 39.5%，H_2O 14%。黏土中常含有 K_2O、Na_2O、CaO、MgO、Fe_2O_3、TiO_2 和若干有机物等杂质。使用黏土原料在降低产品成本的同时，必须注意其所含杂质对产品性能的影响，必须保证其特性满足相应的使用要求。在功能陶瓷中应用的黏土一般应符合表 3-1 中的技术条件。

表 3-1 功能陶瓷用黏土的性能要求

组成	SiO_2	Al_2O_3	Fe_2O_3	TiO_2	CaO	MgO	K_2O+Na_2O	灼烧减量
含量/%	40～60	34～40	<1	微量	<0.5	<0.5	<1	13～17

表 3-1 中的灼烧减量又称烧失量，是指坯料在烧成过程中所排出的结晶水，碳酸盐分解出的 CO_2，硫酸盐分解出的 SO_2，以及有机杂质等被排除后物量的损失。相对而言，灼减量大且熔剂含量过多的，烧成偏高的制品的收缩率就愈大，还易引起变形、开裂和其他缺陷。所以要求瓷坯灼减量一般要小于 8%。陶器无严格要求，但也要适当控制，以保持制品外形一致。

膨润土是微晶高岭石型矿物，化学式为 $Al_2Si_4O_{10}\cdot(OH)_2\cdot nH_2O$，其中 n 为不定值。常含有 K、Fe、Ca 等杂质，膨润土有强烈的吸水性，吸水后体积膨胀约 10～30 倍，具有强可塑性，3% 的膨润土即可代替 10% 的可塑性较好的黏土。应该注意的是膨润土干燥收缩大，且含有较多的杂质，因此，在功能陶瓷的配料中不可多加，一般控制在 5% 以内。

（4）方解石

方解石属三方晶系，常为菱面体双晶。呈透明或半透明状态，化学式 $CaCO_3$，理论化学组成为：CaO 56%，CO_2 44%，含有 Mg、Fe、Mn、Zn 和 Sr 等少量杂质。方解石加热时分解为 CaO 和 CO_2，分解温度大约在 650～930℃，分解过程中约有 5% 的线收缩。是生产钙钛矿类复合金属氧化物陶瓷制品常用的原料之一。

（5）石英

天然的石英有单晶体、多晶体、隐晶质类和非晶质类等多种变体。无色透明的单晶体称为水晶，是石英的低温变体，矿相为 α-石英，属三方晶系，常呈柱状，有压电性，又称压电石英，化学组成为 SiO_2，功能陶瓷的生产中常用石英的多晶体——石英岩，为白色多晶体。石英在加热过程中会发生多次晶型转变，在常压下 573℃ 时转变为 α-石英，体积增加 0.8%，870℃ 时变为 β-鳞石英，体积增大 12.7%；1470℃ 时转变为高温方石英，体积膨胀 4.7%。由于石英在加热过程中体积变化剧烈，可能引起石英晶体开裂，或瓷体开裂。生产中经常利用这种体积效应破碎石英岩。功能陶瓷用高纯超细的石英原料，其 SiO_2 含量大于 99.9%，一般采用化学方法进行生产。因此根据产品性能的要求选择石英原料时，不仅应该看价格，更重要的是石英纯度和细度，这样才能保证产品的质量。

（6）萤石

萤石属立方晶系，晶体常呈立方体或八面体，无色或浅绿色、浅黄色等透明或半透明状，有玻璃光泽，化学式为 CaF_2，理论组成为 Ca 51.3%，F 48.7%，常含有稀土元素和有机着色剂，又称氟石。萤石的莫氏硬度为 4，密度为 3.18 g/cm³，熔点约为 1330℃。在功能陶瓷生产中主要作为助熔剂，可与 SiO_2、Al_2O_3 作用，烧结时可降低液相黏度和烧结温度，改善陶瓷制品的烧结性能。加入量约 3% 左右，不宜过多。萤石多产于浙江、湖北、辽宁等地。

（7）长石

长石是碱金属和碱土金属的铝硅酸盐矿物，按化学组成分为两大类。

① 碱长石　主要有两种，一种是钠长石（$Na_2O\cdot Al_2O_3\cdot 6SiO_2$），另一种是钾长石（$K_2O\cdot Al_2O_3\cdot 6SiO_2$）。解理面交角呈直角的叫正长石，理论化学组成：$K_2O$ 16.9%，Al_2O_3 18.4%，SiO_2 64.7%。属单斜晶系，晶体呈短柱状、粒状或块状。解理面交角呈 89°40′ 的钾长石叫作钾微斜长石，呈肉红色，常含有 Na_2O、Rb_2O、Cs_2O，属三斜晶系，是功能陶瓷常用的一种长石矿物原料。

② 碱土长石　主要有钙长石（$CaO\cdot Al_2O_3\cdot 2SiO_2$）和钡长石 $BaO\cdot Al_2O_3\cdot 2SiO_2$ 两

种，碱土长石在功能陶瓷生产中主要用于制造玻璃釉料，也用作助溶剂。

（8）锂辉石等含锂矿物原料

这种原料主要有锂辉石、锂云母、磷铝石和叶长石等矿物，锂辉石的化学式为 $LiAl(Si_2O_6)$，其理论化限额组成为 Li_2O 8.02%、Al_2O_3 27.40%、SiO_2 64.58%，其他为少量的 K_2O、Na_2O 等杂质。莫氏硬度为 6.5～7。锂云母的化学式为 $K(Li，Al)_3$ ［$(Al，Si)Si_3O_{10}$］$(F，OH)_2$，其他为少量的 Fe_2O_3、Na_2O 等杂质。磷铝石的理论组成为 $LiAlF·PO_4$，其他为少量的 SiO_2、Na_2O 等杂质。叶长石的理论组成为 $Li_2O·Al_2O_3·8SiO_2$。

3.1.3 化工原料

下面重点介绍几种功能陶瓷生产中常用的化工原料。

（1）二氧化钛

二氧化钛，化学式为 TiO_2，金红石型二氧化钛的熔点为 1850℃，是一种细分散的白色至浅黄色粉末，大量使用于陶瓷、颜料和涂料工业。二氧化钛有金红石、板钛矿和锐钛矿三种同质多相变体，金红石型的 TiO_2 其电性能最好（介电常数大、介质损耗小）。金红石是 TiO_2 稳定型的结构，锐钛型和板钛型二氧化钛在高温下（常压条件下分别为 915℃和 650℃）都会向金红石型转变。

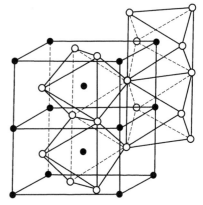

图 3-1 金红石晶体结构及其 $Ti-O_6$ 配位八面体的排列形式

金红石的晶体结构是典型结构，四方晶系。表现为氧离子近似成六方紧密堆积，而钛离子位于变形八面体空隙中，构成 $Ti-O_6$ 八面体配位，如图 3-1 所示。钛离子配位数为 6，氧离子配位数为 3。在金红石的晶体结构中，$Ti-O_6$ 配位八面体沿 C 轴成链状排列，并与其上下的 $Ti-O_6$ 配位八面体各有一条棱共用。链间由配位八面体共顶相连。

在测定二氧化钛的某些物理性质时，要考虑二氧化钛晶体的结晶方向。例如，金红石型的介电常数，随晶体的方向不同而不同，当与 C 轴相平行时，测得的介电常数为 173F/m，与此轴呈直角时则为 89F/m。

金红石型二氧化钛的介电常数和半导体性质对电子工业非常重要，是陶瓷电容器、PTC 热敏电阻器和压电陶瓷元器件等的重要原料。金红石瓷是具代表性的高频电容器陶瓷介质。二氧化钛具有半导体的性能，它的电导率随温度的上升而迅速增加，而且对缺氧也非常敏感。例如，金红石型二氧化钛在 20℃时还是电绝缘体，但加热到 420℃时，它的电导率增加了 10^7 倍。稍微减少氧含量，对它的电导率会有特殊的影响，例如，二氧化钛（TiO_2）的电导率 $<10^{-10}$S/cm，而失氧后 $TiO_{1.9995}$ 的电导率达 10^{-1}S/cm。因为 TiO_2 在高温煅烧时容易失氧，生成 Ti_2O_3，所以使材料的电导率和介质损耗都要增大。为提高它的抗还原能力，加入约 0.2% 的 $MgCO_3$，成为抗还原性较好的"电容器专用二氧化钛"，注意这种专用二氧化钛不适宜作半导体陶瓷、导电陶瓷的原料。

（2）氧化铝

氧化铝是刚玉-莫来石瓷等高铝瓷中的主晶相。氧化铝陶瓷具有良好的介电性能、机械和耐热性能，其抗折强度比镁橄榄石瓷以及滑石瓷大两倍，硬度为 9，热传导仅次于氧化铍，在功能陶瓷生产中，用于制备超高频绝缘、现代大规模集成电路外壳和基板材料。

氧化铝为白色、松散结晶粉末，工业上也称铝氧，氧化铝化学式 Al_2O_3，分子量102，俗称矾土。密度 $3.9\sim4.0g/cm^3$，熔点2050℃、沸点2980℃，有 α、β、γ 三种结晶形态。工业氧化铝晶型为 γ-Al_2O_3，是低温稳定型，晶格松弛而有缺陷，能吸附多种化合物，可做吸附剂和催化剂。当加热到1050℃时，γ-Al_2O_3 开始转变为 α-Al_2O_3，并放出 32.8J/mol 的热量。此转化开始很慢，随着温度的升高，转化速率加快，至1500℃时转化接近完成，并有 14.3% 的体积收缩。由于 γ-Al_2O_3 向 α-Al_2O_3 转变过程中伴随着较大的体积收缩，因此，工业生产氧化铝陶瓷时，尤其在生产电真空陶瓷等高质量氧化铝陶瓷时，所使用的氧化铝原料必须在配料前进行煅烧，将 γ-Al_2O_3 转化为 α-Al_2O_3，以保证最终产品的质量。为了强化此预处理过程，可加适量矿化剂 H_3BO_3、NH_4F、AlF_3 等（该转化过程是不可逆的）。β-Al_2O_3 无实质形态，是 Al_2O_3 含量很高的铝酸盐聚合体，含有松弛的 Na-O 层，能通过 Na^+，作为钠硫电池的陶瓷隔板，能降低机械强度，增大介电损耗。α-Al_2O_3 属三方晶系，不溶于水和酸，稳定到熔点。自然界中只存在 α-Al_2O_3，如刚玉、红宝石、蓝宝石等矿物。

工业氧化铝中含有较多的 Na_2O，为了降低氧化铝中碱金属的含量，可加入 1%～3% 的 H_3BO_3，并在1420～1450℃煅烧，一方面使转变加速，另一方面使碱金属离子与 H_3BO_3 反应形成挥发物跑掉，提高氧化铝纯度。

（3）氧化锆

氧化锆原料是一种白色或略带黄色、灰色的粉末或粒状，化学式 ZrO_2，其熔点为2715℃，莫氏硬度为7。因其化学惰性大、熔点高，是一种优良的耐火材料，可用作烧结衬垫材料，防止瓷件的黏结。如钛酸钡、钛酸锶几乎与所有耐火材料都起强烈作用，但不与氧化锆作用。

ZrO_2 作为一种高温固体电解质，可用来做氧敏传感器和高温发热元件等，也是生产锆钛酸铅（PZT）压电、铁电陶瓷的一种重要原料，Zr^{4+} 不易变价，并能与 Ti^{4+} 置换，起稳定氧化钛的作用。

氧化锆有三种晶型：①在2370℃以上为立方（三方）晶系；②在1000～2370℃属四方晶系；③低于1000℃为单斜晶系。当从高温冷却由四方晶系转变为单斜晶系时，会伴有约10% 的体积膨胀，可能会引起陶瓷开裂现象，这是应该注意的问题。在实际生产过程中，可加入 MgO、Y_2O_3、CaO 等稳定剂，阻止不稳定的 ZrO_2 由高温四方相向单斜型转变，稳定 ZrO_2 和不稳定 ZrO_2 的热膨胀系数随温度变化的变化情况如图 3-2 所示。二氧化锆对还原气氛很敏感，在还原气氛中，温度高于500℃时，ZrO_2 将被还原为低价氧化物，因此含 ZrO_2 的陶瓷应在氧化气氛下烧成。

氧化锆及其制品具有优越的物理化学性能，是现代高技术结构陶瓷、导电陶瓷、功能陶瓷、生物陶瓷、现代冶金用高性能耐火材料、高性能高温隔热材料的主要材料之一，是支撑现代高温电热装备、航空航天器构件、敏感元件、冶金耐火材料、玻璃耐火材料等高技术新材料产业的支

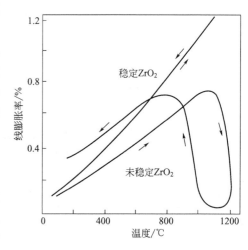

图 3-2 氧化锆的膨胀曲线

柱之一。氧化锆材料是国家产业政策中鼓励重点发展的高性能新材料。但由于其技术难度大，目前仅少数国家能生产高性能氧化锆材料，在国际市场上基本上处于垄断地位。而这些领域的材料科学的技术水平也是一个国家整体技术实力和水平的象征之一。国际上如欧、美、日等国家和地区从 19 世纪 70 年代中期以来，竞相投入巨资研究开发氧化锆材料生产技术和氧化锆系列制品生产。一些国家还把氧化锆材料作为一种战略物质来控制。目前，我国对电熔氧化锆的年需求量在 3 万吨以上，而且需求量在迅速增长。其中，对电熔稳定氧化锆的年需求量在 1 万吨以上，70％依赖进口。

（4）氧化锌

氧化锌是白色非结晶状粉末，化学式 ZnO，又称锌白、锌氧粉，相对密度 5.6，熔点约为 1975℃，氧化锌晶体受热时，会有少量氧气逸出（800℃时逸出氧气占总数 0.007％），使得物质显现黄色。当温度下降后晶体则恢复白色。当温度达 1975℃时氧化锌会分解产生锌蒸气和氧气。常用作矿化剂，降低一些陶瓷的烧结温度，形成细晶结构，改善陶瓷材料的性能。氧化锌是粒状粉末形式。晶体呈六角形，由于锌和氧原子在尺寸上相差较大，而具有较大的空间。这种结构导致其半导体特性，即使没有掺入任何其他物质，氧化锌也具有 N 型半导体的特征。氧化锌还是压电陶瓷和压敏陶瓷的主要原料。

氧化锌有两种常见的典型晶体结构：六边纤锌矿结构和立方闪锌矿结构，如图 3-3 所示。纤锌矿结构稳定性最高，因而最常见。立方闪锌矿结构可由逐渐在表面生成氧化锌的方式获得。在两种晶体中，每个锌或氧原子都与相邻原子组成以其为中心的正四面体结构。纤锌矿结构、闪锌矿结构有中心对称性，但都没有轴对称性。晶体的对称性质使得纤锌矿结构和闪锌矿结构都具有压电效应。

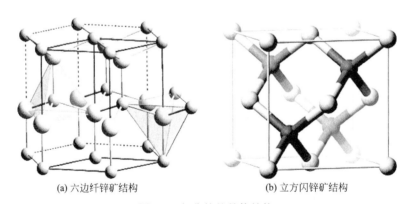

(a) 六边纤锌矿结构 (b) 立方闪锌矿结构

图 3-3 氧化锌的晶体结构

（5）铅丹（Pb₃O₄）

工业生产中常用的含铅化合物有：密陀僧（PbO）、铅丹（Pb₃O₄）、铅白〔2PbCO₃·Pb(OH)₂，较贵〕。PbO 有红色的四方形态和黄色的斜方形态，PbO 在空气中加热到 500℃得到 Pb₃O₄ 粉末。Pb₃O₄ 为红色粉末，又称红丹，是功能陶瓷生产中常用的原料之一，比如用于制备锆酸铅、钛酸铅铁电压电陶瓷等。在加热至 550℃以上（550～590℃）时分解为一氧化铅和氧气。

$$Pb_3O_4 \xrightarrow{550\sim590℃} 3PbO + \frac{1}{2}O_2 \uparrow \qquad (3-2)$$

新分解的 PbO，熔点为 880℃，有较大活性，能在较低温度下与其他物质发生反应，有利于瓷料的合成。氧化铅在超过 1050℃时有明显的挥发，烧成过程中应注意控制氧化铅的挥发量，如在配料时适当增加氧化铅的加入量和进行密封烧结等。氧化铅蒸汽有毒，工业生产时应注意必要的防护。

（6）二氧化锡（SnO_2）

SnO_2 为白色的细分散粉末，不溶于水和硫酸。熔点 1630℃，于 1800～1900℃升华。相对密度 6.95，难溶于水、醇、稀酸和碱液。缓溶于热浓强碱溶液并分解，与强碱共熔可生成锡酸盐。二氧化锡是电介质陶瓷和导电陶瓷的主要原料之一。

（7）稀土金属氧化物

功能陶瓷生产中常用的稀土金属氧化物有 Nb_2O_5、CeO_2、La_2O_3、Y_2O_3 等，在电子陶瓷中这些氧化物通常作为微量添加物加入，以改进性能，对陶瓷材料的性能影响很大。稀土金属氧化物在我国有丰富的储量，价格便宜。氧化镧 La_2O_3 在空气中易吸收水分，生成氢氧化镧，因此用于配料前要加热烘干，并保存在密闭容器中备用。

（8）氧化铍

氧化铍是铍的氧化物，有剧毒，化学式 BeO，有两性，既可以和酸反应，又可以和强碱反应。氧化铍为白色、松散粉末，相对密度小（3.025），硬度 9，有很高的熔点（2570℃），不易烧结致密，高温下对水蒸气不稳定，能生成 $Be(OH)_2$。氧化铍介电性能、机械强度优异，同时具有高的导热性，其导热性可与金属铝相媲美。

（9）氮化硼（BN）

氮化硼为白色粉末，又叫白石墨，能像石墨一样进行机械加工，其与石墨的晶体结构如图 3-4 所示。氮化硼无明显熔点，3000℃升华，硬度 2。其绝缘强度是 Al_2O_3 的 3～4 倍，在 2000℃仍是稳定的绝缘体。热导率仅次于氧化铍，在常温下与铁相等。可用于大规模集成电路的绝缘基片、基板和高性能封装材料。

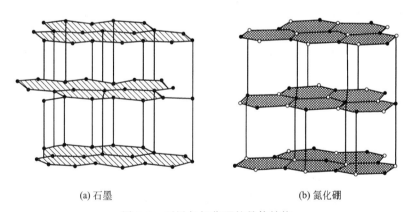

(a) 石墨   (b) 氮化硼

图 3-4　石墨与氮化硼的晶体结构

（10）碱土金属碳酸盐

① 碳酸钡　$BaCO_3$ 是有毒的白色粉末，α 型熔点 1740℃（9.09MPa），几乎不溶于水，不溶于酒精，可溶于酸及氯化铵溶液，它能与胃酸作用，极易为人体吸收引起中毒，又称毒重石。碳酸钡是铁电陶瓷和钡长石陶瓷的重要原料，也用作助溶剂和压碱剂，以改善陶瓷的介电性能。

碳酸钡有三种晶型：常温时为 γ-$BaCO_3$，属斜方晶系；811～982℃转变为 β-$BaCO_3$，属六方晶系；982℃以上为 α-$BaCO_3$，属四方晶系。

$BaCO_3$ 的分解温度较高（1400～1450℃），在 1450℃碳酸钡剧烈分解为 BaO 和 CO_2，但在 TiO_2、ZrO_2、SiO_2 和 C 存在时，分解温度大大降低。例如有 ZrO_2 时，分解温度为 700℃左右，在 TiO_2 参与下，650℃开始分解，至 1020～1060℃结束。

② 碳酸锶　化学式 $SrCO_3$，为无色斜方晶系或白色细微粉末，熔点为 1497℃（CO_2 气氛下）。碳酸锶是合成 $SrTiO_3$ 的主要原料，也用作助熔剂，以降低某些陶瓷的烧成温度。还用于彩电阴极射线管、电磁铁、锶铁氧体。

$SrCO_3$ 有两种变体：常温为 β-$SrCO_3$，属斜方晶系，900～950℃转变为 α-$SrCO_3$，属六方晶系。在 1100℃以上开始分解为 SrO 和 CO_2，约为 1250℃分解结束。

③ 碳酸钙　是合成 $CaTiO_3$ 的主要原料。天然 $CaCO_3$ 为白色粉末状晶体，加热到 860～970℃分解为 CaO 和 CO_2，是一种高温助熔剂。天然石灰石（lime）和大理石（marble）都为碳酸钙成分。

3.2　配料计算

功能陶瓷研究和生产中的配料计算方法主要有两种，一种是已知预合成化合物的化学计算式计算原料配比，另一种是从瓷料预期的化学组成计算原料配比。

本书主要介绍第一种方法，这是功能陶瓷进行配料计算用到的主要方法。这种计算主要用于合成料块（或称烧块、熔块）的配制。

按化学计算式计算配料比，主要分为以下几步：

① 首先根据预合成的化合物化学计算式计算出各原料的摩尔比 X_1，X_2，…，X_i；

② 根据相应原料的分子量（M_1，M_2，…，M_i）计算各原料的质量 W，$W_1 = X_1 M_1$，$W_2 = X_2 M_2$，…，$W_i = X_i M_i$；

③ 按原料纯度进行修正，实际 i 原料的纯度为 P_i。修正之后各原料的实际用量 W_i' 应该为第二步的计算值除以相应原料的纯度：

$$W_1' = \frac{W_1}{P_1}, W_2' = \frac{W_2}{P_2}, W_i' = \frac{W_i}{P_i}$$

④ 计算原料的质量分数为 g_i：

$$g_1 = \frac{W_1'}{\sum W_i} \times 100\%, \quad g_2 = \frac{W_2'}{\sum W_i} \times 100\%, \quad g_i = \frac{W_i'}{\sum W_i} \times 100\%$$

【例 1】 以铌镁酸铅为主晶相的低温烧结独石电容器配料的配方计算，已知其化学计算式为 $Pb(Mg_{1/3}Nb_{2/3})O_3 + 14\% PbTiO_3 + 4\% Bi_2O_3$（摩尔分数），此外镁含量要过量 20%，各原料不需分别预合成烧块，所用原料的纯度为：铅丹含 Pb_3O_4，98%；$MgCO_3$，98%；三氧化二铋含 Bi_2O_3，98%，五氧化二铌含 Nb_2O_5，99.5%，试计算配制 500g 料时所需称量各种原料的量。

解： 计算步骤如下。

① 计算各原料的摩尔比，由配方可知各原料的摩尔比为：

原料名称	Pb_3O_4	$MgCO_3$	Nb_2O_5	TiO_2	Bi_2O_3
摩尔比	(1+0.14)×(1/3)	1/3	(2/3)×(1/2)	0.14	0.04

② 计算各原料的质量：

原料名称	Pb₃O₄	MgCO₃	Nb₂O₅	TiO₂	Bi₂O₃
分子量	685.6	84.32	265.8	79.90	466.0
质量/g	260.528	28.11	88.6	11.186	18.64

③ 按原料纯度进行修正，将各原料的质量除以该原料的纯度，得到以下数值：

原料名称	Pb₃O₄	MgCO₃	Nb₂O₅	TiO₂	Bi₂O₃
计算纯度后的质量	265.84	28.68	89.05	11.41	19.02

因为镁含量要过量20%，故：

所用各原料的总量＝265.84＋28.68×（1＋20%）＋89.05＋11.41＋19.02＝419.74g

④ 计算质量分数，质量分数等于各原料的质量除以总质量：

原料名称	Pb₃O₄	MgCO₃	Nb₂O₅	TiO₂	Bi₂O₃
质量分数/%	63.33	8.2	21.22	2.72	4.53

⑤ 计算配料为500g时各原料所需的质量：

$Pb_3O_4 = 500 \times 63.33\% = 316.65g$

$MgCO_3 = 500 \times 8.2\% = 41g$

$Nb_2O_5 = 500 \times 21.22\% = 106.10g$

$TiO_2 = 500 \times 2.72\% = 13.6g$

$Bi_2O_3 = 500 \times 4.53\% = 22.65g$

【例2】 已知瓷料化学组成的质量分数如下：

名称	Al₂O₃	MgO	CaO	SiO₂
质量分数/%	93.0	1.3	1.0	4.7

瓷料限定所用原料为工业氧化铝、生滑石、碳酸钙和苏州土，求合成上述瓷料所需原料的配比。设工业氧化铝含 Al_2O_3 100%，碳酸钙含 $CaCO_3$ 的量为100%，其中氧化钙为56%，CO_2 为44%，苏州土为纯高岭石，理论化学组成为 $Al_2O_3 \cdot 2SiO_2 \cdot 2H_2O$，即 Al_2O_3 39.5%，SiO_2 46.5%，H_2O（灼烧减量）14.0%；滑石为纯 $3MgO \cdot 4SiO_2 \cdot H_2O$，理论化学组成为 MgO 31.7%，$SiO_2$ 63.5%，H_2O（灼烧减量）4.8%。

简化为：工业氧化铝为 A，苏州土为 AS_2H_2，碳酸钙为 $CaCO_3$，滑石为 M_3S_4H，灼烧减量为 x，灼烧系数为 $n = 100/(100 - x)$。

则由题意，有下列关系式成立：

$$(A + AS_2H_2 \times 0.395) \times n = 93$$
$$M_3S_4H \times 0.317 \times n = 1.3$$
$$CaCO_3 \times 0.56 \times n = 1.0$$
$$(M_3S_4H \times 0.635 + AS_2H_2 \times 0.465) \times n = 4.7$$
$$x = M_3S_4H \times 0.048 + AS_2H_2 \times 0.014 + CaCO_3 \times 0.44$$

按瓷料的预期化学组成计算配料比主要是以天然矿物为主要原料时所采用的一种计算方法。

3.3 备料工艺

原料配比计算完成之后，就需要进行备料，备料主要是指将原料经称量、混磨、干燥、加胶黏剂造粒等工序制成符合成型工艺要求的坯料。大部分原料在称量前，都需要进行干燥处理、拣选、过筛，有些还需要进行煅烧和预合成，以制得符合晶体结构要求或化学组成要求的原料。

3.3.1 原料的粉碎、水洗、酸洗、磁选

（1）粉碎

颗粒细度对工艺过程和最终产品的性能都起着决定性的作用。如对成型的影响：粗则成型困难或成型后表面粗糙，产生内应力，易开裂。对烧成的影响：粗则反应缓慢，细可降低温度并形成致密结构；对机电性能的影响：粗则反应不均匀，造成组成不均匀，影响机电性能稳定性。所以大多矿物原料在配料之前都需要采用破碎、粉碎方法使粒度分布达到工艺要求。对于化工原料而言，原料的制备方法、粉碎方法是影响颗粒细度的主要因素。

（2）水洗、酸洗、磁选

水洗的目的是除去原料中的可溶性杂质（如 Na_2O、K_2O 等）和酸根（如 SO_4^{2-} 等），通常采用蒸馏水浸洗，但在大批量生产中难以采用。酸洗（用大量的盐酸，加热煮沸，然后经多次水洗）和磁选的作用都是为了除去原料中的铁或铁的化合物。

3.3.2 原料的预烧

天然矿物原料和化工原料中，很多原料是同质多晶体，不同温度下，结晶状态或矿物结构不同。同质多晶体又叫矿物组成，如氧化钛一般含有金红石和锐钛矿两种矿物组成。工业氧化铝、二氧化锆、石英、钛酸钡等都是具有多种晶型结构的常用原料。原料中的这种多晶转变将导致体积变化，对烧成有不利的影响。例如具有层片状或粒状结构的滑石，在高温下分解为偏硅酸镁（$MgO \cdot SiO_2$）和游离的 SiO_2，$MgO \cdot SiO_2$ 有几种结晶状态，其晶型转变时伴有体积效应，不利烧成。对原料进行预烧可解决这种多晶转变问题。

有的原料具有特殊的矿物结构，会给生产工艺带来困难，例如层片状滑石配制的坯料，干压时不易压紧，挤压时易形成定向排列，造成层裂，烧成时由于各方向收缩不一致，瓷件容易开裂和变形，对这类问题，通常也是对原料进行煅烧来解决。

【例3】 氧化铝的预烧

图 3-5 为氧化铝原料预烧前后性质的变化情况。煅烧后氧化铝相组成鉴定方法有染色法（γ 对染料吸附）、油浸法（油浸测定折射率）、密度法（两者密度差别很大）等。

【例4】 滑石的预烧

滑石为片状的颗粒结构，在成型时会沿挤制方向定向排列，在烧结的过程中具有各向异性的收缩，这是其引起烧成开裂的原因之一；滑石加热生成的顽火辉石有多晶转变，伴有体积变化，这是滑石瓷易开裂的另一个原因。通过高温处理可使层状结构的滑石晶体转变为链状结构的顽火辉石晶体，从而改善其成型和烧结性能，提高最终制品的质量。

原料预烧的效果主要有以下几方面：

① 使颗粒致密化，减少瓷料制品最终烧结时的收缩率；

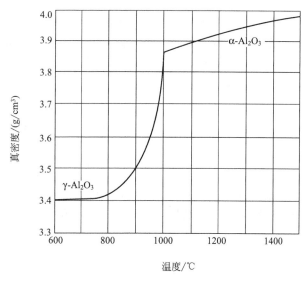

图 3-5　γ-Al_2O_3 预烧时真密度的变化情况

② 改变原料的物理状态，如颗粒的形状和矿物组成，促进晶体转化，获得具有优良电性能的晶型，改变矿物结构，从而改善原料的工艺性能，提高和保证功能陶瓷产品的性能、质量和一致性；

③ 提纯，如氧化铝加硼酸预烧后可以去掉碱，氧化锆预烧可以去掉氯根（Cl^-）。

3.3.3　原料的合成与粉体制备方法

化工原料多是单成分的化合物，但在许多生产中需要多成分的原料，如 $BaTiO_3$、$CaTiO_3$、$CaSnO_3$、$PbTiO_3$、$CaZrO_3$ 等。目前，我国生产这些中间原料的工厂较少，大多需要工厂自己合成，然后再进行配料。合成过程以固相反应为主，合成材料通常在 800～1300℃的高温下进行，反应后合成的材料称为烧块、熔块或团块。可以用差热分析、X 射线衍射分析合成过程中的物相变化，也可以用收缩膨胀曲线和失重曲线了解合成过程中的物理化学变化和相变过程。合成过程也可在液相、气相下进行，可形成超细、高纯、高活性的粉体，但液相法通常成本较高。

粉料的制备是功能陶瓷生产中的重要工序之一，功能陶瓷的显微结构在很大程度上由粉体的特性所决定。原料加工粒度越细越有利于混合料成分的均匀性，成分均匀是功能陶瓷烧结过程中各成分之间反应均匀的基础。品质优良的功能陶瓷取决于可靠的掺杂配方、先进的制粉方法和材料加工技术。粉体是陶瓷的基础，是生产优质陶瓷的先决条件，粉体质量直接影响陶瓷材料的优劣。功能陶瓷的粉体制备方法一般可分为机械法和合成法两种，化学合成法包括固相法、液相法和气相法三种。

机械粉碎法是使用破碎机将原料直接研磨成超细粉的一种方法，通过机械粉碎方式将机械能转化为颗粒的表面能，使粗颗粒破碎为细粉。机械粉碎法虽然过程简单，但存在一些固有的缺点，如能耗大、效率低、粉体不够细、易混入杂质等。另一方面，由于该法制备的粉体颗粒具有无团聚、填充性好、成本低、产量大和制备工艺简单等优点，机械粉碎法仍是目前工业生产中最为常用的一种制粉方法，如球磨、振动磨、行星磨以及气流粉碎等，固相法是一种传统的制粉工艺。

下面主要介绍化学合成法制备粉体材料的几种主要方法。电子陶瓷用钛酸钡粉体是电子陶瓷元器件的基础母体原料，被称为电子陶瓷业的支柱，是具有高附加值、经济效益好、有发展前景、值得开发的精细化工产品，主要用于多层陶瓷电容器、声纳、红外辐射探测、晶界陶瓷电容器、正温度系数热敏陶瓷等。随着电子设备及其元器件的小型、轻量、可靠和薄型化的发展，使得对高纯超细钛酸钡粉体的要求越来越迫切。日本、美国在钛酸钡的制备技术上处于世界领先的地位，而我国钛酸钡粉体的生产工艺还不太完善，所需高纯超细钛酸钡大部分依靠进口。故在介绍各种粉体制备方法时，主要是结合钛酸钡粉体的制备过程为例进行介绍。

(1) 常规固相法

常规固相反应法是把金属盐或金属氧化物按配方充分混合，经研磨后再进行煅烧发生固相反应后，直接得到或再研磨后得到超细粉的一种粉体制备方法。固相反应法制备电子材料的工艺流程如图 3-6 所示。

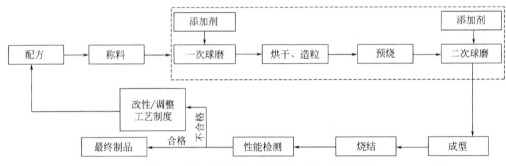

图 3-6　固相法制备电子材料的工艺流程简图

传统制备钛酸钡粉体的主要方法为固相合成法，它是当前工业上制备钛酸钡等钛酸盐粉体的重要方法。将组成钛酸钡的各金属元素的氧化物（TiO_2、BaO）或它们的酸性盐 [TiO_2、$BaCO_3$ 或 $Ba(NO_3)_2$] 混合，磨细，然后在 1100℃左右长时间煅烧，通过固相反应形成所需粉体。反应如下：

$$BaCO_3 + TiO_2 \longrightarrow BaTiO_3 + CO_2 \tag{3-3}$$

该法生产的 $BaTiO_3$ 粉体的物理性能为：平均粒度 $4\mu m$（日刊资料为 $1.5\mu m$），比表面积 $0.73m^2/g$，松装密度 $1.0g/cm^3$，真密度 $6.01g/cm^3$。

这种方法的优点是工艺简单成熟，设备可靠，原料价格便宜，便于工业化生产，是目前在科研和工业化生产中采用的最主要的一种现代陶瓷粉体制备方法。但由于该方法反应时主要依靠固相间扩散传质，故所得粉体化学成分不均匀、易团聚、粒径粗（机械细化不能确保粉体组分分布的微观均匀性且粒度很难达到 $1\mu m$ 以下）、粉体纯度低、制备的粉体反应活性较差、陶瓷的烧结温度较高、反应在高温下进行、能耗较大等缺点。而随着科技的不断发展，功能陶瓷的质量要求越来越严格，该方法难以满足电子元件高可靠性、多功能性、固态化、叠层化的要求。实践证明，液相合成法有望得到无团聚、组分均匀、粒径可控、单分散性、可结晶性好的高纯钛酸钡粉末，从而提高钛酸钡电子元件性能。

(2) 化学共沉淀法

所谓化学共沉淀法，就是在金属盐溶液中加入适当的沉淀剂，控制条件使沉淀剂与金属离子反应生成陶瓷前驱体沉淀物，再将此沉淀物煅烧形成超细（纳米）粉体的一种方法。化学共沉淀法是制备两种以上复合金属氧化物超细（纳米）粉体的主要方法。目前较为成熟的共沉淀粉体制备方法主要有草酸盐共沉淀法、碳酸盐共沉淀法。

① 草酸盐共沉淀法　传统的草酸盐共沉淀法是将 $BaCl_2$（$CaCl_2$、$SrCl_2$）、$TiCl_4$ 的混合水溶液以一定的速度滴入 $H_2C_2O_4$（$H_2C_2O_4$ 为有机弱酸）溶液中，并加入表面活性剂，持续搅拌，同时滴加 $NH_3 \cdot H_2O$ 调节溶液的 pH 至一定的范围，发生沉淀反应生成草酸氧钛钡沉淀 [$BaTiO(C_2O_4)_2 \cdot 4H_2O$，$BaTiO_3$ 的前驱体，简称 BTO]，反应结束后，所得的产物经陈化、洗涤、过滤、干燥、煅烧等处理得到 $BaTiO_3$ 粉体。草酸盐共沉淀法制备钛酸钡粉体的工艺过程如图 3-7 所示。

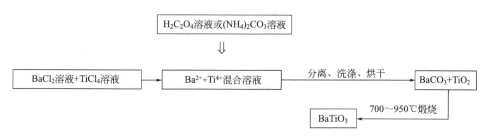

图 3-7　草酸盐共沉淀法制备钛酸钡的工艺流程

表 3-2 列出了生成 $BaTiO_3$ 过程的中间反应，可以看到 BTO 并不是直接转化成 $BaTiO_3$，而是首先生成颗粒很细的 $BaCO_3$ 和 $BaTi_2O_5$，它们之间再反应得到 $BaTiO_3$，这与固相反应类似。应用这种方法可制得纯度 99.5%、粒度为 $0.15 \sim 0.3 \mu m$ 的钛酸钡粉末。

表 3-2　草酸法生成 $BaTiO_3$ 过程的中间反应

$$TiCl_4 + H_2O \longrightarrow TiOCl_2 + 2HCl$$
$$BaCl_2 + TiOCl_2 + 2H_2C_2O_4 + 4H_2O \longrightarrow BaTiO(C_2O_4)_2 \cdot 4H_2O + 4HCl$$
$$BaTiO(C_2O_4)_2 \cdot 4H_2O \longrightarrow BaTiO(C_2O_4)_2 + 4H_2O$$
$$BaTiO(C_2O_4)_2 \cdot 4H_2O \longrightarrow 0.5BaTi_2O_5 + 0.5BaCO_3 + 2CO + 1.5CO_2 + 4H_2O$$
$$0.5BaTi_2O_5 + 0.5BaCO_3 \longrightarrow BaTiO_3 + 0.5CO_2$$
$$BaCO_3 + TiO_2 \longrightarrow BaTiO_3 + CO_2$$

② 碳酸盐共沉淀法　研究表明，以 $BaCl_2$ 和 $TiCl_2$ 为原料，碳酸氢铵 [$(NH_4)_2CO_3$] 为沉淀剂所制备的前驱体为胶体二氧化钛和碳酸钡相互包裹的沉淀体，850℃煅烧处理后制得粉体材料，煅烧过程实质为两者的固体反应，反应的完全程度取决于两者的混合程度和相互反应的活性。

化学共沉淀法具有工艺简单、常压、反应温度低、时间短、原料成本低、便于推广和工业化生产等特点，但也存在下列不足之处：

① 对反应溶液的温度、pH 值、浓度和滴加速度等工艺条件要求非常严格；

② 反应物的沉淀速率不同导致粉体的微观组成不均一；

③ 沉淀物在过滤、洗涤过程中易发生陶瓷粉晶粒的长大；

④ 煅烧时易造成粉体较为严重的团聚现象。

该法所得粉体杂质含量低，易掺杂，但粉体团聚较严重，钡钛比难控制。实验表明，pH 的微小变化很容易造成产物 Ba/Ti 比的较大波动，很难保证其要求的化学组成。

（3）水热合成法

水热法（hydrothermal synthesis）又称热液法，属液相化学法的范畴。是指在特制的密闭反应器（高压釜）中，采用水溶液作为反应体系，通过对反应体系加热、加压（或自生蒸气压），创造一个相对高温、高压的反应环境，使得通常难溶或不溶的物质溶解，并且重结晶而进行无机合成与材料处理的一种有效方法。在水热条件下，水既作为溶剂又作为矿化剂，在液态或气态还是传递压力的媒介，同时由于在高压下绝大多数反应物均能部分溶解于水，从而促使反应在液相或气相中进行。水热法近年来已广泛应用于纳米材料的合成，与其他粉体制备方法相比，水热合成纳米材料的纯度高、晶粒发育好，避免了因高温煅烧或者球磨等后处理引起的杂质和结构缺陷。

① 反应机理　水热合成主要是溶解-再结晶机理。水热法一般以氧化物、氢氧化物或金属盐作为前驱体，以一定的填充比进入高压釜，利用罐体内强酸或强碱且高温高压密闭的环境来达到快速消解难溶物质的目的。金属盐在水热介质里溶解，以离子、分子团的形式进入溶液。最终导致溶液过饱和并逐渐形成更稳定的化合物新相。反应过程的驱动力就是最后可溶的前驱体或中间产物与稳定氧化物之间的溶解度差，即反应向吉布斯熵减小的方向进行。但严格的说，水热技术中几种重要的反应机理并不完全相同，即并非都可用这种"溶解-结晶"机理来解释，水热反应的微观机理是目前急需解决的问题。同时，反应过程中的有关矿化剂的作用，中间产物对产物的影响等也不十分清楚。

② 设备　水热合成法制备陶瓷粉体材料，是在流体参与的高压容器-水热合成釜中进行。水热合成釜是为在一定温度、一定压力条件下合成化学物质提供的反应器，不锈钢外壳，聚四氟乙烯内胆衬套，可耐酸、碱等，外形有点像保温杯。通常采用外加热方式，可以用烘箱、油浴、微波加热。按压强产生方式分类：内压釜（靠釜内介质加温形成压强，根据介质填充度可计算其压强）、外压釜（压强由釜外加入并控制）。

③ 工艺流程　水热合成 $BaTiO_3$ 的钡钛源前驱体有如下几个体系：$Ba(OH)_2$-$TiCl_4$、$Ba(OH)_2$-TiO_2 粉末、钡化合物-钛醇盐、$BaCl_2$-$TiCl_4$ 以及以上几种钡钛源的组合。

以二氧化钛、氧氯化钡为钛钡源，氢氧化钾为矿化剂，按化学计量比 $BaTiO_3$ 配置成的水热反应前驱液，在200℃水热反应5h，可制备平均粒径为100nm的 $BaTiO_3$ 粉体。其工艺流程如图3-8所示。

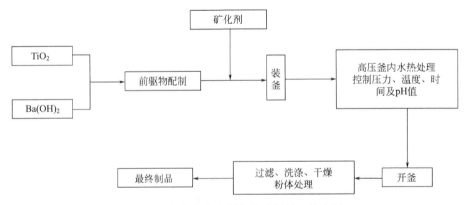

图3-8　水热合成法制备钛酸钡的工艺流程

水热合成法制备陶瓷粉体材料的优点：

① 可获得通常条件下难以获得粒径为几个纳米到几十个纳米的粉体；

② 粉体粒度分布窄、团聚程度低、成分纯净，结晶发育完整，并具良好烧结活性；

③ 制备过程污染小，成本低；

④ 特别适合于0维、一维氧化物材料制备、研究、开发，也可用来制备薄膜材料。

水热法生产的特点是粒子纯度高、分散性好、晶形好且可控制，生产成本低。用水热法制备的粉体一般无需烧结，这就可以避免在烧结过程中晶粒长大而且杂质容易混入等缺点，但其往往需要较高的温度和较高压力，设备投资大，限制了该法的应用。所以基本上处于实验室探索的阶段。实际操作过程中要注意影响水热合成的主要因素有：前驱体性质、压力、温度、保温时间、pH 值等。

（4）溶剂蒸发法

① 冰冻干燥法　冰冻干燥法是先按化学式配制成一定浓度的金属盐溶液，在低温下（－40℃以下）以离子态迅速凝结成冻珠，减压（0.1mmHg）升华除去水分，然后将金属盐热分解即得到复合氧化物微粉的方法。常用的既可冻结又容易升华的溶剂有水、汽油和酒精等。

因为含水物料在结冰时可以使固相颗粒保持其在水中的均匀状态，冰升华后固相颗粒之间不会过分靠近，故该方法可以较好地消除粉料干燥过程中的团聚现象，得到松散、粒径小且分布窄的粉体。但在此方法中选择适宜的化学溶剂和控制溶液的稳定性比较困难，工业生产时投资也较高。

将邻二苯酚 $C_6H_4(OH)_2$、四氯化钛和碳酸钡反应生成的 $Ba[Ti(C_6H_4O_2)_3] \cdot 4H_2O$ 进行冰冻干燥分离后，在高温下分解可获得 $BaTiO_3$。

② 喷雾干燥法　喷雾干燥法是将金属盐溶液喷成雾状微细液滴（直径约 $10\sim20\mu m$），喷入干燥塔内，液滴经高温作用，水分迅速蒸发，金属盐析出或分解，生成金属盐或氧化物微粉。调解溶液浓度和雾化程度能得到 $0.2\mu m$ 左右的粉体。

具体方法是超声雾化器将含有四氯化钛、氯化钡和草酸二甲酯的前驱体雾化为细小的液滴，在特定设备中（$70\sim95℃$）液滴与水蒸气反应生成草酸氧钛钡，然后在 $700\sim1200℃$ 煅烧得到粉体。

在水蒸气环境中，液滴的溶剂蒸发和溶质扩散受到抑制，加之温度升高，水解反应迅速发生，生成的草酸根与钛离子、钡离子生成草酸氧钛钡沉淀，由于这样的反应发生在温度梯度能够忽略的液滴中，可以认为水解反应和沉淀反应在整个液滴范围内几乎同时发生。液滴内部为无数草酸氧钛钡构成的网状结构，所以得到的是单个粉体内钡钛比完全均匀的粉末。组分均匀对煅烧温度影响很大，组分越均匀，获得四方相钛酸钡的煅烧温度越低，用该方法可在 $750℃$ 的燃烧温度下得到四方相钛酸钡。

（5）溶胶-凝胶法

溶胶-凝胶法是 20 世纪 60 年代发展起来的一种制备玻璃、陶瓷等无机材料的较新工艺方法。近年来，众多的研究人员用此技术方法来制备纳米微粒，或者制备用于材料掺杂的基质材料。

溶胶-凝胶法（sol-gel 法，简称 S-G 法）就是以无机物或金属醇盐作前驱体，在液相中将这些原料均匀混合，并进行水解、缩合化学反应，在溶液中形成稳定的透明溶胶体系，溶胶经陈化，胶粒间缓慢聚合，形成三维空间网络结构的凝胶，凝胶网络间充满了失去流动性的溶剂，形成凝胶。凝胶经过干燥、烧结固化制备出分子乃至纳米亚结构的材料。

溶胶-凝胶法包括以下几个过程：溶胶的制备；溶胶-凝胶的转化；凝胶的干燥。

传统的制备钛酸钡纳米粉体的溶胶-凝胶法是将钛醇盐和钡醇盐在溶剂中发生水解，由产生的水合活性单体发生交联聚合反应形成具有三维空间结构和一定刚性的凝胶体，凝胶体经过干燥和热处理后即得到陶瓷粉体。

采用硬脂酸钡与钛酸四丁酯反应制备纳米 $BaTiO_3$ 粉体，在 800℃ 煅烧后可得到粒径约为 20nm 的 $BaTiO_3$ 粉体。蔡政等以硬脂酸、氢氧化钡和钛酸四丁酯为原料由溶胶-凝胶法合成 $BaTiO_3$，生成的前驱体粉末是无定形的，在空气中 750℃ 下焙烧凝胶 1h 得到 $BaTiO_3$ 四方晶体，粒径在 20～40nm，有团聚现象存在。

用硬脂酸钡作为钡源，用钛酸正丁酯为钛源，整个过程发生的反应如下：

$$Ti(OC_4H_9)_4 + xH_2O \longrightarrow Ti(OH)_x(OC_4H_9)_{4-x} + xC_4H_9OH \tag{3-4}$$

一旦水解反应发生，失水缩合和失醇缩合将同时进行：

$$\equiv Ti-OH + HO-Ti \equiv \longrightarrow \equiv Ti-O-Ti \equiv + H_2O \tag{3-5}$$

$$\equiv Ti-OR + HO-Ti \equiv \longrightarrow \equiv Ti-O-Ti \equiv + ROH \tag{3-6}$$

同时，硬脂酸钡也要和 $Ti(OH)_x(OC_4H_9)_{4-x}$ 进行缩聚反应：

$$\equiv Ti-OH + RCOO-Ba-OOCR \longrightarrow \equiv Ti-O-Ba-OOCR + RCOOH \tag{3-7}$$

缩聚反应继续进行下去，最终形成相互交联的三维网状结构，网络空隙间是失去流动性的液体，称为凝胶。

醇盐的水解和缩聚反应是均相溶液转变为溶胶的根本原因，因此控制醇盐水解缩聚的条件是制备高质量溶胶的关键。溶胶-凝胶法具有下列特点。

① 产品的均匀性好，尤其是多组分制品，其均匀度可达到分子或原子水平，使激活剂离子能够均匀地分布在基质晶格中。由于溶胶-凝胶法中所用的原料首先被分散到溶剂中而形成低黏度的溶液，因此，就可以在很短的时间内获得分子水平的均匀性，在形成凝胶时，反应物之间很可能是在分子水平上被均匀地混合。由于经过溶液反应步骤，那么就很容易均匀定量地掺入一些微量元素，实现分子水平上的均匀掺杂。

② 煅烧温度比高温固相反应温度低，因此可以节约能源，避免由于煅烧温度高而从反应器中引入杂质；与固相反应相比，化学反应将容易进行，而且仅需要较低的合成温度，一般认为溶胶-凝胶体系中组分的扩散在纳米范围内，而固相反应时组分扩散是在微米范围内，因此反应容易进行，温度较低，同时煅烧前已部分形成凝胶，具有大的表面积，利于产物生成。

③ 选择合适的条件可以制备各种新型材料。由于溶胶具有流变特性，故可用于不同用途产品的制备，在反应不同阶段制取薄膜、纤维或者块体等功能材料。

④ 产品的纯度高，因反应可以使用高纯原料，且溶剂在处理过程中易被除去，反应过程及凝胶的微观结构都易于控制，大大减少了副反应的进行。

溶胶-凝胶法多采用蒸馏或重结晶技术保证原料的纯度，工艺过程中不引入杂质粒子，所制备的陶瓷粉末纯度高、粒径小、均匀性好、粒径分布窄。但其原料价格昂贵、反应成本高，难以工业生产。有机溶剂具有毒性，而且高温热处理会使粉体快速团聚，并且其反应周期长，工艺条件不易控制，产量小，难以放大和工业化。

综上所述，机械粉碎很难制备粒径在 $2\mu m$ 以下超细的粉料且粉碎过程易引入杂质，纯度不高。但工艺简单成熟，设备可靠，原料价格便宜，便于工业化生产。而化学合成法是由离子、原子、分子通过反应、成核和成长、收集、后处理等手段获得微细粉末。这种方法的特点是纯度、粒度可控，均匀性好，颗粒细微，并可以实现颗粒在分子级水平上的复合、均化。因为化学方法制粉可制备出更细、粒径均匀性好、活性高、烧结性能好的粉料，故其成型性和烧结性较好，用这种粉料做的陶瓷，密度大大提高（可达理论值的 99.5% 或更高），气孔基本排除，从而能够有效改善瓷坯的显微结构和介电性能。

3.3.4 配料

原料经预处理后，按配方称量，进行配料。配料时需注意配比组成稍有偏离，都会对制品的组织结构和介电性能有重要影响。对于钛酸钡陶瓷，如果 BaO 过量，将存在 $2BaO \cdot TiO_2$ 相，而 $2BaO \cdot TiO_2$ 相可显著抑制 $BaTiO_3$ 晶粒生长，有利于获得细晶结构。而若是 TiO_2 过量<3%，没有第二相生成，可以看作 A 空位以氧缺位补偿的缺陷结构，缺陷结构有利于晶体生长，导致晶粒粗大。

3.3.5 混合

称量后要进行混料，混料时应注意以下问题。

① 加料次序，先加用量多的原料，再加微量的原料，最后再加量多的原料，以保证混料均匀。

② 加料方法：如配制 $98\% BaTiO_3 + 2\% CaSnO_3$ 坯料时，分别混好两种料，甚至合成好，再按配方比例进行混合。

③ 湿磨分层是由各原料的密度不同引起的，处理该问题时，可以烘干后再混一次，并过筛。

④ 要注意球磨罐的专用问题，避免污染。

3.3.6 塑化

（1）有机塑化剂（黏结剂）、增塑剂、溶剂

传统陶瓷在生产过程中，由于原料通常含有可塑性较高的黏土（无机塑化剂），所以不需额外加入塑化剂。但功能陶瓷生产时，大多采用化工原料，坯料中不含黏土，是非可塑性的，为了满足不同的成型要求，坯料中要加有机塑化剂。塑化剂又称黏合剂（黏结剂），是具有黏结特性的有机化合物，它的作用是把粉料黏结在一起，增加坯料的可塑性并提高坯体的强度，如聚乙烯醇（PVA）、聚醋酸乙烯酯、羧甲基纤维素（CMC）和糊精等都是功能陶瓷生产过程中常用的黏结剂。适当的塑化剂应满足以下要求：要有足够的黏性，以保证良好的成型性和坯体的机械强度；经高温煅烧能全部挥发，坯体中不留或少留胶黏剂残余杂质；工艺简单，没有腐蚀性，对瓷料性能无不良影响。

① 聚乙烯醇（PVA） 聚乙烯醇是白色或淡黄色丛毛状或粉末状晶体，含有极性基团 OH，溶于乙醇、乙二醇、甘油等有机溶剂。水解度在 80%～90% 才溶于水。70℃时溶解 96%～98%；不能用于 CaO、BaO、ZnO、MgO、B_2O_3 等氧化物，硼酸盐、磷酸盐等盐类，加入上述物质将会生成脆性化合物或像橡胶的弹性络合物。

轧膜成型的聚乙烯醇聚合度 n 在 1500～1700，聚合度太大则弹性太大不利于轧膜，太小则强度低，脆性大，也不利于轧膜。可用于 pH>7 时的轧膜成型。

② 聚醋酸乙烯酯 $[(C_4H_6O_2)_n]$ 聚醋酸乙烯酯为无色透明珠状体或黏稠体，溶于低分子量的酮、醇、酯、苯、甲苯，不溶于水和甘油。聚合度在 400～600，适用于 CaO、MgO、Al_2O_3、ZnO、PbO、硼酸盐、高岭土、滑石粉、$CaCO_3$、$BaCO_3$。可用于 pH<8 时的轧膜成型。

③ 羧甲基纤维素（CMC） 常见的羧甲基纤维素一般为羧甲基纤维素的钠盐，白色粉

末，易溶于水，烧后仍有钠的灰分。羧甲基纤维素和 PVA 相比，尽管 CMC 的价格低廉，但黏性不如 PVA，故轧膜等成型要求较高时，仍用 PVA，且 PVA 也较 CMC 挥发更为均匀些，可减少瓷体开裂。各黏结剂的挥发量见图 3-9。

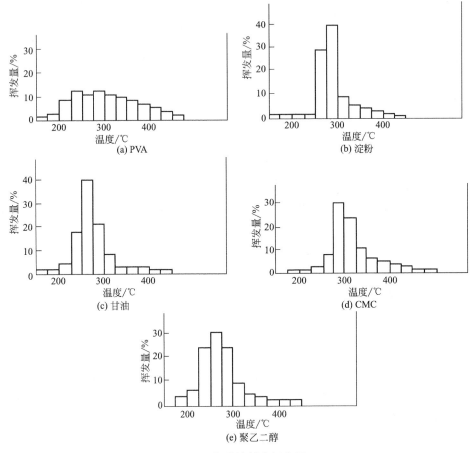

图 3-9　各黏结剂的挥发量

其他常用的塑化剂还有石蜡、糊精、桐油等。增塑剂是指对水有良好的亲和力并能溶于水的化合物，插入高分子间，增大其距离，降低黏度，如甘油。溶剂是指能溶解上面两种化合物的物质，如水、无水酒精（乙醇）、丙酮、苯等。表 3-3 为轧膜成型用聚乙烯醇塑化剂的配比。表 3-4 为挤制成型用羧甲基纤维素塑化剂的配比。

表 3-3　轧膜成型用聚乙烯醇塑化剂的配比

瓷　　料	配　　　方				
	聚乙烯醇/g	甘油/g	乙醇/g	蒸馏水/g	加入含量/%
95%氧化铝瓷料	200	75	60	660	28～30
75%氧化铝瓷料	150	85	75	720～750	28～30
电容器瓷料	900	240	480	5400	高频料 30～35 低频料 25～27
压电瓷料	900	240	480	4000	18～20

表 3-4 挤制成型用羧甲基纤维素塑化剂的配比

瓷 料 体 系	加入含量/%
锆酸锶系	25
F_1	35～40
T-30	22～25
T-150	35～40
T-3000	18～22

注：CMC：蒸馏水＝5：100。

下面以压电瓷料的配方为例简要介绍有机塑化剂的调配过程：先将 480g 酒精与 900g 聚乙烯醇混合均匀，然后倒入一只不锈钢锅内，加入 4000g 沸腾的蒸馏水，搅拌 16min 并加热至 60℃以使聚乙烯醇充分溶解。随后加入工业甘油 240g，继续搅拌 10min，直到没有结块，然后过滤。经过滤后的溶液放入烘箱，在 60℃烘 8h 即成透明而又黏稠的液体，即可储存备用。

（2）塑化剂对性能的影响

功能陶瓷在不影响瓷料性能的情况下可以使用有机塑化剂，使用时应注意塑化剂在煅烧过程中虽然能够烧掉，但其释放的 CO 有还原作用，并留下灰分和气孔。

① 黏结剂的还原作用　有机黏结剂在 400℃前就可以烧掉，挥发量最多是在 300℃左右，如图 3-10 所示。所以烧成时升温不能过快，以免挥发过快产生裂纹，并注意保持氧化气氛。600℃热压烧结 PZT 陶瓷，没加黏结剂的，瓷体完全没有被还原而呈白色，加少量淀粉作黏结剂的，则被还原成黑色，并析出金属铅；氧化气氛烧成则制品不受还原影响。大量生产时，如是在近于密闭状态下烧成，黏结剂燃烧产生的 CO 会使制品受到还原影响，特别是易还原的 TiO_2 和 $BaTiO_3$。

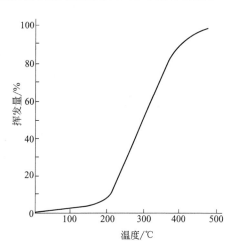

图 3-10　PVA 黏结剂挥发情况
（升温速度为 75℃/h）

② 黏结剂对机械强度的影响　图 3-11 为黏结剂对瓷坯机械强度影响的示意图，如图所

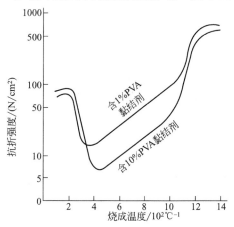

图 3-11　黏结剂对瓷坯机械强度的影响

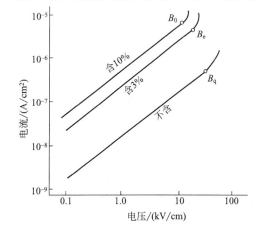

图 3-12　黏结剂用量对瓷坯直流电压-电流特性的影响

示，不同温度阶段，其影响有所不同，400℃前，黏结剂没挥发完全，黏结剂多的瓷体强度高；400℃后，黏结剂挥发完全，黏结剂少的制品强度高。

③ 黏结剂对绝缘强度的影响　图 3-12 为黏结剂用量对瓷坯直流电压-电流特性影响的示意图，如图所示，黏结剂越多，烧成后瓷体气孔越多，故击穿电压越低。

3.3.7　造粒

原料细有利于固相反应和烧结，但对干压成型，细粉的流动性不好，不能均匀地充满模子，容易出现空洞、边角不致密、层裂等问题。将细粉料混合黏结剂，做成流动性较好的粗粒子（20～80 目），形成体积密度大的小球，则既可以改善流动性而又不影响粉料的烧结性能，同时还能增加颗粒间的结合力，提高坯体的机械强度。这种将已经磨得很细的粉料，经过干燥，加黏结剂，做成流动性较好的较粗颗粒的工艺即是造粒。

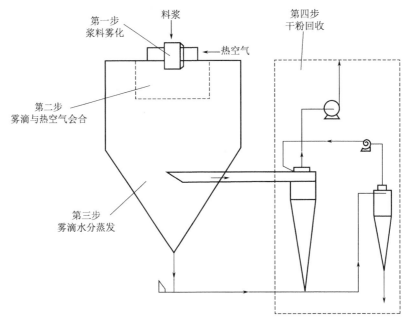

图 3-13　喷雾干燥法造粒工艺

造粒工艺按操作方式可分为以下三类。

① 普通造粒：加适量的黏结剂，在研钵研磨混合，过筛。

② 加压造粒：将混合好的黏结剂的粉料预压成块（180kg/cm²），然后再粉碎过筛，团粒的体积密度大。

③ 喷雾干燥法：造粒过程如图 3-13 所示。喷雾干燥法造粒时要注意控制浆料的黏度以及喷嘴压力，避免出现团粒中心空洞。该方法的特点是产量大，可连续生产。

3.3.8　悬浮

悬浮主要是为了制造注浆法用的泥浆。好的悬浮液应该是悬浮的粒子占优势，往下沉降的粒子数很少。通常是通过加入电解质来调节泥浆的流动性。

（1）电解质的作用及用量

① 电解质加入前　如果黏土粒子是带负电的，这时粒子主要吸附的对象是水溶液中的

氢离子，由于氢离子水化程度小，进入吸附层中的数量较多（小部分留在扩散层内），同时也中和了粒子所带的大部分电荷，如图 3-14 所示。这样，粒子之间的排斥力就减小，容易凝聚，因而泥浆黏度很大，流动性很差。

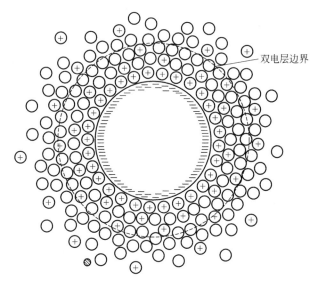

图 3-14　带负电粒子在水溶液中的双电层

② 电解质加入后　生产上常用的电解质有烧碱（Na_2CO_3）、水玻璃（Na_2SiO_3）等无机化合物。由于 Na^+ 水化程度很大，也就是水化膜很厚，使它的体积超过 H^+ 很多。吸附层和扩散层里的 H^+ 被 Na^+ 置换出来。由于水化了的 Na^+ 的体积比 H^+ 大得多，吸附层内容纳的 Na^+ 数就比 H^+ 少，所以它只能抵消一小部分粒子表面上的负电荷，粒子之间的排斥力增加，因而泥浆的黏度就小，流动性就好。

③ 电解质的选择　电解质的选择标准是根据在水中离解后阳离子水化程度的大小来决定的，我们总是选水化程度大的那种阳离子来做电解质。根据试验，一价阳离子的水化程度最大，二价的次之，三价的最差。

④ 电解质的用量　对不同的黏土和不同的电解质来说，适当的电解质用量情况是不一样的，但有一个共同的趋势，就是电解质用量都有一个最大的限度，超过这个限度，泥浆的流动性反而不好了。

因为当流动性达到一个最大的限度以后，再往泥浆中加入电解质时，Na^+ 浓度变大，它就要更多地挤进吸附层中去，粒子之间的排斥力就减少，因而泥浆的流动性就开始变坏。

（2）瘠性瓷料的悬浮

① 酸洗　以氧化铝原料为例，将 Al_2O_3 用盐酸处理，使 pH 值在 3.5 左右。当悬浮液中 HCl 的浓度高（pH 小）时，Cl^- 多，生成 $AlCl_3$，粒子表面的负电荷被中和掉的少，排斥力大，利于悬浮；HCl 浓度太高了以后，H^+ 就会挤进吸附层中去，中和掉较多的粒子表面负电荷，流动性就差，不利于悬浮。当悬浮液中 HCl 的浓度低（pH 大）时，Cl^- 少，$AlCl^{2+}$ 多，粒子表面的负电荷被中和掉的多，流动性就差，不利于悬浮。图 3-15 为 Al_2O_3 粒子双电层结构。

② 阿拉伯树胶的使用　当阿拉伯树胶用量在 0.21%～0.23%（质量分数）时，由于有机高分子是蜷曲的线型分子，容易被分散在水中的 Al_2O_3 吸附，变重而引起沉降；当阿拉

伯树胶用量在 1.0%～1.5%（质量分数）时，有机胶体的线型分子在水溶液中形成网络结构，使 Al_2O_3 粒子黏附在线型分子的某些链节上，阻止了 Al_2O_3 粒子相互吸引和沉降作用，提高了泥浆的稳定性，泥浆黏度最小，流动性很好。所以，在酸洗时加 0.21%～0.23%（质量分数）阿拉伯树胶使 Al_2O_3 粒子快速沉降，浇注时加 1.0%～1.5%（质量分数）阿拉伯树胶使 Al_2O_3 粒子提高流动性和稳定性。阿拉伯树胶用量对泥浆流动性的影响情况参见图 3-16。

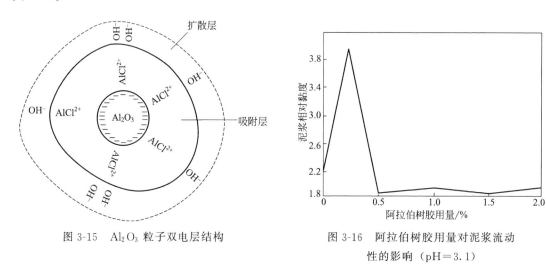

图 3-15　Al_2O_3 粒子双电层结构　　　图 3-16　阿拉伯树胶用量对泥浆流动
性的影响（pH=3.1）

③ 有机表面活性剂的吸附　对盐酸起作用的瘠性瓷料，可使用烷基苯磺酸钠作表面活性吸附剂，烷基苯磺酸钠能在水中离解，离解的大阴离子吸附在粒子表面，使粒子具有负电荷，用量一般为干料重的 0.3%～0.6%。

3.4　成型

功能陶瓷的成型技术对其制品的性能有很大的影响，因此应对成型技术和方法以及各种方法的优缺点有比较确切的了解。陶瓷坯体的成型是将制备好的坯料，用各种不同的方法制成具有一定形状和尺寸的坯体（生坯）的过程。

功能陶瓷常用的成型方法有挤压成型、干压成型、热压铸成型、轧膜成型、等静压成型、流延成型、注浆成型等。应当根据制品的性能要求、形状、尺寸、产量和经济效益等综合选择陶瓷的成型方法。从工艺上讲，根据坯料的性能和含水量的不同可将成型方法分为干压法、可塑法、注浆法等。

3.4.1　干压法

3.4.1.1　模压法

（1）模压成型工艺

模压法是将含有一定水分（或其他黏结剂）的粒状粉料填充于模具之中，在压机柱塞施加的外压力作用下，使之成为具有一定形状和强度的陶瓷坯体，然后卸模脱出坯体的成型方法叫做模压成型（stamping process）、干压成型（dry pressing）。适用于厚度不大的圆片、圆环等。自动压片机的工作过程见图 3-17。

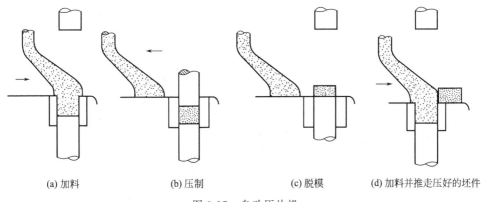

| (a) 加料 | (b) 压制 | (c) 脱模 | (d) 加料并推走压好的坯件 |

图 3-17　自动压片机

模压成型的模具可用工具钢制成。模具设计应遵循下列原则：便于粉料填充和移动，脱模方便，结构简单，设有透气孔，装卸方便，壁厚均匀，材料节约等。模具加工应注意尺寸精确，配合精密，工作面要光滑等。模压成型的施压设备：机械压机、油压机或水压机等。

模压成型时为了提高坯料成型时的流动性、增加颗粒间的结合力，提高坯体的机械强度，通常需要加入黏结剂，并进行造粒。干压成型常用的黏结剂有石蜡、酚醛清漆、聚乙烯醇水溶液、亚硫酸纸浆废液等，具体参见表 3-5。其中聚乙烯醇水溶液（polyvinyl alcohol，简称 PVA）是最常用的黏结剂。

表 3-5　模压成型常用黏结剂的用量及特点

种　类	配方或用量	特　点
酚醛漆(高频清漆)	8%～15%	工艺简单、坯体强度高、价格贵
聚乙烯醇(PVA)水溶液	3%～5%	工艺简单、气孔率低、机械强度稍差
水、油酸、煤油黏合剂	粉料 100kg、煤油 1000mL、油酸 1500mL、水 7kg	工艺简单、气孔率低、生坯强度较低
亚硫酸纸浆废液	水 90%、亚硫酸纸浆废液 10%，加入量为 8%～10%	价廉易得、工艺简单、坯体强度低
苯胶	甲苯(二甲苯)70%、苯乙烯 30%，加入量为 8%～16%	工艺简单，生坯有一定强度、价格贵且有毒
石蜡	7%～12%，常用量 8%	室温时在压力下能流动，不易于从坯体中排除

（2）模压成型时应注意的问题

① 坯料的含水量　控制模压成型的坯料含水量在 4%～8%。含水量过小时，基层表层松散，成型易起层，碾压容易起皮，难以压实；含水量过大，碾压时粘轮，表面起拱，而且基层成型后水分散失愈多，形成的裂缝愈多，还易引起成型粘模等表面缺陷。

② 加压方式　加压方式不同时其成型结果也不同。干压成型有单向加压与双向加压两种方式，由于成型压力是通过松散粉粒的接触来传递的，在此过程中产生的压力损失会造成坯体内压力分布的不均匀，从而造成压坯内密度分布不均匀。加压方式对坯体密度的影响情况见图 3-18。

单面加压直接受压一端的压力大，密度大；远离加压一端的压力小，坯体密度小。双面加压，坯体两端直接受压，因此两端密度大，中间密度小。

③ 成型压力　成型压力的大小直接影响瓷体密度和收缩率。成型压力小，则坯体密度

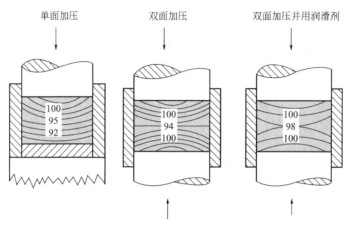

图 3-18　加压方式对坯体密度的影响

小，当成型压力达到一定值时，压力再增大，坯体的密度提高很少，压力过大，坯体容易出现裂纹层裂和脱模困难等问题。

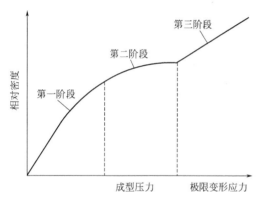

图 3-19　坯体密度与压力的关系

粉料在受压时，加压第一阶段，坯料密度急剧增加，迅速形成坯体；第二阶段中压力继续增加时，坯体密度增加缓慢，后期几乎无变化；第三阶段压力超过某一数值后，坯体密度又随压力增大而增加。

若以成型压力为横坐标，以坯体的密度为纵坐标作图，可定性地得到坯体密度与压力的关系曲线，如图 3-19 所示。坯体密度随压力变化的规律可作如下解释。粉料开始受压的第一阶段，大量颗粒产生相对滑动和位移，位置重新排列，孔隙减小，假颗粒破裂。

拱桥破坏，坯体密度增大。而压力愈大，发生位移和重排的颗粒愈多，孔隙消失愈快，坯体密度和强度也愈大。在压制的第二阶段中，坯体中宏观的大量空隙已不存在，颗粒间的接触由简单的点、线或小块面的接触发展为较复杂的点、线、面的接触。在压力达到使固体颗粒变形和开裂的程度以前，不会再出现大量孔隙被填充和颗粒重新排列，因此，坯体密度变化很小。在压制第三阶段中，当成型压力增加到能使固体颗粒变形和断裂的程度，颗粒的菱角压平，孔隙继续填充，因而坯体密度进一步增加。

④ 加压速度和时间　干压成型时，压模下降的速度缓慢一些较好。加压速度过快会使坯体出现分层，坯体的表面致密中间松散，坯体中会存在许多气泡。因此，加压速度宜缓，而且还要有一定保持压力的时间。

⑤ 添加剂的选用

a. 为减少粉料颗粒间及粉料与模壁之间的摩擦而加入的添加物称为润滑剂；

b. 为增加粉料颗粒之间的黏结作用而加入的添加物称为黏结剂；

c. 为促进粉料颗粒吸附、湿润或变形，通常加入表面活性物质。

（3）模压成型工艺特点

干压成型生产效率高、生产周期短、工艺简单、易于实现机械自动化、成型尺寸精度高、制品烧成收缩率小、不易变形，适用于片状等简单几何形状的坯件成型。但干压成型对模具加工质量和精度要求较高，成型复杂形状的陶瓷部件时，所用模具设计困难较大。坯体厚度大时内部密度不均匀，有些成型的坯件（滑石）会有明显的各向异性等问题，是干压成型要注意的。

3.4.1.2 等静压成型

等静压成型是干压成型技术的一种新发展，又称静水压法，是利用高压液体传递压力，使装在封闭模具中的粉体在各个方向同时均匀受压成型的方法。由于模型的各个面上都受力，故优于干压成型的两面受力。可以压制形状复杂、大件、细长制品。根据使用模具不同，又分为湿式等静压成型和干式等静压成型两种。

（1）等静压成型原理

该工艺主要是利用了液体或气体能够均匀地向各个方向传递压力的特性来实现坯体均匀受压成型的。把陶瓷粒状粉料置于有弹性的软模中，使其受到液体或气体介质传递的均衡压力而被压实成型的一种方法。

（2）等静压成型设备

等静压成型用的高压容器见图 3-20。设备的主要部件为高压容器和高压泵，辅助设备有高压管道、高压阀门、高压表及弹性模具等。

等静压成型的主要特点是模具具有弹性，运用模具可以均匀地传递压力的特点对其施压。对模具材料的要求为：能均匀伸长、展开，不易断裂也不能太硬，能耐液体介质作用。常用的材料有橡胶、乳胶和塑料等。橡胶、乳胶受高压后易变形、成本高；塑料易制作，受压后变形不大、成本也较低。

（3）等静压成型的分类

在室温下，采用高压液体传递压力的等静压成型，根据使用模具不同，又分为湿式等静压成型和干式等静压成型两种。

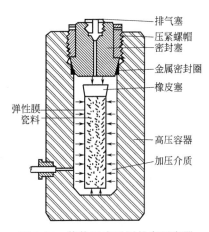

图 3-20　等静压成型用的高压容器

① 湿式等静压法　液体和模具直接接触的成型过程称湿袋法，将粉料装入橡胶等可变形的容器中，密封后放入液压油或水等流体介质中，加压后可获得所需的形状，如图 3-21 所示。

湿式等静压法的优点是粉料不需要加黏合剂、坯体密度均匀性好、所成型的制品几乎不

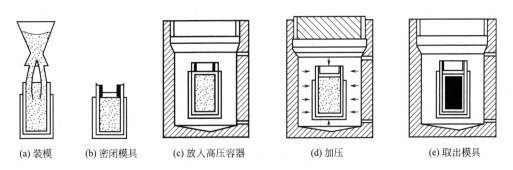

(a) 装模　　　(b) 密闭模具　　　(c) 放入高压容器　　　(d) 加压　　　(e) 取出模具

图 3-21　湿式等静压成型

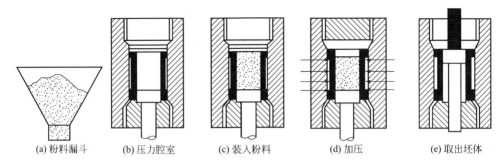

(a) 粉料漏斗　　(b) 压力腔室　　(c) 装入粉料　　(d) 加压　　(e) 取出坯体

图 3-22　干式等静压成型

受限制，并具有良好的烧结体性能。适用于小批量生产和科研。缺点是仅适用于简单形状制品，形状和尺寸控制性差，而且生产成型时间长，效率低，难以实现自动化批量生产。

② 干式等静压法　为提高生产效率，几何形状简单的产品，如管、圆柱等，可采用干袋法。这种成型方法是加压橡皮袋封紧在高压容器中，加料后的弹性模具送入压力室，加压成型后退出脱模，如图 3-22 所示。这种方法的优点是模具不和加压液体直接接触，可以减少模具的移动，不必调整容器中的液面和排除多余的空气，因而能加速取出压好的坯体，可实现连续等静压。但此法只使粉料周围受压，模具的顶部和底部无法受压，因而密封较困难。这种方法只适用于大量压制同一类型的产品，特别是几何形状简单的产品，如管子、圆柱等。

上述等静压成型工艺都是在室温下，采用高压液体传递压力的等静压成型——冷等静压成型（CIP）。还有一类等静压成型——热等静压成型（HIP），在高温下，采用惰性气体代替液体作压力传递介质的等静压成型，高压容器装有加热炉体，是在冷等静压成型与热压烧结的工艺基础上发展起来的，又称热等静压烧结。

（4）等静压成型工艺

① 备料、粉体预处理　等静压成型工艺也需要对瘠性粉体进行预处理，通过造粒工艺提高粉体的流动性，加入黏结剂和润滑剂减少粉体内摩擦力，提高黏结强度，使之适应成型工艺需要。

② 成型工艺　包括装料、加压、保压、卸压等过程。装料应尽量使粉料在模具中装填均匀，避免存在气孔；加压时应求平稳，加压速度适当；针对不同的粉体和坯体形状，选择合适的加压压力和保压时间；同时选择合适的卸压速度。

③ 成型模具　等静压对成型模具有特殊的要求，包括有足够的弹性和保形能力；有较高的抗张抗裂强度和耐磨强度；有较好的耐腐蚀性能，不与介质发生化学反应；脱模性能好；价格低廉，使用寿命长。一般湿式等静压法多使用橡胶类模具，干式等静压法多使用聚氨酯、聚氯乙烯等材料的模具。

（5）等静压成型与干压成型的主要差别

① 干压只有 1～2 个受压面，而等静压则是多方向加压多面受压，有利于把粉料压实到相当的密度。与施压强度大致相同的其他压制成型相比，等静压可以得到较高的生坯密度，且各个方向上密度均匀，不因形状厚薄不同而有较大变化。同时由于粉料颗粒的直线位移小，消耗在粉料颗粒运动时的摩擦力相应小了，提高了压制效率。

② 由于等静压的压强方向性差异不大，粉料颗粒间和颗粒与模具的摩擦作用显著地减少，故生坯中产生应力的现象很少出现，生坯强度较高。

③ 等静压成型的生坯内部结构均匀，不存在颗粒取向排列，不会像挤压成型那样使颗粒产生有规则的定向排列（不分层）。

④ 可以采用较干的坯料成型（粉料含水量仅为 1%～3%），很少使用黏合剂或润滑剂，有利于减少干燥和烧成收缩及降低瓷件的气孔率。

⑤ 不需要金属模具，模具制造方便，成本低。

⑥ 对制品的尺寸和尺寸之间的比例没有很大限制，并且对制品形状的适应性也较宽。另外，等静压可以实现高温等静压，使成型与烧成合为一个工序。

（6）等静压成型特点

① 适于压制形状复杂、大件且细长的新型陶瓷制品。

② 湿式等静压容器内可同时放入几个模具，还可压制不同形状的坯体。

③ 可以任意调节成型压力。

④ 压制的产品质量高，烧成收缩小，坯体致密不易变形。

3.4.2 可塑法

可塑成型是古老的一种成型方法。我国古代采用的手工拉坯就是最原始的可塑法。可塑成型主要是通过胶态原料制备、加工，从而获得一定形状的陶瓷坯体。功能陶瓷生产中常用的可塑成型方法主要是挤压成型、热压铸成型、流延成型、轧膜成型等。

3.4.2.1 挤压成型

挤压成型又称挤制或挤出成型，是将经真空炼制的可塑泥料置于挤制机（挤压成型机）内，利用压力把具有塑性的粉料通过模具挤出，成型其截面形状为模具形状的坯体。只需更换挤制机的机嘴，就能挤压出各种形状的坯体，坯体截面形状为机嘴模具形状。主要用于制造棒形和管形及厚板片状坯体等沿挤出方向外形平直的制品。如电阻的基体陶瓷棒、陶瓷管片形陶瓷制品等。

挤压成型对可塑泥料有以下性能要求：

① 粉料要有足够的细度和圆润的外形，以保证必要的流动性，即受力时有良好的形变能力。

② 溶剂黏结剂等用量要适当，混合要均匀，保证成型后粉料能保持原形或变形很小，如用量不当组成不均匀，则挤出的坯件易产生扭弯变形。

挤压成型要求坯料具有一定的塑性，黏土含量较多的电阻瓷体和装置瓷的成型，一般不再加其他胶黏剂，配料经过真空炼泥、困料后即可进行挤压成型。坯料中一般含水量为 16%～25%。对于含黏土少或不含黏土的电容器瓷料等，必须加胶黏剂，经真空炼泥、困料后方可进行挤压成型。挤压成型常用的有机黏结剂有糊精（加入量不超过 6%）、桐油（4%）、羧甲基纤维素和甲基纤维素水溶液（28%）、亚硫酸纸浆废液等。

挤压成型适用于连续化批量生产，生产效率高，环境污染小，易于自动化操作，但机嘴结构复杂，加工精度要求高，耗泥量多，制品烧成收缩大。挤压成型适于挤制直径 1～3mm 的管、棒形制品，近年已能挤制宽 100～200mm，厚 0.1～3mm 或更薄的片状坯膜，或用以挤制径幅 800mm、100～200 孔/cm² 的蜂窝状、筛格式穿孔瓷筒，还可挤制基片、管式电容、线圈滑架等电子陶瓷。不适宜三维复杂形状制品，二维制品要求外形平直。

3.4.2.2 热压铸成型

热压铸成型是特种陶瓷生产应用较为广泛的一种成型工艺，其基本原理是利用石蜡受热熔化和遇冷凝固的特点，在较高的温度下（80~100℃），将无可塑性的瘠性陶瓷粉料与热石蜡液均匀混合形成可流动的浆料，在一定的温度和压力下使陶瓷料浆充满金属铸模，并在压力的持续作用下冷却凝固，形成半成品后脱模取出成型好的坯体。坯体经适当修整，埋入吸附剂中加热进行脱蜡处理，然后脱蜡坯体烧结成最终制品。适用于形状复杂、尺寸精度高的中小型陶瓷制品。

（1）制备蜡浆（铸浆的配制）

① 铸浆的组成　含蜡瓷浆的配制是热压铸成型的关键工艺之一。蜡（铸）浆由粉料（87.5%~86.5%，含0.4%~0.8%的油酸）、石蜡（塑化剂）12.5%~13.5%、表面活性剂组成。

热压铸成型要求热压铸陶瓷粉料的含水量要小于0.5%，否则铸浆流动性很差。因此热压铸成型必须使用煅烧过的熟料，煅烧目的是保证铸浆有良好的流动性，减少坯体的收缩率，提高产品尺寸精度。

热压铸成型以石蜡为黏结剂。石蜡作为黏结剂的主要优点是：

a. 石蜡的熔点较低，在50~55℃以上开始熔化；

b. 冷却凝固后有5%~7%的体积收缩，有利于脱模；

c. 石蜡呈化学惰性；

d. 价格便宜。

为减少石蜡用量和提高铸浆的流动性，可加表面活性剂，表面活性剂主要有油酸、硬脂酸、蜂蜡等。

② 铸浆配制工艺　首先将石蜡加热熔化（70~90℃），粉料加热后倒入石蜡熔液，边加热边搅拌制成蜡饼。然后将蜡饼放入和蜡机中。先放入快速和蜡机中，温度为100~110℃，转筒速度40r/min，至蜡饼熔化，冷却到60~70℃，倒至慢速和蜡机中，搅拌速度为30r/min，以排出气泡，约需2h。此过程主要用的设备为快速和蜡机和慢速和蜡机。蜡浆制备好后由热压铸机进行坯体浇注成型。

（2）坯体浇注成型

图3-23为热压铸成型机的构造。坯体浇注成型时先将铸模安装在工作台上，使铸模的注口和供料装置的供料孔相吻合，而铸模上部的位置需在压紧装置的压杆下面。压缩空气的压力先传到压杆上，而把铸模紧压在供料装置的平台上。接着压缩空气便进入盛浆桶，将陶瓷料浆沿供料管压入铸模的型腔内，保持一定时间（视铸件大小而定）。先去掉盛浆桶压力，后去掉压杆压力。从工作台上取下铸模，从模内取出铸件。

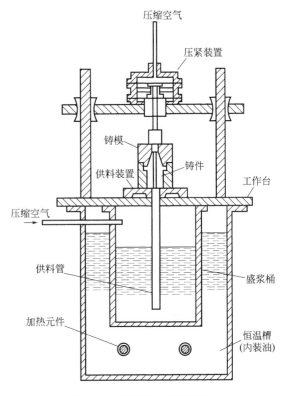

图3-23　热压铸成型机构造

浇注成型过程需要注意以下主要工艺参数。

① 蜡浆温度 蜡浆温度保持在 $65 \sim 90℃$，大型制品的铸浆温度应偏高。铸浆温度过高，黏结剂要挥发，坯体收缩大，出现凹陷和缩孔等缺陷；铸浆温度过低，蜡浆黏度较大，则易出现欠注、皱纹等缺陷。

② 钢模温度 钢模温度决定坯体冷却凝固的速度。在同样的压力和冷却时间条件下，模具温度不同，最终制品的质量不同。一般薄壁制品，模具温度应控制在 $10 \sim 20℃$，厚壁零件应控制在 $0 \sim 20℃$。

③ 成型压力 压力大小决定铸浆在模具中的填充速度，也影响铸浆在模具中冷却收缩时的补偿能力。成型压力大小与浆桶深度、料浆性能有关。压力较高，坯体的致密度增加，坯体的冷却收缩程度下降，缩孔和空洞减少。一般可以采用 $0.3 \sim 0.5MPa$。薄壁和大件制品，应用较高压力。压力持续时间应以铸浆充满整个模具腔体并凝固时为标准。

（3）排蜡

热压铸成型得到的坯体中含有大量的石蜡黏结剂，在高温烧成过程中，将会大量熔化、挥发，会导致坯体变形、开裂。因此必须先将坯体中的石蜡排除干净，再进行产品的烧成。

工业生产上通常是将吸附剂埋于坯体周围置于耐火匣钵中，通过适当的热处理，使蜡液通过吸附剂的毛细管作用，从坯件逐渐迁移到吸附剂中，然后蒸发排掉。吸附剂除了吸附石蜡和胶黏剂外，还起到固定瓷坯体形状、使坯体受热均匀、防止坯体变形和开裂的作用。工艺中常用在 $1200 \sim 1300℃$ 煅烧过的氧化铝作为吸附剂。

（4）热压铸成型特点

热压铸成型适用于以矿物原料、氧化物、氮化物等为原料的新型陶瓷的成型，尤其对外形复杂、精密度高的中小型制品更为适宜。其成型设备不复杂，模具磨损小，操作方便，生产效率高。该方法代替了繁重的干压成型工艺，生产效率比干压法提高好几倍，而且任何形状复杂的制品，几乎都能用这种方法来成型，基本上满足了各种瓷件的生产，具有较高的光洁度以及较准确的尺寸。更重要的是，可适用于任何非可塑性瓷料，如氧化物或其他组成的瓷料。热压铸成型方法的主要优点如下。

① 能成型形状复杂的制品，尺寸精度高，几乎不需要后续加工，是制作异形陶瓷制品的主要成型工艺。瓷件的烧成收缩只有 $6\% \sim 10\%$，在烧成后一般不需再经机械加工就可得到 IV-V 级的精确度。

② 成型时间短，生产率很高。如有一种绝缘子，8h 就能生产 16000 多只，如用干压法最多也只能生产 3000 多只。

③ 对原料适用性强，如氧化物、非氧化物、复合原料及各种矿物原料均可适用。

④ 压铸用的模具结构比干压法的简单，而且寿命长，比干压模具长 $6 \sim 10$ 倍。

⑤ 热压铸设备结构简单，价格便宜，尺寸小，占用生产面积不大，同时操作简易，而干压则必须有熟练的工人才能成型出合格的产品。相比其他陶瓷成型工艺，生产成本相对较低，对生产设备和操作环境要求不高。

⑥ 提高了制品的合格率和原料的利用率。由于热压铸可以一次获得制品所需的形状，不需另行加工，也不需留出任何的加工余量，而且去除注口的废料还可以全部回收利用。

热压铸成型方法的缺点如下。

① 气孔率高、内部缺陷相对较多、密度低，制品力学性能和性能稳定性相对较差。

② 需要脱蜡环节，增加了能源消耗和生产时间。因受脱蜡限制，难以制备厚壁制品。

③ 不适合制备大尺寸陶瓷制品。对于壁薄、大而长的制品不宜采用。

④ 难以制造高纯度陶瓷制品，限制了该工艺在高端技术领域的应用。

热压铸工艺主要用于生产中小尺寸和结构复杂的结构陶瓷、耐磨陶瓷、电子陶瓷、绝缘陶瓷、纺织陶瓷、耐热陶瓷、密封陶瓷、耐腐蚀陶瓷、耐热震陶瓷制品等。

3.4.2.3 轧膜成型

轧膜成型是将准备好的陶瓷粉料，拌以一定量的有机黏结剂（如聚乙烯醇等）和溶剂均匀混合后，通过如图 3-24 所示的两个相向旋转、表面光洁的轧辊间隙。反复混炼粗轧、精轧，形成光滑、致密而均匀的膜层，称为轧坯带。粗轧是将粉料、黏结剂和溶剂等成分置于两辊轴之间充分混合，混炼均匀，伴随着吹风，使溶剂逐渐挥发，形成一层膜。精轧是逐步调近轧辊间距，多次折叠，90°转向反复轧炼，以达到良好的均匀度、致密度、光洁度和厚度。轧好的坯带需在

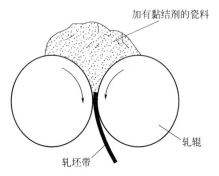

图 3-24　轧膜成型

冲片机上冲切形成一定形状的坯件。因此在轧膜成型工艺中，炼泥与成型是同时进行的，粗轧后的厚膜仍要多次反复轧炼以保证泥料高度均匀并排出气泡。轧膜过程中坯料只在长度、厚度方向受碾压，宽度方向缺乏足够的压力，故具有颗粒定向排列，导致烧成收缩不一致，从而使产品的致密度、机械强度具有方向性。为解决这一问题，在轧膜时需要不断地将所轧膜片作 90°倒向、折叠。

轧膜成型是薄片瓷坯的成型工艺，主要用在电子陶瓷工业中瓷介电容膜片、独石电容及电路基板等瓷坯，适于 1mm 以下，常见为 0.15mm，也能轧制 $10\mu m$ 的薄片。轧膜成型工艺流程如图 3-25 所示。

轧膜成型所用的坯料也要求具有一定的可塑性，瘠性粉料经预烧、过筛后要和塑化剂搅拌均匀，利用轧膜机混炼使之充分混合、吹风（使溶剂挥发）、粗轧。轧膜成型所用的塑化剂由黏结剂（PVA、聚羧酸乙烯酯、甲基纤维素）、增塑剂（甘油、己酸三甘醇、邻苯二甲酸二丁酯）和溶剂（水、甲苯、乙醇）配置而成。

轧膜成型具有工艺简单、生产效率高、膜片厚度均匀、生产设备简单、粉尘污染小、能成型厚度很薄的膜片等优点。但用该法成型的产品干燥收缩和烧成收缩较干压制品的大。该

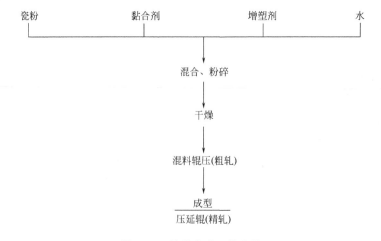

图 3-25　轧膜成型工艺流程

法适于生产批量较大的1mm下的薄片状产品，在新型陶瓷生产中应用较为普遍。

3.4.2.4 流延法

流延成型又称带式浇注法、乱刀法，是一种目前比较成熟的能够获得高质量、超薄型瓷片的成型方法，可成型厚度为$10\mu m$以下的陶瓷薄片。已广泛应用于独石电容器瓷、多层布线瓷、厚膜和薄膜电路基片、氧化锌低压压敏电阻及铁氧体磁记忆片等新型陶瓷的生产。

流延成型首先是将细磨、煅烧的超细熟料（一般$<3\mu m$）和适当的胶黏剂、增塑剂、溶剂、润湿剂、除泡剂、烧结促进剂等进行湿式混磨，形成稳定的、流动性良好的浆料。混合好的料浆会含有大量气泡，必须除去，可用机械法和化学法除泡，机械除泡用真空搅拌，转速100r/min，压力1.5kPa以下。化学法使用的除泡剂组成为：正丁醇：乙醇＝1：1。机械法和化学法可同时使用。浆料充分混合、搅拌除泡、真空脱气、过滤后，即可利用流延机进行成型。图3-26为流延机结构。流延成型用胶黏剂主要有聚乙烯醇及聚乙烯醇缩丁醛。

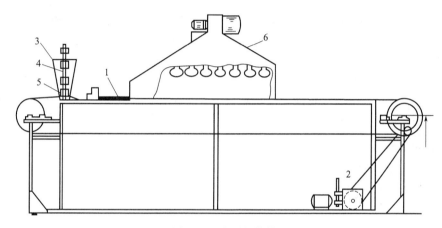

图3-26 流延机结构

1—不锈钢带；2—传动装置；3—加料漏斗；4—调节支杆；5—弹簧；6—干燥箱

将料浆加入流延机的料斗中，浆料依靠自重从料斗下部流至向前移动的环形钢带（传送基带）上，并随钢带向前运动，坯片的厚度由刮刀控制。浆料被刮刀刮成一层连续、表面平整、厚度均匀的薄膜，坯膜连同载体进入循环热风烘干室，干燥区温度约80℃，烘干温度必须在浆料溶剂的沸点之下，否则会使膜坯出现气泡，或由于湿度梯度太大而产生裂纹。烘干后成为固态薄膜，钢带又回到初始位置，经多次循环重复，直到得到需要的厚度。陶瓷坯带从钢带上剥离，每圈的流延膜厚度为$8\sim10\mu m$，切成一定长度叠放或卷轴待用。然后将坯膜按所需形状进行切割、冲片或打孔，形成坯件。图3-27为流延成型工艺流程。

在实际生产中，刮刀口间隙的大小是最关键和易调整的。在自动化水平较高的流延机上，在离刮刀口不远的坯膜上方，装有透射式X射线测厚仪，可连续对坯膜厚度进行检测，并将所测厚度信息，反馈到刮刀高度以调节螺旋测微系数，这可制得厚度仅为1.0mm，误差不超过0.1mm的高质量坯膜。

流延成型设备不太复杂，且工艺稳定，可连续操作，生产效率高，自动化水平高，坯膜性能均匀一致且易于控制。但流延成型的坯料因溶剂和黏结剂等含量高，因此坯体密度小，烧成收缩率有时高达20％～21％。流延成型法主要用以制取超薄型陶瓷独石电容器、氧化铝陶瓷基片等新型陶瓷制品。为电子元件的微型化、超大规模集成电路的应用，提供了广阔的前景。

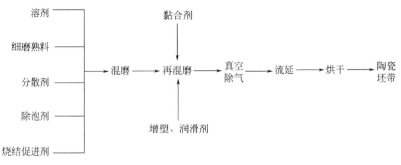

图 3-27　流延成型工艺流程

3.4.3　注浆法

注浆成型（slip casting）的基本原理是将泥浆灌注到多孔石膏模中，由于石膏是多孔性物质，具有毛细管作用，能够吸收泥浆中的水分，使泥浆在模壁逐渐固化，时间越长，干涸层越厚。待达到所需厚度后，将多余的泥浆从石膏模中倒出，并让干涸的陶瓷坯体层在石膏模中继续干燥。此时由于逐渐失去水分而相应地产生一些收缩，使注件很容易从石膏模中取出，等干到一定强度后再进行修整。注浆成型工艺简单，适于生产一些形状复杂且不规则、外观尺寸要求不严格、壁薄及大型厚胎的制品。

3.4.3.1　泥浆的制备

注浆成型对泥浆的性能要求主要有：

① 流动性好，即泥浆具有最小的黏度，这样才便于浇注，才能使泥浆充满石膏模各个角落；

② 固液比发生变化时，泥浆的黏度不应有很大的变化，以便浇注后能倒出多余的泥浆，供下次成型用；

③ 泥浆水分被石膏模吸收的速度要适中，以便容易控制注件厚度；

④ 浇注后，注件与石膏模易脱开，否则脱模困难；

⑤ 素坯强度要高，密度要大（加入有机胶体可大大提高素坯强度）；

⑥ 泥浆中空气含量应尽量地少，也可专门真空处理。

其中最为重要的是保证泥浆既要流动性好，又要含水量少，过多的水分会延长注件在石膏模中成型的时间并使非可塑性原料颗粒沉降，造成泥浆分层；过多水分还会使注件的干燥收缩增大，成品率大为降低。但泥浆过于稠厚又不易充填到石膏模的各个角落里去。可按上节提到的方法加入少量电解质，泥浆水分就可压缩到30%左右，并且流动性仍很好。

制备酸性泥浆的劳动特别繁重，不利于大量生产，同时由于素坯强度过低，非常容易破损。采用中性泥浆，即在第二、三遍酸洗时，在泥浆中加入阿拉伯树胶，使细颗粒沉降，而后再洗四、五次即呈中性泥浆，烘干备用。成型前只需把这种原料和以一定量的水分与少量的阿拉伯树胶以及其他加入物（如碳酸钙、石英等），在球磨筒混合数小时后即可注浆。

3.4.3.2　石膏模的制备

半水石膏磨细成粉末后，加适当水分又能重新变成二水石膏，石膏模就是利用石膏的这一性质制成的，其相应化学反应式如下：

$$CaSO_4 \cdot 2H_2O \xrightarrow{120 \sim 170℃} CaSO_4 \cdot 1/2H_2O + 3/2H_2O \qquad (3-8)$$

制作石膏模时先要做一个母模（即模芯）。为了使母模表面光滑、不吸水，在母模表面要涂一层泡立司，而后再涂一层润滑剂（一般用肥皂水）。石膏浆是以水和石膏粉以1：(1.2～1.4)的比例调制的，搅拌均匀至无颗粒出现为止，将表面泡沫和脏物除去后立即注入模套中去。约20min石膏浆即行凝固、硬化，此时即可脱模。略加修整后在不高于50～60℃干燥，一般干燥到含水量约5％即可。

石膏模质量主要是看它的机械强度和吸水能力。石膏的粉碎程度与煅烧温度、调浆用水量等，以及石膏模的设计不良、熟石膏粉的受潮、脱模后的石膏模在过高的温度下干燥等，都会影响使用或降低其使用寿命。

3.4.3.3 浇注方法

（1）空心浇注-单面浇注

空心浇注是指料浆注入模型后，由模型单面吸浆，当注件达到要求的厚度时，排出多余料浆而形成空心注件。图3-28为空心浇注成型。

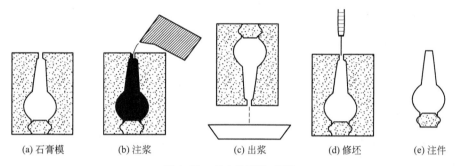

(a) 石膏模　　(b)注浆　　(c)出浆　　(d)修坯　　(e)注件

图3-28　空心注浆法成型

（2）实心浇注-双面浇注

实心浇注是指料浆注入模型后，料浆中的水分同时被模型的两个工作面吸收，注件在两模之间形成，没有多余料浆排出。图3-29为实心浇注成型。

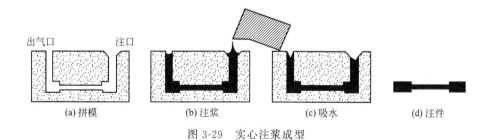

(a)拼模　　　(b)注浆　　　(c)吸水　　　(d)注件

图3-29　实心注浆成型

（3）压力浇注

以上两种浇注方法共同的缺点是注件不够致密，干燥和烧成收缩较大，容易变形，使制品的尺寸难以控制。此外，对于大型的制品来说，因为制品较大，注浆时间就必然很长，又因为注件壁厚，当石膏模吸水能力不够时，就不易干涸，多余泥浆倒出后，有时注件内壁还很潮湿，注件容易损坏。

为了提高注件的致密度，缩短注浆时间，并避免大型或异型注件发生缺料现象，必须在压力下将泥浆注入石膏模。一般加压方法是将注浆斗提高，形成一个压头。

（4）真空浇注

泥浆中一般都含有少量空气，这些空气会影响注件的致密度和制品的性能（如机械强度、电性能等）。对质量要求高的制品来说，泥浆要用真空处理来排除所含的空气，有时也可将石膏模置于真空室内浇注，这些方法都叫做真空浇注。图3-30为真空处理泥浆的装置。

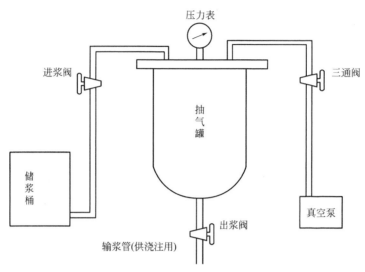

图3-30　真空处理泥浆的装置

（5）离心浇注

为提高注件的致密度，去除泥浆中的空气，将石膏模放在离心机的底座上，使模子作旋转运动，泥浆注入型腔后，由于离心力的作用，能形成很致密的干涸层，对于泥浆中含有的气泡，因其较轻，当模子旋转时多集中于中心，而后破裂掉。离心速度是400r/h。在正常情况下经4～5h即可浇注好。

图3-31为离心浇注，如图所示，在石膏模和底座之间衬有一层塑料布，塑料布下面再垫一层布，以免泥浆漏掉。底座中间有一个凹洞，是为了在浇注完毕后把多余泥浆舀出用的。

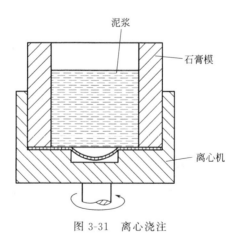

图3-31　离心浇注

注浆法的优点：

① 注浆成型工艺简单，不需复杂的机械设备，只要简单的石膏模就可成型；

② 适于成型各种产品，能制出任意复杂外形和大型薄壁注件，如长1m以上的管子；

③ 成型技术容易掌握。

注浆法的缺点：

① 劳动强度大，不易实现自动化；

② 生产周期长，石膏模占用场地面积大；

③ 注件密度小、收缩大，烧成时容易变形。

3.4.4　其他几种成型方法

（1）注射成型

注射成型是将瓷粉和有机黏合剂混合后，经注射成型机，在 130～300℃ 温度下将瓷料注射到金属模腔内，待冷却后，黏结剂固化，便可取出毛坯而成型。

注射成型法可以成型形状复杂的制品，包括壁薄 0.6mm，带侧面型芯孔的复杂零件，毛坯尺寸和烧结后实际尺寸的精确度高，尺寸公差在 1% 以内，而干压成型为 ±（1%～2%），注浆成型 ±5%，注射成型工艺的周期为 10～90s，工艺简单，成本低，压坯密度均匀，适于复杂零件的自动化大批量生产。但是它脱脂时间较长。

注射成型法已用于制造陶瓷汽轮机部件、汽车零件、柴油机零件。本法除用于氧化铝、碳化硅等陶瓷材料的成型外，还用于粉末冶金零件的制造。

下面是两种新型陶瓷制品注射成型的实例。

① 碳化硅制品　坯料：碳化硅 100%，可塑性聚苯乙烯 16.5%，硬脂酯 3.5%，40♯油 8.3%，钛酸盐 0.6%。在 150℃ 情况下混合 1h；射出温度 150～325℃，射出压力 7～70MPa，脱脂条件：从 50℃ 至 800℃，每小时 1～10℃ 的升湿速率，非氧化气氛。

② 氮化硅制品　坯料：氮化硅 100%，聚苯乙烯 13.8%，聚丙烯 7.6%，硅烷 3.6%，钛酸二乙酯 1.9%，硬脂酸 1.9%。在 180℃ 情况下加压混炼，压力 0.25MPa，射出温度 240℃，射出压力 100MPa，脱脂条件：用 N_2 作保护，常温至 200℃，每小时 30℃ 升温速率，200～350℃，每小时 35℃ 升温速率，在 350℃ 时保持 10h。

（2）爆炸成型法

最初用于 TiC、TaC 和 Ni 粉叶片的成型，炸药爆炸后，在几微秒内产生的冲击压力可达 $1×10^6$ MPa。巨大的压力，以极快的速度作用在粉末体上，使压坯获得接近理论密度和很高的强度。爆炸成型法可以成型形状复杂的制品，制品的轮廓清晰，尺寸公差稳定、成本低。

目前，爆炸成型法已应用于铁氧体、金属陶瓷等的生产。

（3）喷涤成型法

此法所用的浆料与流延法、印刷法相似，但必须调得更稀一些，以便利用压缩空气通过喷嘴，能使之形成黏雾。此法主要用以制造石电容器，喷涂时以事先刻制好的掩膜，挡住不应喷涤的部分，到一定程度可让其干燥，干后再作第二次、第三次喷涂，到达预定厚度时，再更换掩膜，喷上所需的另一浆料。按这种金属浆料和陶瓷浆料，反复更换掩膜，交替喷上以获得独石电容器的结构。如浆料太稠，则不易喷出，也难以均匀；如果太稀，则必须多次薄喷，以免流滴。为使浆料能够快速干燥，溶剂多不用上，而用酒精、乙醚一类易挥发的有机溶剂，这样价格较高，且工作环境条件也随之劣化。

（4）印刷成型法

将超细粉料、黏合剂、润滑剂、溶剂等充分混合，调制成流动性很快的稀浆料，然后采用丝网漏印法，即可印出一层较薄的坯料，具体操作是用一张含灰分甚少的有机薄膜或电容器纸作为衬纸，先在电极所在的位置上，用丝网漏印法印上一层金属浆料，干燥后，再在该有介质的部位漏印陶瓷浆料。继续干燥后，可再印一次瓷浆。重复若干次，直到达到所需厚度为止。然后再漏印金属电极，依次循环交替，直到多层独石电容印制完毕为止，待干透后再剪切、焙烧。

（5）滚压成型法

它与轧膜成型有些相似，是以热塑性有机高分子物质作为黏合载体，将载体与陶瓷粉料放在一起，加入封闭式混炼器进行混炼，炼好后再进入轧膜辊箱，轧制成一定厚度后引出，用冷空气进行冷却，然后卷轴待用，如欲制作其他定型坯带，则对以轧辊箱出来的坯片，可趁热进行压花。

（6）纸带成型法

是以一卷具有韧性的、低灰分的纸带作为载体，让这种纸带以一定的速度通过泥浆槽，黏附上合适厚度的浆料。通过烘干后并形成一层薄瓷坯，卷轴待用。在烧结过程中，这层低灰分衬纸几乎被彻底燃尽而不留痕迹。如泥浆中采用热塑性高分子物质作为黏合剂，则在加热软化的情况下，可将坯带加压定型。

3.5 电子陶瓷的烧结过程

烧成，就是使材料具有某种显微组织结构。在烧成过程中，当温度逐渐升高时瓷料内就产生一系列的物理化学变化，最后由松散状态变成像石头一样的致密瓷体。

烧结程度 Z 一般可用烧成前后瓷坯的机械强度或体积密度来表示。如烧结前瓷坯的机械强度以 F_1 表示，烧结后的机械强度以 F_2 表示，烧结前的体积密度以 f_1 表示，烧结后的体积密度以 f_2 表示。则有：

$$Z = C \frac{F_2 - F_1}{F_1} \times \frac{f_2 - f_1}{f_1} \tag{3-9}$$

如体积密度以气孔率表示，则：

$$Z = C \frac{F_2 - F_1}{F_1} \times \frac{\varepsilon_2 - \varepsilon_1}{\varepsilon_2} \tag{3-10}$$

烧结过程中物质传递的机理是相当复杂的，目前在这方面存在着四种说法，分别为流动、扩散、蒸发和凝聚、溶解和沉淀。图 3-32 为这四种烧结机理的示意。

① 流动 流动是指黏滞流动和塑性流动。由于磨细了的粉料具有较高的表面能，温度升高后，粉料的塑性和液相的流动性就大为增加。当包围粉料颗粒的液相，它的表面张力超过颗粒的极限剪应力时，将使颗粒产生形变和流动，导致坯体收缩，直到烧结成致密的瓷坯。热压烧结时，虽然没有液相参加，也会由于外加的应力而使颗粒变形并产生塑性流动。

② 扩散 扩散是指表面扩散和体积扩散。表面扩散是指在表面能的作用下，质点沿着表面而扩散，力图使表面积最小。体积扩散则是由于坯体内有浓度梯度存在，使离子或空位从一个位置迁移到另一个位置。体积扩散主要取道于空位，所以晶粒内缺陷或空位的多寡，对扩散速率的影响很大。通过空位扩散，可以把气孔排除。通过离子扩散，可以形成均匀的固溶体。至于扩散速率，晶界内的扩散要比晶粒内大十几万倍或更多。在液相中的扩散，又要比晶界内大几个数量级。

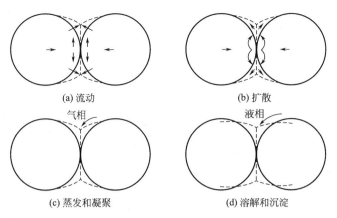

(a) 流动   (b) 扩散

气相   液相

(c) 蒸发和凝聚   (d) 溶解和沉淀

图 3-32　四种烧结机理

③ 蒸发和凝聚　蒸发和凝聚是由粉料颗粒各处的蒸气压不同而引起的。质点一般是从高能量的凸处蒸发，在低能量的凹处凝结。这样就使颗粒的接触面增大，颗粒及气孔的形状改变，导致坯体逐步致密。

④ 溶解和沉淀　溶解和沉淀是指界面能较高的小晶粒中的质点不断在液相中溶解，同时又不断向表面能较低的大晶粒处析出的现象。这一现象必须要有液相存在。

烧结过程并不能简单地归结为上述某一种机理，而是在某一种条件下，某一种机理是主要的，而在另一种条件下，另一种机理又是主要的。

3.5.1　固相烧结

纯氧化物或化合物瓷料是在固相下烧结的。烧结过程主要决定于瓷料的表面能或晶粒的界面能。能量大的物质有降低其能量的趋向，在能量释放过程中，引起了物质的迁移。由于这一过程的进行，使得粉料总表面下降（烧结前后总表面可降低 10^3 数量级）、瓷坯内气孔排除、晶界减少并导致晶粒长大，产生所谓烧结。

（1）扩散

从颗粒间生成颈部直到形成致密的陶瓷坯体的过程，主要是靠质点与空位的扩散来完成的。温度升高，振动的幅度就增大，最后可能有某些高于离开其平衡位置而产生所谓扩散的物质迁移现象，通过扩散使晶粒长大，晶界移动，而导致瓷坯烧结。

对扩散速率有影响的是温度和晶格缺陷。温度愈高扩散愈快。晶格缺陷愈多，表面能愈大，扩散的动力也愈大。

（2）烧结初期

相互接触的颗粒通过扩散使物质向颈部迁移，而导致颗粒中心接近，气孔形状改变并发生坯体收缩。这时颗粒所形成的晶界是分开的，继续扩散，相邻的晶界就相交并形成网络。

在晶界表面张力的作用下，晶界已可移动，开始了正常的晶粒长大。这时初期结束，进入烧结的中期阶段。

（3）烧结中期

烧结中期是晶粒正常长大的阶段。晶粒的长大不是小晶粒的互相黏结，而是晶界移动的结果。形状不同的晶界，移动的情况是不一样的：弯曲的晶界总是向曲率中心移动，曲率半径愈小，移动就愈快。边数大于六边的晶粒易长大，边数小于六边的晶粒则易被吞并（从平面看，当晶界交角为 120° 时最为稳定）。图 3-33 为烧结过程中晶界移动示意。图 3-34 为烧结时多晶体界面的移动情况。

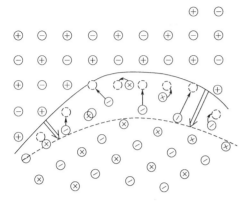

图 3-33　烧结过程中晶界移动示意

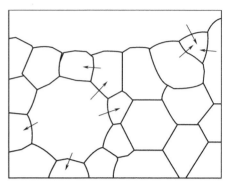

图 3-34　烧结时多晶体界面的移动

由于第二相包裹物（杂质、气孔等）的阻碍作用，当一个晶界向前移动，遇到一粒第二相物质时，为了通过这个障碍就要付出能量。通过以后，补全这段界面又要付出能量。因此，晶粒长到多大，就完全取决于瓷坯中所有第二相包裹物的阻碍作用。

（4）烧结末期

凡是能够排除的气孔都已经从晶界排走，剩下来的都是孤立的、彼此不通的闭口气孔。这些气孔一般可以认为是处在晶界上。

要进一步把这些封闭的气孔排除是困难的，所以这时坯体的收缩和气孔率的下降都比较缓慢，这些就是烧结末期表现出来的现象。

（5）二次重结晶-反常长大

当晶粒的正常长大由于包裹物的阻碍而停止的时候，可能有少数晶粒特别大，边数特别多，晶界的曲率比较大，可能越过包裹物而继续反常长大。

3.5.2　有液相参加的烧结

在电子陶瓷的生产中，有时为了降低烧成温度、扩大烧结范围，反而要加进一些熔剂。成型时为了提高瓷料的塑性而加入的黏土类矿物，在烧成时都能引起液相的生成。

在烧结过程中有液相参加时，晶体的生长以及主要组分的烧结都取决于液相的数量和性质。液相的黏度和表面张力有着很大的影响，当液相少而固相颗粒的表面大时，只能在颗粒表面生成一层很薄的吸附层。当这薄层的厚度超过 100～1000 分子时，在颗粒接触的颈部就生成凹面。在表面张力的作用下，液相就往孔隙充填并把颗粒拉紧在一起，而产生坯体的收缩，如图 3-35 所示。

颗粒在液相的表面张力的作用下相互接触。如某颗粒 A 处（图 3-36）和另一颗粒相接触，B 处为自由端。由于 A 处承受压应力，所以它在液相中的溶解度要比 B 处大。因而颗粒从 A 处溶解，通过液相扩散到 B 处沉淀，导致颗粒长大。

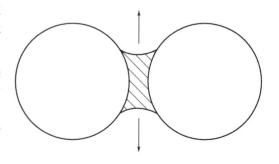

图 3-35　颗粒间的液相使颗粒靠近

3.5.3　影响烧结的因素

（1）生成缺陷结构

对在固相下进行的烧结过程，缺陷结构有利于扩散；对有液相参加的烧结，缺陷结构对溶解和重结晶作用也有利。通过人工的细碎方法也能得到缺陷结构，细碎后的颗粒，由于表面积增大，缺陷也就变多。缺陷多则活性大，升高温度或延长保温时间都有利于烧结。一般当颗粒从 $0.5\mu m$ 到小到 $0.05\mu m$ 时，烧结速度增加 1000 倍，烧成温度降低 $150\sim300℃$。

（2）添加加入物

加入 $1\%TiO_2$，能使 Al_2O_3 的烧结温度降低超过 $100℃$；加入 0.5% 的 CaF_2，可使难以烧结的氧化钍（ThO_2）粉末在 $1400℃$ 下致密。未加入 Al_2O_3 前，显

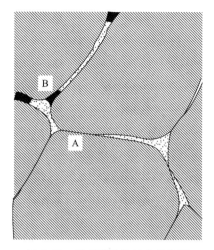

图 3-36　液相对晶粒长大的作用

气孔率高达 19.1%；加入 Al_2O_3 后，显气孔率很快下降到 0.1%，坯体致密，晶粒也长得很大。

加入物促进烧结的原因是：①生成固溶体或缺位；②阻止多晶转变；③抑制晶粒长大；④生成液相；⑤扩大烧结范围。

（3）烧成制度

烧成制度包括烧成温度、保温时间和烧成气氛。

提高烧成温度对固相扩散、液相的重结晶都非常有利，但提高烧成温度可能会引起二次重结晶。对铁电体，尽管电畴发展很好，但非铁电的晶界变宽，阻碍晶粒电畴的贯通。

延长保温时间和增加气氛对扩散过程和重结晶过程都有好处，但可能会促进晶粒长大或二次重结晶。在气氛中烧成，会使晶体生成空位，造成缺陷，利于烧结。一般材料如 TiO_2、BaO、Al_2O_3 等，在还原气氛中，氧可以直接从晶体表面逸出，并与气氛中的氢或一氧化碳生成 H_2O 或 CO_2。这样形成的缺陷结构，利于扩散和烧结。图 3-37 为气氛对氧化铝陶瓷烧结的影响情况。

当样品中含有铅、锂、铋等挥发性物质时，气氛对烧结的影响更为重要。如果烧成时不控制相应的气氛的话，由于瓷坯内这类物质的挥发，大大影响烧结，严重的还会使瓷坯变成多孔状。如果气氛中相应元素的分压控制得不好，略大或略小于瓷坯内该元素的分压的话，就会使瓷坯内该元素增加或减少，而影响化学组成。

（4）预烧的影响

预烧温度偏低时，虽然粉料的颗粒细、活性高、收缩大，但是粒度分布较狭窄。这种粉料压制后生坯的颗粒堆积不够紧密，颗粒间的接触点不够多。预烧温度偏高时，粉料的颗粒粗、活性低，使烧结的动力削弱，瓷坯中易包含较多的大气孔，而影响瓷坯的致密化。只有当预烧温度合适时，才能使粉料既有适当的活性，又有较宽的粒度分布和较多的接触点，而使烧成后的瓷坯具有最高的致密度。图 3-38 为不同温度下预烧处理后的 PZT 粉料在 $1300℃$ 烧成后的体积密度变化情况。

（5）吸附气体的影响

细颗粒从表面能的角度来看，有促进烧结的一面，可是从吸附气体的角度来看，这些被

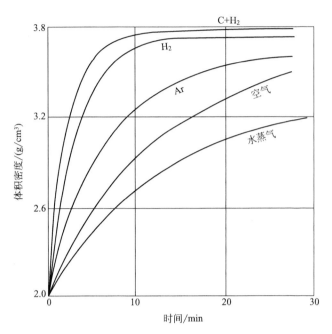

图 3-37　气氛对氧化铝陶瓷烧结的影响（1650℃）

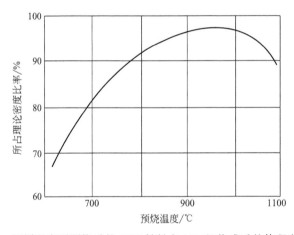

图 3-38　不同温度下预烧后的 PZT 粉料在 1300℃烧成后的体积密度变化

吸附的气体显然不利于颗粒间的接触，有阻碍烧结的一面。

被 PZT 细粉吸附的 H_2O，要在 950℃才能除去。被吸附的气体对热压烧结来说危害尚小，对普通烧结来说，如果没有适当的方法去除被吸附的气体，这种超细粉料就无法投入使用。

（6）过量氧化铅的影响

缺铅或过铅皆会引起性能下降。这是由于非铁电的第二相物质——液相氧化铅或游离氧化锆在晶界析出引起的。在密闭烧成时采用气氛片，缺铅或过铅都能通过气氛片来补偿或吸收。过量氧化铅形成的液相，可以增加反应物的接触面积，并加速烧结过程中物质传输的速度；在烧成的后一阶段，当温度升高后，会促使晶粒长大，致使密度下降。故在密闭烧成时不能采用过量氧化铅促进烧结。

热压工艺能发挥过量氧化铅的作用，在烧结前一阶段利用过量氧化铅的液相作用，在后一阶段挥发掉，不致引起不利影响。

3.5.4 烧成制度的确定

烧成温度过高，容易使瓷坯变形，晶粒粗大，晶界间隙变宽。烧成温度过低，瓷坯又不够致密，晶粒发育不完整，性能达不到要求。烧成温度、保温时间以及晶粒大小和机电性能之间是有一定关系的。拟定烧成制度时主要根据相图、差热曲线、烧成收缩曲线和体积密度进行制定。

① 相图　瓷料在什么温度熔融，熔融物和固相的比例，以及随着温度的变化熔融物和固相在数量上的相对变化，随着温度的变化有什么相析晶出来，又有什么相消失，这些都能从相图上查出来。

例如前面所讲的 $BaO\text{-}TiO_2$ 的二元相图，从这个相图上可以看到，$BaTiO_3$ 在 1618℃ 熔融。BaO 偏多时在 1563℃ 出现液相并同时出现 $2BaO \cdot TiO_2$，TiO_2 偏多时在 1322℃ 出现液相并同时出现 $BaO \cdot 2TiO_2$。

② 差热分析　差热分析受到热电偶测量温度的限制，一般最高只能做到 1400℃（一般只能做到 1200℃ 左右），因此较高温度下的情况就反映不出来。这时就要依靠烧成收缩曲线来决定烧成的温度制度。

③ 烧成收缩曲线　烧成收缩曲线能告诉我们收缩率以及在什么温度下收缩，根据这一点就可以在烧成前确定出生坯的放尺数值并在烧成时烧到这个温度时升温放慢。烧成收缩曲线还能告诉我们烧结的温度范围，因为当收缩停止或减缓时即象征烧结的开始。烧结范围有的瓷料宽，有的瓷料狭窄（滑石瓷就很狭窄），烧结范围狭窄的烧成难控制。图 3-39 为 95％ 氧化铝陶瓷的烧成收缩曲线，由图可知，烧成收缩为 15％ 时，在 1500℃ 开始烧结，收缩集中在 1200～1400℃，一不小心就会变形。

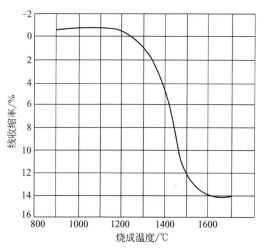

图 3-39　95％氧化铝陶瓷的烧成收缩曲线

3.5.5 烧成过程中出现的一些现象

（1）开裂

开裂的问题对陶瓷来说，是经常碰到的问题。如果开裂发生在低温的话，可能是水分、有机黏结剂的排除过快，只要低温时升温慢些即可解决。引起开裂的一个主要方面是多晶转变的问题。在瓷坯中有玻璃相存在时，对阻止原顽辉石的晶粒长大和多晶转变是有利的。因为玻璃相有抑制晶粒生长的作用，小的晶粒对大晶粒来说由于晶界应力的存在总是较难发生多晶转变的。

最后，由于滑石瓷烧成时生成的玻璃相数量多，冷却时降温速度要慢些，不然玻璃相中的残余应力不易消除，也会导致开裂。

（2）变形

引起变形的因素很多，如瓷坯烧成收缩过大、烧结范围很小以及液相数量较多等等。要解决这些问题，除了在配方上动些脑筋外，主要靠烧成了。

将瓷坯在一定温度下保温若干时间，直到收缩的差不多时再升高温度，烧成收缩曲线就成为图 3-40 中所示的阶梯状。这样将烧成收缩分散在各个温度间隔内，起到消除 1200～1400℃温度范围内收缩过急的现象，因而缓和了瓷坯变形的倾向。实际生产时在 1200～1600℃温度范围内的升温速率控制在每小时 25℃左右。

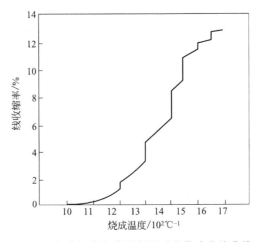

图 3-40　氧化铝陶瓷分段保温时的烧成收缩曲线

大型瓷坯总是比较重的，如果直接放在匣钵上，由于瓷坯与匣钵摩擦力大，会使各部分不能均匀地收缩，即使采用最慢的升温速度也不能烧出形状理想的瓷坯。在瓷坯的两头用相同材料做一个盆形底盖，装配到瓷坯上去，然后放到铺有 Al_2O_3 熟料粉的匣钵中，烧成时使瓷坯和底盖一起自由地收缩，以降低收缩时所产生的阻力，这样烧出来的瓷坯形状就比较理想了。对于细而长的瓷坯来说，烧成时瓷坯靠顶部的扩展部分支撑在耐火砖上，而使下面的瓷坯悬空，因而能自由地收缩而不会变形，用这种方法基本上能烧出 1m 以上的又直又圆的氧化铝管子。图 3-41 为防止氧化铝陶瓷烧成变形的装窑方法。

（3）挥发

表 3-6 为不同温度下氧化铅的蒸气压。PZT 陶瓷以氧化铅为主，由于氧化铅的挥发而使材料结构疏松、组成改变，故烧成工艺复杂。但是当氧化铅配入 PZT 瓷料并和氧化锆、氧化钛等组分化合生成固溶体以后，这时已化合了的氧化铅，它的蒸气压就比上面所列的单纯的氧化铅的蒸气压低。PZT 瓷料中 ZrO_2 含量愈多，铅分压也愈高。这说明 $PbO\text{-}ZrO_2$ 的结合要比 $PbO\text{-}TiO_2$ 的结合弱。

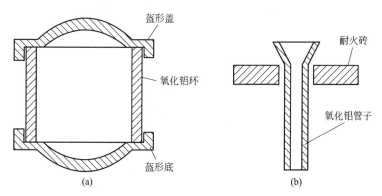

图 3-41　防止氧化铝陶瓷烧成变形的装窑方法

表 3-6　氧化铅的蒸气压

温度/℃	943	1085	1189	1265	1402	1472
蒸气压/mmHg[①]	1	10	40	100	400	700

① 1mmHg＝133.322Pa。

① 氧化铅挥发的大致步骤　在 1140℃以下，氧化铅的挥发量与时间成抛物线关系，在 1140℃以上成直线关系。可以认为：氧化铅的挥发先从坯体内部扩散至表面，然后脱离表面进入空气中。低温时由扩散控制，高温时由表面挥发控制，所以高温时保持充分的氧化铅气氛以抑制表面挥发是很重要的。

② 影响氧化铅挥发的因素　影响氧化铅挥发的因素有游离铅和烧成温度的高低。游离铅是指合成时未反应的氧化铅，比固定铅的挥发强烈得多。防止铅挥发的措施为降低烧成温度（热压）和密闭烧结。

密闭烧成时所用容器必须气密且不与氧化铅气氛发生化学反应。为了弥补铅挥发，就要放入含有 $PbZrO_3$ 的或与瓷料组成相同的气氛片或熟料埋粉，以形成辅助气氛并减少瓷坯的铅挥发。密闭烧成时采用氧化铝坩埚可以得到性能稳定、重复性好的烧结瓷坯。如用超细粉碎的瓷料，烧成温度还可降低到 1220～1290℃，烧成温度范围又有 40～50℃之宽。在这样低的烧成温度下，密闭容器内可不放气氛片。图 3-42 为几种 PZT 陶瓷烧成方法的示意图。

3.5.6　压力烧结

图 3-43 为热压烧结装置。压力烧结的优点是烧结温度低和致密度高。热压烧结促进致密化的机理大概有以下几种：①由于高温下的塑性流动；②由于压力使颗粒重排，使颗粒碎裂以及晶界滑移而形成空位浓度梯度；③由于空位浓度梯度的存在而加速了空位的扩散。一般认为，热压初期主要是颗粒重排和塑性流动，热压后期主要是空位的扩散。

热压的作用有：①热压压力提高烧结温度降低，对控制易挥发组分和易重结晶有好处；②能够通过控制热压温度和热压时间控制晶粒大小；③提高瓷坯的强度。

由于瓷坯在模具中冷却，产生较大的内应力，使铁电性受到破坏，要重新退火才能恢复铁电性。

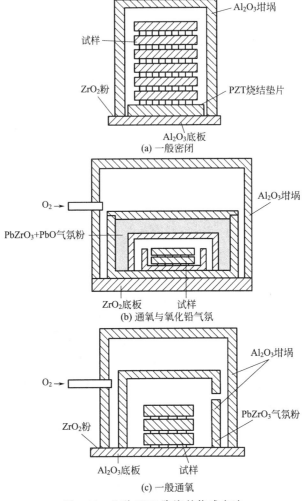

（a）一般密闭

（b）通氧与氧化铅气氛

（c）一般通氧

图 3-42　几种 PZT 陶瓷的烧成方法

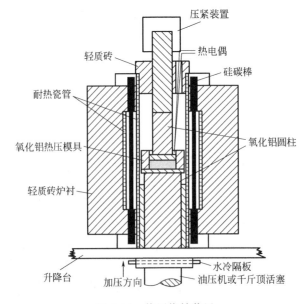

图 3-43　热压烧结装置

3.6 陶瓷材料的表面金属化

陶瓷与金属的封接技术，最早应用于金属陶瓷电子管中，目前它在电子技术中应用范围日益扩大，除用作电子管、晶体管、集成电路、电容器、电阻器等元件外还用于微波设备、电光学装置、其他高功率大型电子装置中。在制造电子陶瓷元器件的时，不能用钎料将陶瓷与金属电极引线直接钎焊，必须先在陶瓷表面形成金属过渡层，这种在陶瓷表面形成金属薄层的工艺称为陶瓷表面金属化。

金属膜常用的材料有钨、钼、钯、银、铜、镍、锡等。金属化的好坏直接关系到电子陶瓷元器件的使用寿命、稳定性和良好性能，例如，金属层与陶瓷表面的结合力低，易造成虚焊或电极早期脱落；钎料对金属层浸蚀过大，导致金属层与陶瓷的脱附；钎料对陶瓷材料的烧渗浸蚀，影响陶瓷器件的性能下降等。所以说，金属化是电陶元器件生产的关键工艺技术之一，它极大程度上决定了陶瓷元器件的品质和档次。

金属膜性能要求：①热稳定性好，能够承受高温和热冲击的作用，具有合适的线胀系数 α_1；②可靠性高，包括足够的气密性、防潮性和抗风化作用等；③电气特性优良，包括耐高电压、抗飞弧，具有足够的绝缘、介电能力等；④化学稳定性高，能耐适当的酸、碱清洗，不分解、不腐蚀。

表面金属化作用主要有：①作为电容器、半导体敏感陶瓷元件等的电极；②集成电路和其他电路用的陶瓷管壳的引出线；③装置陶瓷用作焊接、密封。

目前国内金属化主要采用烧渗法、化学镀法和真空蒸发法等。工业生产中用得最多的是烧渗法。

3.6.1 烧渗法

烧渗法也叫被银法。这种方法是在陶瓷的表面烧渗一层金属银，作为电容器、滤波器的电极或集成电路基片的导电网络。银的导电能力强，抗氧化性能好，在银面上可直接焊接金属。烧渗的银层结合牢固，热膨胀系数与瓷坯接近，热稳定性好。此外烧渗的温度较低，对气氛的要求也不严格，烧渗工艺简单易行。因此它在压电陶瓷滤波器、瓷介电容器、印刷电路及装置瓷零件的金属化上用得较多。

被银法也有缺点，例如金属化面上的银层往往不匀，甚至可能存在单独的银粒，造成电极的缺陷，使电性能不稳定。此外在高温、高湿和直流（或低频）电场作用下，银离子容易向介质中扩散，造成介质的电性能剧烈恶化。因此在上述条件下使用的陶瓷元器件，不宜采用被银法进行表面金属化。

烧渗法制备银电极的主要工序为：①陶瓷的表面处理；②银电极浆料的配制；③印刷或涂覆；④烧渗。

（1）陶瓷的表面处理

在涂覆银浆前，瓷体表面必须进行清洁处理，即用 30～60℃热皂水进行超声波清洗，再用 50～80℃清水冲洗 2～5min，然后在 100～140℃条件下烘干备用。

（2）银电极浆料的制备

不同的电子陶瓷元器件由于用途不同，对电极浆料的性能要求也不相同。常用的银浆有碳酸银浆、氧化银浆和粉银浆，以粉银浆的银含量最高。银浆通常由银或其化合物、胶黏剂和助熔剂组成。银和它的化合物粉料（Ag、Ag_2O、Ag_2CO_3）是银浆的主要成分，它应有足够的细度和化学活性。通常通过化学反应制得银及其化合物粉料。

银电极浆料中的助熔剂主要有 Bi_2O_3、PbB_4O_7 等，主要起到降低银浆烧渗温度的助熔作用，还有增强银层与瓷体表面附着力的作用。硼酸铅的熔点约 600℃，Bi_2O_3 的熔点约 800℃，附着力 Bi_2O_3 优于硼酸铅。

黏结剂在银浆中的作用是使银浆中的各种固体粉末均匀分散，保持悬浮状态，使银浆具有一定的黏度和胶合作用，涂覆时不易流散变形，烘干后成为有一定强度的胶膜，附于瓷体表面不脱落。黏合剂不一定参与银层烧渗的还原过程，在 400℃ 以下就应完全分解挥发。不同的银浆采用不同的黏合剂，这取决于银或银化合物种类、细度和被银工艺的要求等。对黏合剂的要求主要是具有符合要求的悬浮能力、黏结性和挥发性。黏合剂由高分子有机物和有机溶剂两部分组成。常用的黏合剂有松香，多以松节油作为溶剂；乙基纤维素多以松油醇为溶剂；硝化纤维常以乙二醇乙醚或环己酮加香蕉水为溶剂。高分子有机物提供悬浮力和黏结性，有机溶剂影响黏度和干燥能力。

一般银浆配制时进行球磨时间较长，约 48～96h，个别的还达到 168h，以保证使银及其化合物粉末与胶黏剂、助熔剂等混合均匀，符合使用要求。球磨时多用玻璃球或高铝球。

（3）涂覆工艺

被银的方法主要有涂布法、印刷法和喷银法。

涂布法是一种把银浆用毛笔、泡沫塑料笔或抽吸等方法使银浆浸润陶瓷表面的涂覆方法，有手工和机械两种。这种方法对陶瓷件的尺寸和平整度要求不高，适应性强，但被银的质量差，产品合格率低。

印刷法所用设备为丝网印刷机，在自动生产线中应用广泛，印刷一次能获得 10～30μm 厚的银层。印刷法容易实现自动化，产品质量好，合格率高，但对瓷体形状、尺寸要求严格。

喷银法由于银浆浪费严重，很少采用。

（4）烧渗银工艺

烧渗银的目的是在高温下在瓷件表面上形成连续、致密、附着牢固、导电性良好的银层。

烧渗银的工艺过程大致可以分为以下四个阶段。

① 从室温至 400℃ 这一阶段主要是黏合剂的挥发、分解、碳化及燃烧，排出大量气体。并开始发生银的还原，导致大量的热量从瓷片表面被吸走，容易引起瓷片应力加剧，甚至炸裂，胶黏剂的过快挥发，也容易引起银层气泡。因此这一阶段升温要慢，并应加强通风，使有机物充分氧化、燃烧，把大量的气体排出。

② 400～500℃ 这一阶段主要是氧化银的还原过程，气体排出量很少，可较快升温。

③ 由 500℃升至烧渗银终了温度 这一阶段主要是助熔剂熔化，银层本身相互结合，银层与瓷件表面形成良好牢固的结合，大多数瓷介电容器最终烧银温度为（840±20）℃，保温 20min。温度过高，可能会出现飞银，即在瓷件表面形成银珠；温度过低，银层的附着力和可焊性不好。选择最佳烧银温度应以能形成附着力大，可焊性好，表面光亮、致密，导电性良好的银层为依据。

④ 降温冷却过程 通常随炉冷却，主要是防止瓷件炸裂。整个烧渗过程约需 3h 左右。

3.6.2 化学镀镍法

电子陶瓷表面传统的金属化工艺通常采用镀银法,由于该工艺复杂、设备投资大、成本高,而且镀银层的可焊性较差,因此,提出了以化学镀镍代替镀银的工艺。化学镀镍适用于瓷介电容器、热敏电阻及各种装置零件。

化学镀镍是利用氧化剂与还原剂发生反应而析出金属(合金)并沉积在镀件表面上的过程。其优点:①镀层厚度均匀,能使瓷件表面形成厚度基本一致的镀层;②沉积层具有独特的化学、物理和机械性能,如抗腐蚀、表面光洁、硬度高、耐磨良好等;③投资少,简便易行,化学镀不需要电源,施镀时只需直接把镀件浸入镀液即可。

化学镀镍是利用镍盐溶液在强还原剂(次磷酸盐)的作用下,在具有催化性质的瓷件表面上,使镍离子还原成金属、次磷酸盐分解出磷,从而获得沉积在瓷件表面的镍磷合金层。

次磷酸盐的氧化、镍还原的反应式为:

$$Ni^{2+} + 2H_2PO_2^- + 2H_2O \longrightarrow Ni\downarrow + 2HPO_3^{2-} + 4H^+ + H_2 \tag{3-11}$$

次磷酸根的氧化和磷的析出反应式为:

$$2H_2PO_2^- + H^- \longrightarrow 3OH^- + H_2O + 2P\downarrow \tag{3-12}$$

由于镍磷合金具有催化活性,能构成自催化镀,使得镀镍反应得以继续进行。上述反应必须在与催化剂接触时才能发生,当瓷件表面均匀地吸附一层催化剂时,反应只能在瓷件表面发生。瓷件表面均匀地吸附一层催化剂,这是表面沉镍工艺的关键。因此先使瓷件表面吸附一层 $SnCl_2$ 敏化剂,再把它放在 $PdCl_2$ 溶液中,使贵金属还原并附着在瓷件表面上,成为诱发瓷件表面发生沉积镍反应的催化膜。

在吸附着氯化亚锡的瓷件表面上发生 Pd^{2+} 的还原和 Sn^{2+} 的氧化反应如下:

$$SnCl_2 + PdCl_2 \longrightarrow Pd + SnCl_4 \tag{3-13}$$

化学镀的工艺流程如图 3-44 所示。

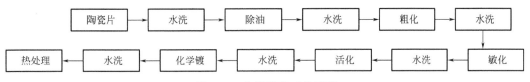

图 3-44　化学镀的工艺流程

表面处理是为了使敏化剂能被均匀地吸附在瓷件表面上,要求对瓷件表面彻底净化和表面粗化;使瓷件表面均匀吸附一层氯化亚锡的工艺称为敏化;将敏化处理后的瓷体浸于活化液中,使瓷件表面沉积一层 Pd,形成诱发镍沉积反应的催化剂层称为活化;热处理是为了提高金属镍层的机械强度和瓷体的结构和瓷体的结合强度。由于化学镀镍层含磷(硼)量的不同及镀后热处理工艺的不同,镀镍层的物理化学特性,如硬度、抗蚀性能、耐磨性能、电磁性能等具有丰富多彩的变化,是其他镀种少有的。所以,化学镀镍的工业应用及工艺设计具有多样性和专用性的特点。与很多技术一样,化学镀镍自身也存在很多缺点:

① 与电镀镍相比,镀液的组成复杂,某些原材料要求较为苛刻;

② 化学镀的操作比较麻烦,镀覆中必须不断进行分析补加,调整 pH;

③ 化学镀溶液本身是一个热力学不稳定体系,容易发生分解等事故;

④ 对比电镀,化学镀的镀速慢,目前大多化学镀的镀速在 $10 \sim 30 \mu m/h$;

⑤ 大多化学镀的工作温度都在 90℃ 左右,维持这个温度也要消耗大量能源;

⑥ 化学镀层的装饰性不如电镀，光亮性不足。

中国的化学镀镍工业化生产起步相对较晚，但近年来发展十分迅速，据第五届化学镀年会发表文章的统计就已经有300多家厂家。据推测，国内目前每年的化学镀镍市场总规模应在300亿元左右，并且以每年10％～15％的速度发展。化学镀镍技术在微电子器件制造业中应用的增长十分迅速。据报道，施乐公司在超大规模集成电路多层芯片的互连和导通孔的充填整平化工艺中，采用了选择性的镍磷合金化学镀技术；其产品均通过了抗剪切强度、抗拉强度、高低温循环和各项电性能的试验。实践说明，化学镀镍技术的应用提高了微电子器件制造工艺的技术经济性和产品的可靠性。

第4章 电介质陶瓷

从电性能的角度分类，可将固体材料分为超导体、导体、半导体和绝缘体。绝缘体（材料）亦称电介质。电介质是在电场中没有稳定传导电流通过而以感应的方式对外场做出相应的扰动物质的统称。电介质的特征是以正、负电荷中心不重合的电极化方式传递、存储或记录电的作用和影响，但其中起主要作用的是束缚电荷。

电介质陶瓷即是指电阻率大于 $10^8\Omega\cdot m$ 的陶瓷材料，能承受较强的电场而不被击穿。无论哪一类电介质陶瓷，其所共有的一般特性为：电绝缘、极化和介电损耗。绝缘性是指电介质陶瓷中正负电荷质点（分子、原子、离子）彼此强烈地束缚，在弱电场的作用下，虽然正电荷沿电场方向移动，负电荷逆电场方向移动，但它们并不能挣脱彼此的束缚而形成电流，因而具有较高的体积电阻率，具有绝缘性。极化是由于电荷的移动，造成了正负电荷中心不重合，在电介质陶瓷内部形成偶极矩，产生了极化，同时在与外电场垂直的电介质陶瓷表面上出现感应电荷。介电损耗是电介质陶瓷的又一特性，任何电介质在电场作用下，总会或多或少的把部分电能转变成热能使介质发热，在单位时间内因发热而消耗的能量称为损耗功率或简称介电损耗。

4.1 电介质陶瓷的分类

电介质陶瓷在静电场或交变电场中使用，评价其特性的主要指标有体积电阻率、介电常数和介电损耗等参数。根据这些参数的不同，可把电介质陶瓷分为电绝缘陶瓷和电容器介质陶瓷两大类。按性质又可分为压电陶瓷、热释电陶瓷和铁电陶瓷等。

4.1.1 电绝缘陶瓷

（1）电绝缘陶瓷的特性

电绝缘陶瓷又称为装置陶瓷，是在电子设备中作为安装、固定、支撑、保护、绝缘、隔离及连接各种无线电子原件及器件的陶瓷材料。具有以下性质：①高的体积电阻率；②介电常数小；③高频电场下的介电损耗要小；④机械强度高；⑤良好的化学稳定性。

（2）电绝缘陶瓷的生产特点

电绝缘陶瓷的性能，主要强调三个方面，即高体积电阻率、低介电常数和低介电损耗。除此之外，还要求具有一定的机械强度。

陶瓷材料是由晶相、玻璃相及气相组成的多相系统，其电学性能主要取决于晶相和玻璃相的组成和结构，尤其是晶界玻璃相中的杂质浓度较高，且在组织结构形成连续相，所以陶瓷的电绝缘性和介电损耗性主要受玻璃相的影响。电绝缘陶瓷材料的导电机制主要是离子导电。离子导电又可分为本征离子导电、杂质离子导电和玻璃离子导电。要获得高体积电阻率的陶瓷材料，必须在工艺上考虑以下几点：

① 选择体积电阻率高的晶体材料为主要相；

② 严格控制配方，避免杂质离子，尤其是碱金属和碱土金属离子的引入，在必须引入

金属离子时，充分利用中和效应和压抑效应，以降低材料中玻璃相的电导率；

③ 由于玻璃的电导活化能小，因此应尽可能控制玻璃相的数量，最好是能够达到无玻璃相烧结；

④ 避免引入变价金属离子，以免产生自由电子和空穴，引起电子式导电，使电性能恶化；

⑤ 严格控制温度和气氛，以免产生氧化还原反应而出现自由电子和空穴，使电性能恶化；

⑥ 当材料中已引入了产生自由电子或空穴的离子时，可添加另一种能产生空穴或自由电子的不等价杂质离子，以消除自由电子和空穴，提高体积电阻率，即通过杂质补偿的方法来控制材料的体积电阻率。

另外，对于绝缘陶瓷还要求低介电损耗，陶瓷损耗的主要来源是漏导损耗、松弛质点的极化损耗及结构损耗。因此，降低材料的介电损耗主要从降低漏导损耗和极化损耗入手，生产低介电损耗电绝缘陶瓷时应在工艺上考虑以下几个方面：

① 选择合适的主晶相；

② 在改善主晶相性质时尽量避免产生缺位固溶体或填隙固溶体，最好形成连续固溶体；

③ 尽量减少玻璃相含量；

④ 防止发生多晶转变，因为多晶转变时晶格缺陷多，电性能下降，损耗增加；

⑤ 注意烧结气氛，尤其对含有变价离子的陶瓷的烧结；

⑥ 控制好最终烧结温度，使产品"正烧"。

电绝缘陶瓷材料按化学组成分为氧化物系列和非氧化物系列两大类。氧化物系主要有 Al_2O_3 和 MgO 等电绝缘瓷等。非氧化物系主要有氮化物陶瓷，如 Si_3N_4、BN、AlN 等。大量应用的多元系统陶瓷主要有 $BaO-Al_2O_3-SiO_2$ 系统、$Al_2O_3-SiO_2$ 系统、$MgO-Al_2O_3-SiO_2$ 系统、$CaO-Al_2O_3-SiO_2$ 系统、$ZrO-Al_2O_3-SiO_2$ 系统。

电绝缘陶瓷中以镁质瓷和氧化铝瓷应用最为广泛。镁质瓷是以含 MgO 的铝硅酸盐为主晶相的陶瓷。按照瓷坯的主晶相不同，它可分为以下四类：滑石瓷、镁橄榄石瓷、尖晶石瓷及董青石瓷。滑石瓷因介电损耗小、电绝缘性能优良且成本较低，是用于射电频段内的典型高频装置瓷。滑石瓷还具有膨胀系数大、热稳定性差、耐热性低等特点，常用于机械强度及耐热性无特殊要求的环境中。滑石为层状结构，滑石粉为片状，有滑腻感，易挤压成型，烧结后尺寸精度高，制品易于进行研磨加工，价格低廉，故滑石瓷实际应用最多，如应用于一般高频无线电设备中，如雷达、电视机等常用它来制造绝缘零件。滑石瓷的配方中，主要原料是滑石。为改进生坯加工性能及瓷件质量，常引入一些外加剂。例如，为增加塑性及降低烧结温度可加入适量黏土；碱土金属氧化物可以改善滑石瓷的电性能；硼酸盐可大幅度降低烧结温度；氧化锆和氧化锌能提高材料机械强度。镁橄榄石瓷的介质损耗低，比体积电阻大，可作为高频绝缘材料。董青石瓷热膨胀系数很低，热稳定性好，可用于要求体积不随温度变化、耐热冲击的绝缘材料或电热材料。

氧化铝瓷是一类电绝缘性能更佳的高频、高温、高强度装置瓷，主晶相为 Al_2O_3。其电性能和物理性能随 Al_2O_3 含量的增多而提高。常用的有含 75%、95%、99% Al_2O_3 的高铝氧瓷。在一些要求极高的集成电路中，甚至还使用 Al_2O_3 含量达 99.9% 的纯刚玉瓷，其性质与蓝宝石单晶相近。高铝氧瓷，尤其是纯刚玉瓷的缺点是制造困难、烧成温度高、价格贵。

装置瓷中还有一类以氧化铍（BeO）为代表的高热导瓷。含 BeO 95％的氧化铍瓷的室温热导率与金属相同。氧化铍还具有良好的介电性、耐温度剧变性和很高的机械强度。其缺点是 BeO 原料的毒性很大，瓷料烧成温度高，因而限制了它的应用。氮化硼（BN）瓷和氮化铝（AlN）瓷也属于高热导瓷，其导热性虽不及氧化铍瓷，但无毒，加工性能和介电性能均好，可供高频大功率晶体管和大规模集成电路中作散热及绝缘用。

近年来，研制出一类以 SiC 为基料，掺入少量 BeO 等杂质的热压陶瓷。这种陶瓷绝缘性能优良，热导率高于纯度为 99％的氧化铍瓷。它的热膨胀系数与硅单晶可在宽温度范围内接近一致，可望在功率耗散较大的大规模集成电路中得到应用。

用作碳膜和金属膜电阻器基体的低碱长石瓷也是一类重要而价廉的装置瓷，但其介质损耗较大，不宜在高频下使用。

4.1.2　电容器介质陶瓷

电容器介质陶瓷是指主要用来制造电容器的陶瓷介质材料。早在 19 世纪，人们就开始了对电容器的研究，先后出现了以各种材料为介质的电容器：有机介质电容器、无机介质电容器、电解电容器和可变电容器。其中无机介质电容器按其介质不同又可分为：云母电容器、陶瓷介质电容器、独石电容器、玻璃釉电容器等。其中陶瓷电容器以其体积小、容量大、结构简单、耐高温、耐腐蚀、高频特性优良、品种繁多、价格低廉、便于大批量生产而广泛应用于家用电器、通信设备、工业仪器仪表等领域。陶瓷电容器的外形以片式居多，也有管形、圆片形等形状。

陶瓷电容器是目前飞速发展的电子技术的基础之一，今后，随着集成电路（IC）、大规模集成电路（LSI）的发展，可以预计，陶瓷电容器将会有更大的发展。近十年来，电子线路的小型化、高密度化有了明显的发展，而且元器件向着芯片化、自动插入线路板的方向发展。因此，对电容器小型化、大容量的要求越来越高，迫切需要研制新的电容器陶瓷材料。

陶瓷电容器按其用途可分为低频高介电容器瓷、高频热补偿电容器瓷、高频热稳定电容器瓷和高压电容器瓷等。按其结构和机理可分为单层和多层（即独石电容器），以及内边界层陶瓷电容器。若按制造这些陶瓷电容器的材料性质则可分为以下四大类。

① 第一类为非铁电电容器陶瓷，属于 I 类电容器瓷，主要用于制造高频电路中的高稳定性陶瓷电容器和温度补偿电容器。这类陶瓷最大的特点是高频损耗小，在使用的温度范围内介电常数随温度呈线性变化。非铁电陶瓷电容器在槽路中不仅起谐振电容的作用，而且还以负的介电常数温度系数值补偿回路中的电感或电阻的正的温度系数值，以维持谐振频率的稳定，故也有人称之为热补偿电容器陶瓷。

② 第二类为铁电电容器陶瓷，属于 II 类电容器瓷，主要用于制造低频电路中的旁路、隔直流和滤波用的陶瓷电容器。主要特点是：介电常数随温度呈非线性变化，损耗角正切值较大，且 $\tan\delta$ 及 ε 随温度的变化率较大，具有很高的介电常数（$\varepsilon=1000\sim30000$），故又称之为强介电常数电容器陶瓷（强介瓷），是制造高比容电容器的重要电介质材料之一，电容量可高达 $0.45\mu F/cm^2$，适合于制作小体积、大容量（几千至几万皮法）的低频电容器。目前已经得到广泛使用的这类材料，主要是以 $BaTiO_3$ 为基础成分，具有钙钛矿结构的多种固溶体陶瓷，通过掺杂改性而得到的高 ε（室温下可达 20000）和较低温度变化率低的瓷料。以平缓相变型铁电体铌镁酸铅（$PbMg_{1/3}Nb_{2/3}O_3$）等为主成分的低温烧结型低频独石电容器瓷料，也是重要的低频电容器瓷。

③ 第三类为反铁电电容器陶瓷，反铁电体的晶体结构与同型铁电体相近，但相邻离子沿反平行方向产生自发极化，所以单位晶胞中总的自发极化为零，特点是具有双电滞回线，是一种优良的储能材料，利用反铁电相-铁电相的相变可作储能电容器应用。目前，反铁电储能陶瓷材料的组成主要是 $PbZrO_3$ 或以 $PbZrO_3$ 为基的固溶体为主晶相而组成，典型的如以 $Pb(Zr，Ti，Sn)O_3$ 固溶体为基础，采用 La^{3+} 替代部分 Pb^{2+}，或用 Nb^{5+} 替代部分 $(Zr，Ti，Sn)^{2+}$，获得两个系列的材料，供实际应用。

④ 第四类为半导体电容器陶瓷，利用半导体化的陶瓷外表面或晶粒间的内表面（晶界）上形成的绝缘层为电容器介质的电子陶瓷。具有非常大的比体积电容量（MF/cm^3），主要用于制造汽车、电子计算机等电路中要求体积非常小的陶瓷介质电容器，其特点是该陶瓷材料的晶粒为半导体，利用陶瓷的表面与金属电极间的接触势垒层或晶粒间的绝缘层作为介质，因而这种材料的介电常数很高，约 $7000\sim100000$ 以上，甚至可达 $3\times10^5\sim4\times10^5$。这类电容器的结构类型主要有晶界层（BLC）和表面阻挡层（SLC）两种。其中利用陶瓷晶界层的介电性质而制成的边界层电容器是一类新型的高性能、高可靠的电容器，它的介电损耗小、绝缘电阻及工作电压高。半导体电容器瓷主要有 $BaTiO_3$ 及 $SrTiO_3$ 两大类。在以 $BaTiO_3$、$SrTiO_3$ 或二者固溶体为主晶相的陶瓷中，加入少量主掺杂物（如 Dy_2O_3 等）和其他添加物，在特殊的气氛下烧成后，即可得到 N 型半导体陶瓷。然后，再在表面上涂覆一层氧化物浆料（如 CuO 等），通过热处理使氧化物向陶瓷的晶界扩散，最终在半导体的所有晶粒之间形成一绝缘层。这种陶瓷的介电常数极高（可达 10^5 以上）、介质损耗小（小于 1%）、体电阻率高（高于 $10^{11}\Omega\cdot cm$）、介质色散频率高（高于 $1GHz$）、抗潮性好，是一种高性能、高稳定的电容器介质。半导体陶瓷电容器是近年来才生产与广泛使用的，它的生产过程和常规陶瓷电容器有较大差别。

本章重点介绍电容器介质陶瓷的组成、结构、性能特点及应用。

4.2 非铁电电容器介质陶瓷

非铁电电容器陶瓷主要用于制造高频电路中使用的陶瓷介质电容器，高频下的介电常数约为 $12\sim900$，介质损耗小，一般介电常数的温度系数为负数，可以补偿电路中电感或电阻的正温度系数，维持谐振频率稳定。构成这类陶瓷的主要成分大多是碱土金属或稀土金属的钛酸盐和以钛酸盐为基的固溶体（参见表 4-1）。

表 4-1 高频电容器陶瓷的成分与性能

高频电容器瓷料	主 要 成 分	主要介电性质		
		$\varepsilon(20℃，1MHz)$	$\tan\delta(1MHz)$	$\alpha_\varepsilon/10^{-6}℃^{-1}$
金红石瓷	TiO_2	80	$<7\times10^{-4}$	-750 ± 100
钛酸钙瓷	$CaTiO_3$	150	$<6\times10^{-4}$	-1300 ± 200
钛酸镁瓷	Mg_2TiO_4	$13\sim33$	$<2\times10^{-4}$	$-33\sim+33$
锡酸钙瓷	$CaSnO_3$	16	$<3\times10^{-4}$	$-47\sim+33$
锆钛酸钙瓷	$CaZrO_3$-$CaTiO_3$	$25\sim33$	$3\times10^{-4}\sim5\times10^{-4}$	$-180\sim+50$
锶铋钛瓷	$SrTiO_3$-Bi_2O_3-$nTiO_2$	$250\sim900$	$6\times10^{-4}\sim8\times10^{-4}$	$-2200\sim-5600$
四钛酸钡瓷	$BaO\cdot4TiO_2$	40	2×10^{-4}	0

选用不同的陶瓷成分可以获得不同介电常数、介质损耗角正切 $\tan\delta$ 和介电温度系数 α_ε 的高频电容器瓷料，用以满足各种温度补偿的需要。表 4-1 中的四钛酸钡瓷不仅是一种热稳定性高的电容器介质，而且还是一种优良的微波介质材料。

非铁电高介电电容器陶瓷的品种繁多。按照材料介电系数和温度系数的大小，可分为高频热补偿型（温度补偿型）电容器陶瓷、高频热稳定型（温度稳定型）电容器陶瓷以及微波电容器陶瓷三类。

4.2.1 温度补偿电容器陶瓷

高频热补偿电容器陶瓷是用来制造补偿回路和元件的温度系数的电容器的介质材料。因此，它具有很大的负值，用来补偿回路中电感的正温度系数，以使回路的谐振频率保持稳定。这类瓷料的介电常数大，性能稳定，而且可通过组成的调整，使介电常数的温度系数灵活地变化。

（1）金红石瓷

金红石瓷是一种利用较早的高介电材料，其主晶相为金红石（TiO_2），TiO_2 的活性、晶粒大小及烧结温度与预烧温度有关。另外加入的高岭土、膨润土，一方面可增加可塑性，另一方面可降低烧结温度。

（2）钛酸钙陶瓷

钛酸钙陶瓷是目前大量使用的材料，它具有较高的介电常数和负温度系数，可以制成小型高容量的高频陶瓷电容器，用作容量稳定性要求不高的高频电容器，如耦合、旁路、储能、隔直流电容器等。

钛酸钙陶瓷在烧结过程中加入少量二氧化锆不仅能降低烧结温度、扩大烧结范围，且能有效阻止钛酸钙高温下晶粒长大。

4.2.2 热稳定型电容器陶瓷

高频热稳定型电容器陶瓷的主要特点是介电系数的温度系数的绝对值很小，有的甚至接近于零。属于这一类瓷料的有钛酸镁瓷、锡酸钙瓷等。

4.2.3 微波电容器陶瓷

微波电介质陶瓷主要用于制作微波滤波器。随着微波通信、汽车电话、卫星通信等领域的飞速发展，微波电路日趋集成化、小型化，迫切需要小型、高质量的微波滤波器。因此对微波介电材料提出了更高的要求：①介电常数高；②介电常数的温度系数 α 小，最好接近于零，以确保微波谐振器的高度频率稳定性；③介电损耗低，在几吉赫兹（GHz）频率范围内，有很高的 Q 值。$Ba_2Ti_9O_{20}$ 瓷是一种较理想的微波介质材料，已成功地代替了铜波导和殷钢波导，制成了高性能、小体积的新型微波器件。最近几年来国内外对微波介质材料的研究非常活跃，对钙钛矿型结构的固溶体如 BZT-BZN、BZN-SZN、BST、BZNT 等的研究很多，新的性能优良的微波介质材料在不断出现。

4.3　铁电电容器介质陶瓷

铁电陶瓷是指具有自发极化，且这种自发极化能为外电场转向的一类陶瓷，其特点是介电常数呈非线性而且比较高，又称强介电瓷。在铁电介质陶瓷中，以钛酸钡（$BaTiO_3$）或钛酸铅基固溶体为主晶相的铁电陶瓷是铁电介质陶瓷最重要的类型。本章以钛酸钡基铁电陶瓷为例，讲解铁电介质陶瓷的基本理论和工艺知识。

4.3.1 $BaTiO_3$晶体的结构和性质

陶瓷材料的性质与其主晶相的性质密切相关，因此首先要了解钛酸钡晶体的结构和性质。

（1）$BaTiO_3$晶体的原子结构

① 结构特点　已知$BaTiO_3$的晶体结构有六方相、立方相、四方相、斜方相和三方相。它们的稳定温度范围如下：

$$\text{六方相} \underset{120℃<T<1460℃}{\rightleftharpoons} \text{立方相} \underset{5℃<T<120℃}{\rightleftharpoons} \text{四方相} \underset{-90℃<T<5℃}{\rightleftharpoons} \text{斜方相} \underset{T<-90℃}{\rightleftharpoons} \text{三方相}$$

在铁电陶瓷的生产中，六方晶相是应该避免出现的晶相，实际上，也只有烧成温度过高时才会出现六方钛酸钡。立方相、四方相、斜方相和三方相都属于钙钛矿结构的变体。钙钛矿结构的化学分子式为ABO_3，其中A代表二价或一价金属，B代表四价或五价金属；其结构特点是具有氧八面体结构，在氧八面体中央为半径较小的金属离子，而氧又被挤在半径较大的金属离子中间。

$BaTiO_3$的稳定态——立方$BaTiO_3$的结构是理想的钙钛矿（$CaTiO_3$）型结构。在立方$BaTiO_3$晶体中，由Ba^{2+}与O^{2-}一起立方堆积，氧形成氧八面体，Ti^{4+}处于氧八面体中心，二价金属离子Ba^{2+}位于氧八面体之间的间隙里，其结构如图4-1所示。每个晶胞中含有一个分子单位，配位数为12，6，6。如果以Ba^{2+}作为原点，各离子的空间坐标为：Ba^{2+}（0，0，0）；Ti^{4+}（1/2，1/2，1/2）；O_I（1/2，1/2，0），O_{II}（1/2，0，1/2）和（0，1/2，1/2）。其中，氧离子半径较小，氧的离子半径$R_O=1.33Å$（$1Å=0.1nm$）。四价金属离子Ti^{4+}半径$R_{Ti}=0.64Å$。二价金属离子Ba^{2+}半径较大，$R_{Ba}=1.43Å$。立方$BaTiO_3$的边长约为$0.4nm$。$R_O+R_{Ti}=1.33Å+0.64Å=1.97Å$，而$R_{Ba}$大，故氧八面体间隙大，$Ti^{4+}$—$O^{2-}$间距大，使得四价金属离子$Ti^{4+}$在氧八面体中具有一定的活动性，$Ti^{4+}$能在氧八面体中振动。这是其在温度处于120℃以下显示出铁电性、具有相变和自发极化的主要原因。

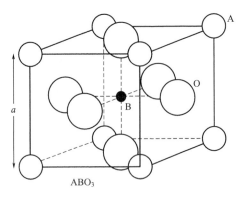

图4-1　$BaTiO_3$的晶体结构

A—钡离子；B—钛离子；O—氧离子

② 相变与自发极化　钙钛矿结构的铁电晶体其顺电-铁电相变都是属于位移相变，而$BaTiO_3$是位移型铁电体的典型代表。在温度介于120～1460℃时，$BaTiO_3$属于立方

晶系，不具有铁电性。温度降至 120℃ 时，其结构转变为四方晶系（BaTiO₃ 铁电相变的微观理论首先是从离子位移模型出发而建立起来的），同时也由顺电相转变为铁电相。

当 BaTiO₃ 的结构从立方相转变到四方相时，Ti、O 等离子都产生偏离原来平衡位置的位移。若取立方相的平衡位置作参考，钡离子位置作坐标原点，用 δZ_{Ti} 表示 Ti 沿 c 轴位移；$\delta Z_{O_I} \delta Z_{O_{II}}$ 分别表示在（001）面上的氧离子 O_I 和（010）、（100）面上的氧离子 O_{II} 沿轴 c 方向的位移，则在四方相原胞中各离子的位置坐标为：Ba（0，0，0）；Ti（1/2，1/2，$1/2+\delta Z_{Ti}$）；O_I（1/2，1/2，δZ_{O_I}）；O_{II}（1/2，0，$1/2+\delta Z_{O_{II}}$）和（0，1/2，$1/2+\delta Z_{O_{II}}$）。图 4-2 所示为四方钛酸钡晶体在（010）面上的投影，从图 4-2 可见，当 BaTiO₃ 的结构从立方相转变到四方相时，Ti、O 等离子都产生偏离原来平衡位置的位移。Ti 沿 c 轴正向移动，O_I 沿 c 轴负向移动，因而 Ti 和"上"方 O_I 间距缩短，和"下"方的 O_I 间距伸长。把 O_{II} 的位置取在 $c/2$ 处作为相对位移的基准。c 轴略有伸长，$c/a \approx 1.01$。钛离子和氧离子沿 c 轴方向产生了离子位移极化，这种极化是没有外电场作用下，自发进行的，是由于晶胞本身结构的原因导致晶胞中正负电荷中心不重合，即原晶胞中具有一定的固有偶极矩，这种极化形式通常称为自发极化。自发极化沿 c 轴方向，并具有明显的铁电性质。

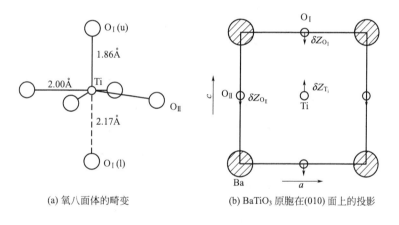

(a) 氧八面体的畸变　　　　　(b) BaTiO₃ 原胞在(010) 面上的投影

图 4-2　BaTiO₃ 四方相的晶格畸变

自发极化和铁电性产生的原因为：当 $T>120℃$ 时，氧八面体中的 Ti^{4+} 向各个方向振动偏离中心的概率相同，对称性高，为顺电相。当 $T<120℃$ 时，Ti^{4+} 由于热胀落，偏离一方，形成偶极矩，按氧八面体三组方向相互传递，偶合，形成自发极化电畴。

当温度降至 0℃（±5℃）附近，晶格结构转变为斜方晶系，具有铁电性，自发极化沿原来立方晶胞的 [011] 方向。通常把斜方晶系的 a 轴取在极化方向上，斜方晶系的 b 轴取相邻立方晶胞的 [01$\bar{1}$] 方向，并与 a 轴垂直，c 轴垂直于 a 轴和 b 轴并平行于原立方晶胞 [100] 方向。当温度降至 -80℃ 时，晶格结构变为三方晶系，仍具有铁电性，自发极化沿原立方晶胞的 [111] 方向。三方晶胞的三个边相等，$a=b=c$，$\alpha=89°52'$。图 4-3 所示为 BaTiO₃ 的四种晶型元胞。BaTiO₃ 在不同温度范围内的单位晶胞和自发极化方向的改变情况参见图 4-4。图 4-4（a）为 BaTiO₃ 立方相晶胞，不存在自发极化，$P_s=0$。图 4-4（b）为 BaTiO₃ 四方相晶胞，自发极化方向 [001]，沿 c 轴方向，晶格畸变，产生自发极化，P_s

[001]。图 4-4(c) 为 BaTiO₃ 斜方相晶胞，自发极化方向 [011]，沿立方面对角线方向，晶格畸变，产生自发极化，P_s [011]。图 4-4(d) 为 BaTiO₃ 三方相晶胞，自发极化方向 [111]，沿立方体对角线方向，晶格畸变，产生自发极化，P_s [111]。图 4-4(b)～图 4-4(d) 中的虚线表示原顺电相时的立方晶胞，图中箭头表示自发极化的方向。

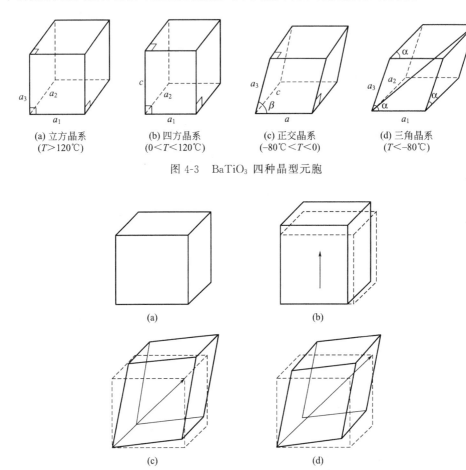

(a) 立方晶系　　(b) 四方晶系　　(c) 正交晶系　　(d) 三角晶系
(T>120℃)　(0<T<120℃)　(-80℃<T<0)　(T<-80℃)

图 4-3　BaTiO₃ 四种晶型元胞

(a)　　　　　(b)

(c)　　　　　(d)

图 4-4　BaTiO₃ 铁电相不同温度时的晶胞及极化强度

以上介绍的是钛酸钡各变体的结构和产生自发极化的方向。自发极化的程度可用自发极化强度来衡量，在垂直于极化轴的表面上，单位面积的自发极化电荷量称为自发极化强度。它是一个矢量，用 P_s 表示，其单位为 C/m²。

图 4-5 给出了钛酸钡各变体的晶格参数随温度的变化，从图中能够看出，晶体从立方相转变为四方相时，c/a 轴率升高，大于 1，体积膨胀。

(2) BaTiO₃ 晶体的电畴结构

① 基本定义　BaTiO₃ 晶体是由无数的 BaTiO₃ 晶胞组成的，当立方 BaTiO₃ 晶体冷却至 120℃ 以下，晶体结构稍有畸变，转变为四方结构，出现自发极化，BaTiO₃ 晶体的自发极化强度并非整个晶体为同一方向，对于原立方晶胞的三个晶轴来说，自发极化可以沿任一个晶轴进行，任何一个轴都可以略有伸长，成为极化轴，即 c 轴。一部分相互邻近的晶胞步调一致地沿某个晶轴方向进行自发极化 P_s，另有一部分相互邻近的晶胞则步调一致地沿着另外的晶轴方向进行自发极化。这样，当 BaTiO₃ 转变为四方相后，晶体包括许多不同方向

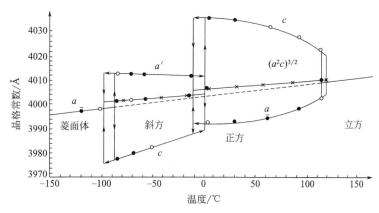

图 4-5　BaTiO₃ 晶体不同温度下的晶格常数

的自发极化区域。这些小区域是由许多自发极化相同的晶胞组成的。晶体中这种由晶胞组成的具有相同自发极化方向的小区域称为电畴。

如果晶体在某个温度范围内不仅具有自发极化强度（无外加电场时的极化强度），而且自发极化强度的方向能随外电场的作用而重新取向，这类晶体称为铁电体，晶体的这种性质称为铁电性。具有相同自发极化方向的小区域也叫作铁电畴。铁电体只在某一温度范围内才具有铁电性，它有一临界温度 T_c。当温度高于 T_c 时，铁电（或反铁电）相转变为顺电相，自发极化（铁电畴结构）消失。这个临界温度 T_c 就称为铁电（或反铁电）陶瓷的居里温度（curie temperature）。通常认为晶体的铁电结构是由其顺电结构经过微小畸变而得，所以铁电相的晶格对称性总是低于顺电相的对称性。如果晶体存在两个或多个铁电相时，只有顺电-铁电相变温度才称为居里点；晶体从一个铁电相到另一个铁电相的转变温度称为相变温度或过渡温度。

铁电体的介电性质、弹性性质、光学性质和热学性质等在居里点附近都要出现反常现象，其中研究的最充分的是“介电反常”。因为铁电体的介电性质是非线性的，介电常数随外加电场的大小而变，所以一般用电滞回线中在原点附近的斜率来代表铁电体的介电常数，实际测量介电常数时外加电场很小。大多数铁电体的介电常数在居里点附近具有很大的数值，其数量级可达 $10^4 \sim 10^5$，此即铁电体在临界温度的“介电反常”现象。

② 电畴排列方式　BaTiO₃ 晶体转变为四方结构，自发极化方向虽然可以沿不同方向进行，但是都必须与原来三个晶轴的方向相应，所以四方 BaTiO₃ 单晶中，相邻电畴的自发极化方向只能交成 180°或 90°。电畴的排列方式分为 180°电畴（反平行）和 90°电畴，如图 4-6 所示。每一个方块代表一个晶胞，其中箭头为自发极化的方向，具有相同 P_s 方向的晶胞组成的小区域称为电畴。两电畴间的分界面称为畴壁。称 P_s 方向相反的两电畴为 180°畴，其界面为 180°畴壁。而 P_s 方向为 90°的称为 90°畴壁。90°畴壁两边的电畴方向通常是首尾相接的，这种排列对应于能量的较低状态。

应该注意，90°畴壁两边的电畴，自发极化方向的交角（即 90°畴壁两边的四方晶胞 c 轴的交角）并不恰好是 90°，在室温下实际为 88°26′，而且随四方钛酸钡轴率 c/a 变化而变化，可以利用图 4-7 对这一情况进行简单说明。假设一立方钛酸钡单晶，在居里温度以下时，发生自发极化出现电畴，若晶体变成只有两个电畴的双畴晶体，则存在两种情况，一种是形成 180°畴壁，这时晶体在 c 轴方向（自发极化方向）伸长，在 a 轴方向相应缩短，晶体外形由

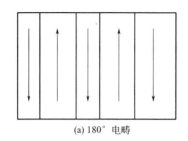 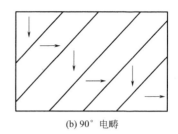

(a) 180° 电畴   (b) 90° 电畴

图 4-6　$BaTiO_3$ 单晶中电畴的排列方式

立方相转变为四方相。第二种情况是形成 90°畴壁，这两个 90°相交的电畴将沿各自的自发极化方向作相应的伸长，各电畴的 a 轴相应缩短。这样形成的 90°电畴的交角 2θ 不再是 90°而是 88°26′。这种晶格上的畸变会使得晶体内部及 90°畴壁上产生内应力，而应力大小与轴率密切相关。轴率越大，应力也越大。实际钛酸钡晶体在冷却到居里温度以下要转变为多畴晶体，在晶体内部要相应的产生内应力。了解这种性质，可以更好的理解铁电陶瓷的一系列性质。

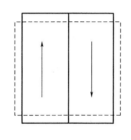 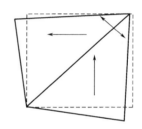

图 4-7　相邻电畴的畴壁交角

一般情况下，一个铁电晶体内部，反方向分布的电畴，自发极化强度可以相互抵消，因而不加电场时，整个晶体总电矩为零。

（3）钛酸钡晶体的介电温度特性

图 4-8 所示为钛酸钡单畴晶体相变及介电常数随温度的变化情况，由图可知以下几点。

① $BaTiO_3$ 晶体的介电常数很高，在 a 轴方向测得的数值远高于 c 轴方向测得的数值，高介电常数与铁电晶体的自发极化和电筹结构有关。a 轴方向与 c 轴方向介电常数的巨大差异表明在电场作用下，钛酸钡中离子沿 a 轴方向具有更大的可动性。

② 相变温度附近，介电常数均具有峰值，在居里温度下的峰值介电常数最高。这与相变温度附近离子具有较大可动性，在电场作用下易于使晶体中的电畴沿电场方向取向有关。

③ 与相变（晶型转变）的热滞现象相应，介电常数随温度变化时也存在热滞现象。

④ 介电常数随温度的变化不呈直线关系，而呈现出非常明显的非线性。

$BaTiO_3$ 或 $BaTiO_3$ 基固溶体是 $BaTiO_3$ 基铁电介质瓷的主晶相，所以 $BaTiO_3$ 陶瓷的性质，很大程度上是由 $BaTiO_3$ 晶体的性质决定的，但又有其独有特性，下面介绍 $BaTiO_3$ 基陶瓷材料的组成结构和性能特点，并说明其与主晶相性质的异同。

4.3.2　$BaTiO_3$ 基铁电陶瓷的结构和性质

陶瓷材料的性能是由陶瓷的相组成和组织结构决定的，无论是设计配方还是改进生产工

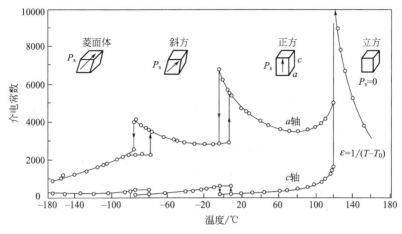

图 4-8 BaTiO$_3$ 的相变及介电常数的温度特性关系

艺、优化工艺参数，都需要了解陶瓷组成、结构和性质间的内在联系和基本规律，掌握这些基础知识，才能够根据实际应用的需要调整配方和调整温度制度等主要工艺参数，制得符合要求的产品。

（1）BaTiO$_3$ 基陶瓷的一般结构

陶瓷原料是由众多具有一定粒度组成的粉体组成的，在烧结过程中形成许多结晶中心，晶核长大后形成晶粒，它们相遇后形成晶粒间界（晶界），晶界和相界（不同晶向间的界面）为原子无序区，也是高能量部位，它影响功能陶瓷中发生的许多功能过程。人们常把晶界看作为显微结构中最活跃的部分，它是烧结中的主要扩散通道，它为组织致密化及晶粒生长提供推动力。此外，在烧成降温阶段中，因为溶解度随温度的下降而减小，因此有些元素会在此区间沉降或析出，称为偏析（segregation），晶界区元素的偏析量可比晶粒内大 100～1000 倍。偏析现象对陶瓷材料的烧成和性能有很大影响，人为的调节偏析进程可有效改善材料的性能，甚至可开发出新材料。除偏析外，显微结构内存在晶界第二相，第二相可能是玻璃相，也可能是晶相，合适的第二相可降低烧成温度，阻止晶型转变，抑制或促进晶粒生长，获得细晶结构及所需性能。BaTiO$_3$ 陶瓷是由许多微小的钛酸钡晶粒构成的集合体。晶粒粒径一般为 3～10μm，每个晶粒包含若干个晶胞，这些晶胞会自发极化形成极化方向不同的电畴，所以每个晶粒包括若干个电畴。晶粒与晶粒之间存在着晶界层或边界层。晶粒和晶界层或边界层就构成了陶瓷的整体结构。晶粒尺寸的大小以及晶界层或边界层的组成结构和性质是影响陶瓷材料性能的主要因素。

（2）BaTiO$_3$ 基陶瓷的电致伸缩和电滞回线

铁电体未加电场时，由于自发极化取向的任意性和热运动的影响，宏观上不呈现极化现象，$\sum P_s = 0$。当加上外电场时，在电场作用下，每个晶粒中的电畴都力求沿电场方向取向，这样，各个晶粒变成了电畴的方向大致沿电场方向取向的一个个单畴晶粒，晶粒中沿几个晶轴方向随机取向的电畴，在电场作用下大致沿电场方向取向的同时，必然伴随着晶粒沿电场方向的伸长和在垂直电场方向的收缩（这是由于 c 轴为极化轴，极化时 c 轴伸长、a 轴缩短所决定的）。各晶粒在电场作用下的这种沿电场方向的伸长和垂直电场方向的收缩，就导致了整个陶瓷试样沿电场方向的伸长和在垂直电场方向的收缩。这就是 BaTiO$_3$ 基铁电陶瓷的电致伸缩现象。在晶粒和晶体产生这种伸缩的同时，相应要在晶体内产生内应力，若撤掉外电场，则沿电场取向的电畴会部分地偏离原来的电场方向，以使陶瓷中（包括晶界和晶粒中的）的内应力得到缓冲，这会导致陶瓷材料与施加外电场情况相反的伸缩，所以电致伸缩也称为电致应变。此时，各晶粒的自发极化强度向量和不再为零，会有一个"剩余极化强度" P_r，即 $\sum P_s = P_r$。同时试样纵向上仍然存在着"剩余伸长"，而在横向上仍然存在着"剩余收缩"。如果对具有"剩余收缩"的试样，再逐渐施加一个与原电场反向的外电场，则试样在纵向和横向仍会出现电致应变。横向的电致应变以 S_1 表示（$S_1 = \Delta L_1 / L_1$），纵向的电致应变以 S_3 表示（$S_3 = \Delta L_3 / L_3$）。铁电陶瓷材料的电致伸缩效应是电介质在外电场的诱导极化作用下产生形变的现象，该形变与电场方向无关，形变大小近似与电场强度的平方成正比，而不是线性关系。如果对钛酸钡基铁电陶瓷施加足够高的交变电场，则陶瓷材料的电致应变随电场方向的变化规律如图4-9所示。由图4-9可见，铁电体的应变与电场强度之间呈蝶性回线，其中虚线表示交变电场作用时，首轮应变与电场强度之间的变化关系曲线。

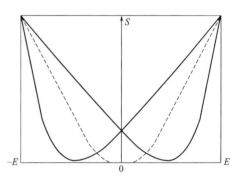

图 4-9　应变与电场强度之间的非线性关系

极化强度 P 和外电场强度 E 间的关系构成电滞回线，如图4-10所示。当外电场为零时，晶体中各个电畴的极化方向任意取向，晶体的总电偶极矩为零。当外电场逐渐增加，自发极化方向与电场方向相反的那些电畴体积将由于电畴的反转而逐渐减小。与电场方向相同的电畴则逐渐扩大，于是晶体在外电场的作用下极化强度随外电场的增加而增加，如图 4-10 中 OA 段曲线所示。当电场增大到足够使晶体中的所有反向电畴均反转到与外电场方向相同后，晶体变成单畴体，晶体的极化达到饱和，这相当图 4-10 中 C 附近的部分。此后，电场再增加，极化强度将随电场变化线性增加（与一般的电介质的极化相同），并达到最大值 P_{max}。

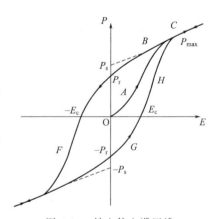

图 4-10　铁电体电滞回线

P_{max} 是最高极化电场的函数。将线性部分推延至外电场为零的情形，在纵轴 P 上所得的截距称为饱和极化强度（即 E 点）。实际上，这也是每个电畴原来已经存在的自发极化强度。因此饱和极化强度是对每个电畴而言的。当电场从图中 C 处开始减小时，极化强度将沿 CB 曲线逐渐下降。电场减至零时，极化强度下降至某一数值 P_r，P_r 称为铁电体的剩余极化强度。必须注意，剩余极化强度是对整个晶体而言的。电场改变方向，并沿负值方向增加到 E_c 时，极化强度下降至零，反向电场再继续增加，极化强度反向，E_c 就称为铁电体的矫顽电场。随着反向电场的继续增加，极化强度沿负方向增加，并达到负方向的饱和值 $-P_s$，整个晶体变成具有负向极化强度的单畴晶体。若电场由高的负值连续变化到高的正值时，正方向的电畴又开始形成并生长，直到整个晶体再一次变成具有正方向的单畴晶体。在这个过程中，极化强度沿回线的 FGH 部分回到 C 点。这样，在足够大的交变电场作用下，电场变化一周，上述过程就重复显示一次。回线包围的面积就是极化强度反转两次所需的能量。如果矫顽电场强度大于晶体的击穿场强，那么在极化反向之前晶体已被电击穿，便不能说该晶体具有铁电性。

所有处于铁电态的陶瓷材料都具有电致伸缩和电滞回线这一共同特征，只是电致伸缩程度有强有弱，电滞回线形状有长短宽窄之分。就钛酸钡基铁电陶瓷材料来说，电致伸缩程度的强弱和电滞回线形状的长短宽窄都与陶瓷主晶相的轴率大小密切相关。

（3）$BaTiO_3$ 基陶瓷的介电常数-温度特性

$BaTiO_3$ 陶瓷的介电常数-温度特性曲线与 $BaTiO_3$ 晶体的介电常数-温度特性曲线类似，钛酸钡陶瓷的介电常数较大且在相变温度附近介电常数具有峰值，钛酸钡铁电陶瓷介电常数随外加电场或温度的变化不呈直线关系，显示出明显的非线性。介电常数在居里点附近达到最大数值，在居里点附近纯 $BaTiO_3$ 铁电体瓷的介电常数有急剧变化的特性，其变化率数量级可达 $10^4 \sim 10^5$，此即铁电体在临界温度的"介电反常"现象。而当温度高于居里点 T_c 后，随着温度升高，介电系数下降，介电系数随温度的变化遵从居里-外斯定律：

$$\varepsilon = \frac{K}{T - T_0} + \varepsilon_0 \tag{4-1}$$

式（4-1）中，T_0 为特性温度，它一般低于居里温度（对 $BaTiO_3$ 来说约低 $10 \sim 11\,^\circ\!C$）；K 为居里常数（对 $BaTiO_3$ 来说，$K = 1.6 \times 10^5 \sim 1.7 \times 10^5\,^\circ\!C$）；$\varepsilon_0$ 表示电子极化对介电常数的贡献，一般情况下，ε_0 所占比重很小，可忽略。

居里-外斯定律为铁电体在居里温度以上时，介电系数与温度关系的一个基本定律。从式（4-1）可以看出在居里点以上，随温度 T 的升高，介电系数 ε 迅速下降，距离居里温度愈近，下降的程度就愈大。造成这种现象的原因主要是 $BaTiO_3$ 晶体结构所引起的，以 $BaTiO_3$ 为代表的铁电晶体是一种 ABO_3 型钙钛矿结构。A 位为低价、半径较大的钡离子，它和氧离子一起按面心立方密堆；B 位为高价、半径较小的钛离子，处于氧八面体的体心位置，如图 4-11 所示。依据斯莱特-德文希尔理论，当温度介于 $120 \sim 1460\,^\circ\!C$ 时 $BaTiO_3$ 属于立方晶系，所有的氧八面体均以顶角相连，构成了三维氧八面体族。这种具有较高对称性的立方 $BaTiO_3$ 并不具铁电性，属于一般的顺电介质。当温度降至 $120\,^\circ\!C$ 以下时，结构转变为四方对称，c 轴略有伸长，a、b 轴略有缩短。$c/a \approx 1.01$，因此具有沿 c 轴自发极化的铁电性。这是由于在钛氧八面体中，正负电荷的作用中心产生位移，出现电偶极矩，按氧八面体三维方向相互传递、耦合的结果。在一定的空间范围内，这些偶极子都按照统一方向排列，形成所谓自发极化电畴，导致钛酸钡陶瓷的介电常数随温度变化而呈现非线性变化规律。

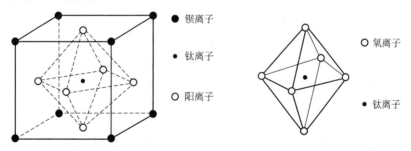

图 4-11　钙钛矿结构及氧八面体

（4）压力对钛酸钡基介电性能的影响

对铁电陶瓷介质的电极施加与电极平面垂直的单向压力，介电常数-温度曲线上的居里峰会随单向压力的增大，而受到越来越大的压抑，这种现象与钛酸钡陶瓷存在纵向电致伸长现象联系紧密。

与干压成型相比，等静压成型不仅使陶瓷的居里峰受到抑制，同时还会使居里温度向低温方向发生明显移动，平均每增加 100MPa 等静压压力约使居里点向低温方向移动4.6～5.9℃。

（5）$BaTiO_3$ 陶瓷的置换改性和掺杂改性

以化合物单体 $BaTiO_3$、$CaTiO_3$、$SrTiO_3$、$CaZrO_3$、$SrZrO_3$、$BaZrO_3$ 等所形成的简单钙钛矿型铁电陶瓷，往往在性能上不能满足实际应用要求，为寻求一种具有更高介电常数、稳定性更为优良的铁电陶瓷，以满足更多应用领域的实际用途，实现叠层陶瓷器件微型化、集成化，常通过固溶体置换，或掺杂改性的方法形成复合钙钛矿型化合物陶瓷来改善并提高其介电特性。复合钙钛矿型介质陶瓷材料介电特性的优化是通过钙钛矿结构中 A、B 位的金属元素组合的改变而进行的。

① 置换改性　置换改性是指在生产过程中向 $BaTiO_3$ 中引入能大量溶解到 $BaTiO_3$ 晶格中并与相应位置金属离子（A 位或 B 位）进行置换，形成 $BaTiO_3$ 基固溶体的离子性加入物，从而使陶瓷性质得到改善。随着加入物固溶到 $BaTiO_3$ 的晶格中，$BaTiO_3$ 晶体和钛酸钡陶瓷的性质将逐渐地发生改变。

从晶体化学原理考虑，只有那些电价相同、离子半径和极化性能相近的离子才能大量进行这类置换。

在 $BaTiO_3$ 铁电容器介质的生产上，常用的置换改性加入物如下。

a. A 位置换　即置换 $BaTiO_3$ 中的 Ba^{2+}，常见的有 Ca^{2+}（$CaTiO_3$）、Sr^{2+}（$SrTiO_3$）、Pb^{2+}（$PbTiO_3$），以及它们的组合。

b. B 位置换　即置换 $BaTiO_3$ 中的 Ti^{4+}，常见的有 Zr^{4+}（$BaZrO_3$）、Sn^{4+}（$BaSnO_3$），以及它们的组合。

在这几种置换离子中，Ca^{2+} 在 $BaTiO_3$ 中对 Ba^{2+} 的置换是有限度的，在正常烧成条件下，$CaTiO_3$ 和 $BaTiO_3$ 中的极限溶解度为21%（摩尔分数），而其他几种则是完全互溶的，溶解范围可达100%。

把上述各种等价置换的加入物对 $BaTiO_3$ 陶瓷性能的影响和相应固溶体晶格参数加以对照，可以发现一些规律：这种等价置换导致固溶体的轴率（c/a）降低时（例如 Sr^{2+}、Zr^{4+}、Sn^{4+} 等），能使居里峰向低温方向移动；导致轴率升高时（例如 Pb^{2+} 的引入），则使居里峰向高温方向移动。由于 Ca^{2+} 对轴率的影响不大，所以对居里峰的移动作用也不明显。

将以上几种等价置换加入物以不同的组合对 $BaTiO_3$ 同时进行 A 位和 B 位置换时，各种加入物的作用与单独引入时所起的作用基本相同。

以上几种离子的置换都属于简单的等价置换。有些化合物是以成对离子对 $BaTiO_3$ 进行置换的，例如 $LaAlO_3$ 以一个 La^{3+} 和一个 Al^{3+} 置换 1 个 Ba^{2+}（La^{3+} 置换）和一个 Ti^{4+}（Al^{3+} 置换）；$(K_{1/2}La_{1/2})TiO_3$ 的一个 K^+ 和一个 La^{3+} 置换 2 个 Ba^{2+}；$KNbO_3$ 的一个 K^+ 和一个 Nb^{5+} 置换 1 个 Ba^{2+}（K^+ 置换）和一个 Ti^{4+}（Nb^{5+} 置换）；$Ba(Fe_{1/2}Ta_{1/2})O_3$ 的一个 Fe^{3+} 和一个 Ta^{5+} 置换 2 个 Ti^{4+} 等。在这类置换中，尽管具体的置换离子与被置换离子的电价不同，但置换离子的电价和与被置换离子的电价总和是相等的。这类置换使电价得到补偿，置换不致引进空位或填隙离子，所以这类置换也常有很大的溶解度，这就构成了置换改性的另一种类型——补偿电价置换改性。

对于不等价加入物来说，如果两种不等价加入物的电价可以相互补偿，则同时引入两种加入物比分别引入任何一种时，固溶度都要高得多。这是因为同时引入时，晶格空位将得到补偿，不致像单独引入某一不等价加入物时那样导致大量晶格空位等形成。例如将 La_2O_3 和 Al_2O_3 分别单独引入 $BaTiO_3$ 时，各自的固溶极限都较小，但是两者同时引入，由于电价得到补偿，固溶度会显著提高。但需要注意的是，功能陶瓷材料的性能对组成的敏感性是很强的，对异价掺杂一定要非常注意。例如 La^{3+} 是可以取代 Ba^{2+} 的高价离子，Nb^{5+} 和 Ta^{5+} 是可以取代 Ti^{4+} 的高价离子，这些高价离子对 $BaTiO_3$ 置换时，通常会产生 Ba^{2+} 空位，Ba^{2+} 空位带负电，Fe^{3+} 是取代 Ti^{4+} 的低价离子，在置换的同时，通常会产生氧离子空位。所以异价掺杂的引入对钛酸钡的介电性能影响很大，在生产工艺上保证掺杂的均匀非常重要。

② 掺杂改性　有些加入物，由于离子半径相差较大或由于相应离子的电价不同等原因，在 $BaTiO_3$ 中固溶极限很小，但往往却能使 $BaTiO_3$ 和钛酸钡陶瓷的性质发生显著地变化。把这种固溶极限很小却能导致 $BaTiO_3$ 陶瓷性质发生显著变化的改性加入物称为掺杂改性加入物，如 Mg^{2+} 与 Ba^{2+}、Si^{4+} 与 Ti^{4+} 的离子半径都相差较大，$MgTiO_3$ 和 $BaSiO_3$ 在钛酸钡中的固溶极限都很小，但这些在 $BaTiO_3$ 中固溶极限较小的加入物对 $BaTiO_3$ 铁电相变温度却有很大影响。

大部分加入物都使钛酸钡的居里温度降低了。能使居里温度 T_c 升高的加入物很少。只有 Pb^{2+}、Y^{3+}、Bi^{3+}、Si^{4+}、Cu^{2+} 是能使钛酸钡的居里温度升高的离子。

③ 移峰和压峰　改性加入物有两种基本类型：

a. 加入物可以有效地移动居里温度，即移动介电系数的居里峰，但对介电系数峰的陡度一般不呈现明显的压抑作用，这类加入物称为移动剂，其效应称为移峰或移动效应；

b. 加入物主要的作用是使介电系数的居里峰受到压抑并展宽。通常这类加入物称为压抑剂，其效应称为压峰或压抑效应。

基本上所有能够固溶于钛酸钡中的加入物均可使居里温度发生不同程度的移动。但实际应用移峰的加入物是那些可以大量溶解到钛酸钡中的，如 Sr^{2+}（$SrTiO_3$）、Pb^{2+}（$PbTiO_3$）、Zr^{4+}（$BaZrO_3$）、Sn^{4+}（$BaSnO_3$）等。

移峰效应与加入物溶于钛酸钡中，改变晶体的轴率（c/a）有关，而轴率在一定程度上反映着 $BaTiO_3$ 固溶体自发极化的强弱。

出现压峰效应的原因很多，主要有：

a. 加入物超过了固溶体的极限，形成了包围 $BaTiO_3$ 晶粒使晶粒受到压抑的晶界层；

b. 因工艺条件或晶界分凝作用等造成的不均匀分布和形成晶格空位等，都可使介电常数的峰值受到压抑。此外陶瓷材料的微晶结构也经常对居里峰起着明显的压抑作用。

（6）$BaTiO_3$ 铁电陶瓷的击穿

$BaTiO_3$ 铁电陶瓷的耐电强度不仅取决于陶瓷材料本身的结构和性质，也与试样的形状、尺寸（厚度等）密切相关。居里温度以上和以下的 $BaTiO_3$ 铁电陶瓷具有不同的击穿特征。下面用 BT-20 试样（$BaTiO_3$＋2％黏土＋0.2％MnO_2，居里点为117℃，试样在1360℃下保温2h烧成）来讨论此问题。

BT-20 试样陶瓷的结构是由 $BaTiO_3$ 晶粒和黏土等形成的晶界层构成的。在居里温度以下施加电场时，随着电场强度的增加，晶粒中的电畴将逐渐沿电场方向取向。当晶粒中的电畴沿电场方向趋于饱和时（饱和极化强度 P_s），在晶粒之间的晶界层上将呈现很强的空间电荷极化 P_3。在居里温度以下，晶粒内部由于存在着自发极化 P_1，由 P_1 形成的反方向电场的作用使晶粒内部不存在空间电荷极化。这样，在居里温度下，当外加电场增加到一定数值时，边界层上的空间电荷作用将导致边界层部分的突然击穿。所以在居里温度以下，$BaTiO_3$ 铁电陶瓷的击穿是以晶界层（或边界层）的破坏为主要标志。在居里温度以上，由于晶粒内部不存在自发极化，随着外加电场的增加，晶粒内部将出现相当强的空间电荷极化 P_2，因此，当外加电场高到一定数值时，以陶瓷中晶粒本身的击穿为其特征。

提高铁电陶瓷的耐电强度是改善铁电陶瓷性能的一个重要方面。在改善 $BaTiO_3$ 铁电陶瓷介质的耐电强度方面，主要注意以下几点。

① 组成对瓷料的耐电强度有直接影响

引入某种组分改善瓷料的耐电强度可以从两个角度进行考虑。a. 电价补偿角度，有些组分的引入是为了补偿混入瓷料中的离子半径较小的三价杂质，如 Al^{3+}，Al^{3+} 是可以替代 Ti^{4+} 的低价离子，Al^{3+} 置换 Ti^{4+} 的同时，要引入氧离子空位，所以要加入其他的一些高价离子，如可以取代 Ba^{2+} 的 La^{3+}、Gd^{3+}、Nd^{3+}、Dy^{3+} 或者是可以取代 Ti^{4+} 的 Nb^{5+}、Ta^{5+} 等，这些高价离子的掺杂会产生钡离子空位，补偿原来 Al^{3+} 所产生的氧离子空位，从而改善瓷料的电阻率和耐电强度；b. 还有一些组分的引入，是为了改善烧结性能，提高瓷料的致密度，改善瓷料的组织结构，从而提高耐电强度。

② 提高瓷料致密度

气孔是陶瓷材料在电场作用下破坏绝缘强度的薄弱环节，要改善瓷料的耐电强度，必须要尽可能提高瓷料的致密度，将气孔率降低到最低限度。有时瓷料的致密度提高3％，耐电强度可以提高 150％以上。

③ 高压瓷料应具有细晶结构

铁电陶瓷晶粒内部的电畴沿电场方向取向将伴生相应的电致应变。在强交变电场作用下，尽管电场强度低于耐电强度，但电致应变的多次作用有可能导致晶粒或晶界裂缝的产生和发展，由此导致陶瓷材料的击穿（反复击穿）。这种应变所伴生的应力大小是与晶粒直径成正比的，晶粒越大，伴生的应力也越大。所以形成细晶结构有利于陶瓷耐电强度的提高。

④ 居里温度

因为铁电陶瓷在居里温度附近的极化效应很突出，这会严重影响瓷料的脉冲击穿强度，因此，高压铁电介质陶瓷的居里温度最好不在室温附近，或使其不呈现明显的居里点。

⑤ 电容器形状和包封料的选择

电容器的造型和包封料的选择对电容器的耐电强度也有较为重要的影响。

（7）$BaTiO_3$ 铁电陶瓷的老化

当某一 $BaTiO_3$ 铁电陶瓷介质从烧成或被覆电极冷却后，其介电常数 ε 和介质损耗角的正切值 $\tan\delta$ 随着存放时间的推移而逐渐降低，这种现象称为老化。

钛酸钡铁电介质陶瓷的介电常数和介质损耗角正切值的老化服从对数关系，介电常数的老化可表示为：

$$\varepsilon_t = \varepsilon_0 - m\lg t \tag{4-2}$$

式中，ε_0 为存放开始时的介电常数；ε_t 为经历 t 时间后的介电常数；m 为取决于瓷料组成的常数。

实验研究发现，BaTiO$_3$ 铁电陶瓷的介电常数具有以下一些老化特点：

① 当铁电陶瓷材料经历一段时间产生老化以后，如果把材料重新加热到居里温度以上并保持几分钟后再冷却到室温，该铁电陶瓷瓷料的介电常数将恢复到初始的数值，而老化也将随存放或使用而重新开始；

② BaTiO$_3$ 铁电陶瓷介电常数的老化速率与主晶相（通常为四方 BaTiO$_3$）的轴率 c/a 之间存在着反比关系，即轴率越大，老化速率越低；轴率越小，老化速率越高；

③ 当铁电陶瓷材料的温度从低向高逐渐靠近居里温度时，老化速率也逐渐增加。实际上这种情况也是主晶相轴率与老化速率间反比关系的反映，因为 BaTiO$_3$ 陶瓷从低温向高温逐渐靠近居里温度的过程，伴随着陶瓷材料主晶相轴率的逐渐降低。

铁电陶瓷材料的老化机理十分复杂，先后提出了很多的铁电老化理论。目前普遍认可的铁电老化机理是由于铁电体内的 90°畴成核或 90°畴分裂的过程伴随着应力的松弛或畴夹持效应的增强，导致了材料有关性能随时间而变化即铁电陶瓷的老化。在外加电场的作用下，与之同向的电畴趋于沿场方向伸长，而与之反向者则收缩。因此各电畴的形变都受到约束，极化改变小于自由状态下的数值，即介电常数因畴夹持作用而减小。

通过上述分析，选择主晶相轴率（c/a）较大的瓷料，或使瓷料的居里温度远高于瓷料（即陶瓷电容器）的使用温度，这些都将有助于 BaTiO$_3$ 铁电陶瓷时间稳定性的改善，对于介电常数很高的高介电瓷料来说，铁电陶瓷的老化一般都表现得更为明显。研制高介铁电瓷料以及使用铁电陶瓷电容器时都要注意这种老化特性。

（8）铁电陶瓷的非线性

铁电陶瓷的非线性通常是指铁电陶瓷介电常数 ε 随外加电场（或温度）变化而呈现明显非线性变化的特性。从 BaTiO$_3$ 铁电陶瓷的电滞回线可以看出，铁电陶瓷材料随外加电场 E 的极化是非线性的，即极化强度 P 与电场强度 E 不遵从正比关系，这就是说铁电陶瓷的介电常数是随电场强度的不同而变化的。由于铁电体的介电常数不是固定不变的常数，而是依赖于外电场的。那么，我们通常所说的铁电体介电常数指的是什么呢？在电磁学中，我们定义初始极化曲线在零点的微分介电系数即为反映该铁电体本征性质的介电常数，微分介电常数定义为：

$$\varepsilon = \left(\frac{\partial P}{\partial E}\right)_{E=0} \tag{4-3}$$

其值大致对应于电滞回线中 OA 线在原点 O 上的切线斜率值。从原理上讲，可以用非线性强的铁电陶瓷来制作压敏电容器（对电压敏感的陶瓷）。

工程上采用非线性系数来表示铁电陶瓷非线性的强弱。

$$N_{\sim} = \frac{\varepsilon_{\max}}{\varepsilon_5} \text{或} N_{\sim} = \frac{c_{\max}}{c_5} \tag{4-4}$$

式中，ε_5、c_5 为铁电陶瓷在工频 50Hz、交流电压为 5V 时的介电常数、试样的电容量；$\varepsilon_{\max}$、$c_{\max}$ 为 ε-E 曲线上的峰值介电常数。

铁电陶瓷的介电常数与温度也有类似的关系，这就是说，铁电陶瓷的介电常数随温度也呈强烈的非线性关系。

铁电陶瓷介质的电容量变化率一般随材料本身介电常数的增加而增大。铁电介质瓷的介质损耗很大，tanδ 通常为 10^{-2} 数量级。电容器在交流电场中工作时，损耗功率（P）服从下列关系：

$$P = 2\pi U^2 fC\tan\delta \tag{4-5}$$

式中，U 为工作电压，V；f 为工作频率，Hz；C 为电容器的容量，F；P 为损耗功率，W。

（9）应用

对于铁电陶瓷电容器来说，由于陶瓷材料的介电常数高，与同容量的高频陶瓷电容器比较，电容器的体积可以做的较小。但是钛酸钡的介电损耗（$\tan\delta$）大，存在电滞回线和电致伸缩。在直流高压下静电电容显著下降；在交流高压下静电电容增加，同时介电损耗急剧增大；电致伸缩效应又使得抗电强度大大下降。因此不宜在高频下工作，否则损耗产生的热量将导致铁电电容器温升较高，使其不能正常工作。加以铁电陶瓷介质的介质损耗，通常在频率超过某一数值后，随频率的继续升高而急剧加大，故铁电陶瓷电容器一般适用于低频或直流电路。在使用铁电陶瓷电容器时，必须注意铁电陶瓷材料的老化特性，即铁电电容器的电容量随时间而降低以及随温度和电场而变化的特性。在高温及强直流（低频）作用下，要注意作为电极材料的金属银可能在该条件下发生银离子的迁移及由此引起的电性能的恶化。作高压充放电电容器时，要考虑电容器的"反复击穿特性"，即在低于其耐电强度下，因反复充放电而破坏的特性。通过置换改性和掺杂改性可以使铁电陶瓷电容器的性能得到大大改善。

4.4 反铁电电容器介质陶瓷

4.4.1 反铁电体的基本特性

反铁电体是这样一些晶体，晶体结构与同型铁电体相近，但相邻离子沿反平行方向产生自发极化，净自发极化强度为零，不存在类似于铁电体中的电滞回线。反铁电体的晶格特征：①离子有自发极化，以偶极子的形式存在；②偶极子成对的反平行排列，且两部分偶极子大小相等，方向相反（$P_1 = -P_2$），单位晶胞中总的自发极化为零。

（1）反铁电体的自发极化状态

常见的反铁电体除锆钛酸铅体系外还有铌酸钠、三氧化钨和磷酸二铵等，其中钙钛矿结构的 PZT 基化合物是目前最具有应用价值的一类反铁电材料。

X 射线分析表明，在相变温度以下，反铁电体中存在超结构线（即附加的衍射线）。这种超结构表示反铁电体中，晶体结构是由两种子晶格交错而成的，而子晶格之间沿相反方向极化。C. Kittle 用双子晶格模型描述了反铁电晶体的基本结构特征。如图 4-12 所示，与铁电晶体一样，反铁电晶体子晶格中同样存在离子位移自发极化，但是相邻子晶格中离子自发极化的方向相反，所以反铁电晶体的宏观自发极化强度为零。从离子电偶极子的静电相互作用能来考虑，在所有可能的排列方式中，相邻子晶格上电偶极子反平行排列的反铁电结构所对应的系统总的电偶极子静电相互作用能最低，所以结构最为稳定。因为在反铁电晶体结构中电偶极矩相互抵消，所以整个体系的宏观自发极化强度为零；而在铁电晶体结构中电偶极子同方向平行排列，电偶极矩不能相互抵消，系统具有宏观极化强度，晶体为极性晶体。如图 4-13 所示。

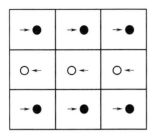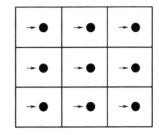

图 4-12　反铁电体和铁电体的离子自发极化

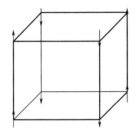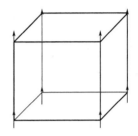

图 4-13　反铁电体和铁电体电偶极子排列

（2）反铁电体的电畴结构

铁电陶瓷中最为显著的特征是存在着电畴结构，电畴是指自发极化方向一致的区域，也就是指顶角相连的三维八面体族，由于八面体内离子位移形成的电偶极子，彼此传递、偶合相互制约而形成的自发极化方向统一的空间区域。根据自由能愈低愈稳定的原理，在一个晶粒之内，将出现多个自发极化方向各不相同的电畴。

对于反铁电体，其内部自发极化矢量和为零，材料整体对外不显极性。但是 PZT 基反铁电陶瓷内确实存在电畴结构。例如，$PbZrO_3$ 陶瓷材料存在 $60°$、$90°$、$180°$ 三种电畴结构，进一步研究证明，这些电畴的尺度在 $1\sim2nm$，这些电畴形成了周期为 $8a\sim10a$ 的调制结构，其中 a 为晶格参数。Cross 和 Randll 依据电畴尺度的大小来划分常规铁电体、反铁电体和弛豫铁电体，当电畴大于 100nm 时为常规铁电体，小于 2nm 时为反铁电体，介于两者之间时为弛豫铁电体。

（3）反铁电体的宏观电学特征

反铁电体也具有反铁电体向顺电体转变的临界温度，习惯上把向顺电相转变的温度称为反铁电居里温度。在临界点附近与铁电体一样，反铁电体具有介电反常的特性。反铁电体介电常数（或极化率）与温度的关系如图 4-14 所示，在相变温度以下，介电常数很小，一般数量级为 $10\sim10^2$；在相变温度时，介电常数出现峰值，一般数量级为几千。在相变温度以上，介电常数与温度的关系遵从居里-外斯定律。图 4-15 为锆酸铅反铁电体的介电常数随温度变化关系。

反铁电体是一种反极性晶体。由顺电相向反铁电相转变时，高温相的两个相邻晶胞产生反平行的电偶极子而成为子晶格，两者构成一个新的晶胞。因此，晶胞的体积增大一倍。显然，这种"晶胞"已不能作为反铁电体的结构重复单元。反铁电体晶胞的体积因而是顺电体晶胞的倍数。图 4-16 所示为 $PbZrO_3$ 反铁电体晶胞参数随温度变化的关系。顺电体-反铁电体之间的转变称为反铁电相变，晶胞体积倍增是反铁电相变的特征之一，并且反铁电体的结构可由顺电体扩展和变化而来。其自由能与该晶体的铁电态自由能很接近，因而在外加电场作用下，它可由反极性相转变到铁电相，故可观察到双电滞回线，反铁电体的宏观特征即是具有双电滞回线，这种性质称为反铁电性。

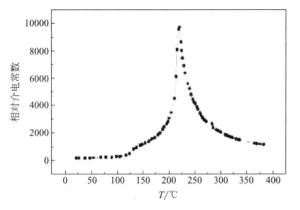

图 4-14 反铁电体的相对介电常数随温度的变化

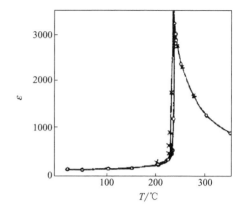

图 4-15 反铁电体锆酸铅的介电常数与温度的关系

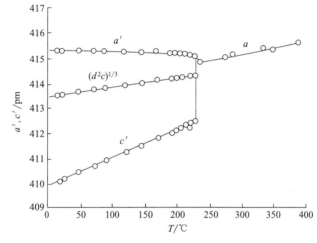

图 4-16 锆酸铅的晶胞参数与温度的关系

以 $PbZrO_3$ 为例，通常情况下反铁电体没有剩余极化强度、不表现压电性，在居里温度附近对 $PbZrO_3$ 施加一直流电场，当电场强度达到某一临界值时，电偶极子在外电场作用下发生转向，沿外电场一致取向，材料从反铁电态转变成铁电态，这时可以观察到双电滞回线，如图 4-17 所示。

反铁电体与铁电体不同之处在于，当外电场降至零时，反铁电体没有剩余极化，而铁电体则有剩余极化。注意：在不同温度下，相变所需的场强不同，在居里点以下随着温度的下降，临界场强增加，如图 4-18 所示。除外电场外，温度、压力也能诱导反铁电相向铁电相转变，呈现双电滞回线。

4.4.2 反铁电介质陶瓷的特性和用途

（1）反铁电介质陶瓷的主要特性

反铁电陶瓷电介质是由反铁电体 $PbZrO_3$ 或者 PZT 为基的固溶体所组成。美国宾州大学的 Biggers 用 PUT 系陶瓷研制成高压陶瓷电容器，其组成通式为 Pb_{1-x}，La_x（Zr_yTi_{1-y}）$(1-4/x)O_3$，原材料均为试剂级化合物。按组成配比称料后，在 750℃ 预烧 4～6h，将烧块粉碎、增塑后冷压成形，在 1350℃PbO 气氛中烧结 1h，便可获得致密的陶瓷。这种陶瓷采用冷压成形和普通烧结法制备，具有较高的介电常数和介质绝缘强度，是制造高压陶瓷电容器很好的介质材料。

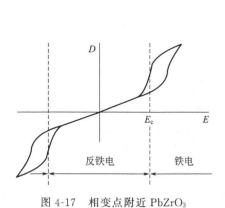

图 4-17　相变点附近 PbZrO₃
在强电场下的双电滞回线

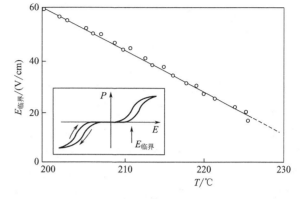

图 4-18　反铁电体锆酸铅的电滞回线
以及临界电场与温度的关系

国内，天津大学技术陶瓷教研室试制成功含 La 的 Pb(Zr, Ti, Sn)O₃ 固溶体陶瓷。这类反铁电陶瓷具有细斜形的电滞回线，损耗较低，相变时体积效应小，因而使用寿命长。该系材料通过调整 Sn 含量与 Zr/Ti 比可提高储能密度和相变场强，从而使器件小型化。通过配方的调整和工艺上的改进，已将上述材料制成了致密的细晶的介质陶瓷，而且消除了晶界附近的游离 PbO，提高了陶瓷的绝缘强度，从而可防止瓷体内部击穿。另外，为了防止电荷在瓷体边缘部位集中分布导致边缘击穿，在银电极边缘上涂覆约 1.5mm 的 ZnO 半导体釉保护圈，使电场趋于均匀分布。这种陶瓷电容器的介质绝缘强度达到 20kV/mm 以上。

对于反铁电体材料来说，在开始施加电场时，极化强度随场强呈线性增加，介电常数几乎不随场强而变。但当场强增加到一定数值后，极化强度与场强之间即呈现出明显的非线性关系。反铁电陶瓷材料的电容量或介电常数随场强的变化规律是：在低压下保持定值，至一定场强时电容量逐渐增大，然后达到最大值。场强更高时电容量下降，极化强度达到饱和后电容量降到一定值。

反铁电陶瓷是较好的高压陶瓷介质材料，其介电常数与铁电陶瓷相近，但无铁电陶瓷那种容易介电饱和的缺点。在较高的直流偏场下，介电常数随外电场的增加不是减小而是增加，只有在很高的电场下才会出现介电饱和，而且反铁电陶瓷可以避免剩余极化，是较适合作为高压陶瓷电容器的瓷料。

反铁电体与铁电体不同之处在于：当外电场降至零时，反铁电体没有剩余极化，而铁电体则有剩余极化。对反铁电体来说，在施加电场时由线性特征变为非线性特征。当电场强度增到某一临界值 E_f 时，反铁电体即相变为铁电体，而当电场强度降低到 E_a 时，铁电体又相变为反铁电体。P_f 为铁电体（态）的极化强度，P_a 为相变前反铁电体（态）的极化强度，P_f 远大于 P_a。当材料中有任何一部分反铁电体相变为铁电体时，必伴随着材料极化强度的迅速增大，即所谓回线的"起跳"。当材料中几乎所有反铁电体都相变为铁电体时，回线即趋于饱和。下面以 PbZrO₃ 晶体为例说明反铁电陶瓷材料的结构以及反铁电体强迫相变为铁电体的原因。

PbZrO₃ 的居里温度为 230℃，高于居里温度时，它为理想的立方相钙钛矿型结构，处于立方顺电相；PbZrO₃ 晶体虽然也有自发极化，但顺电相相邻晶胞的自发极化方向相反而且相互平行，因此晶体总的自发极化宏观上仍为零。低于居里温度时它为反铁电体，PbZrO₃ 晶体有两种反铁电态存在，一种具有正交对称的结构，另一种是具有四方对称的结构。通常只有四方结构的反铁电态能发生强迫相变转变为铁电态，当外加电场比较低时，反铁电态晶胞中偶极子以反平行方向排列，偶极子的偶极矩在晶胞内部自行抵消，对外不显示极性，所以在电滞回线上表现为线性关系。当电场逐渐升高到一定数值后，反铁电态晶胞内部与电场方向相反的偶极子在电场的作用下发生转向，与此同时，反铁电体即转变为铁电体，如图 4-19 所示。对于 PbZrO₃ 反铁电体，在温度降至居里温度以下时，Pb²⁺ 离开原来的中心对称位置，沿面对角线方向发生很大的位移，这种 Pb²⁺ 的位移在相邻的原始晶胞中是成对地沿反平行方向进行的。实际上氧离子也进行反平行方向位移。Pb²⁺ 在晶胞中有很大的自发极化，但由于产生的偶极矩在晶胞内部自行抵消，所以对外并不显示极性。在很强的电场作用下，与电场反向的偶极子可以转向，但外电场降至一定值后，又恢复原来的反平行位移状态。PbZrO₃ 中离子反平行位移的这种特性，就是其具有双电滞回线以及反铁电态与铁电态可相互转变的原因所在。

图 4-19　反铁电体极化前后偶极子排列

（2）反铁电介质陶瓷的主要应用

反铁电体的应用主要有两方面，其一是利用 D-E 非线性关系即双电滞回线，做为储能电容器和电压调节元件；其二是利用反铁电-铁电相变，做为相变储能和爆电换能器件。

反铁电体是比较优越的储能材料，用它制成的储能电容器具有储能密度高和储能释放充分的优点。由于反铁电体储能电容器是利用反铁电态与铁电态相变时的储能变化，而以 PbZrO₃ 为基的反铁电材料相变场强较高，一般为 40～100kV/cm，另外，反铁电材料具有较高介电常数以及在一定高压下介电常数进一步增大的特性，所以反铁电体陶瓷电容器适用于高压。但发展反铁电陶瓷电容器有一重大难题，因其具有很大的电致应变，尤其是当反铁电态相变为铁电态时，将同时产生很大的应变和应力，有可能导致瓷件击穿破坏。

4.4.3　反铁电介质陶瓷电介质瓷料的发展趋势

随着现代科技的发展，人们对陶瓷电容器提出了更高的要求，除了要有高的耐压强度，还要求具有高介电常数、低损耗、高储能、高稳定性等特点。反铁电陶瓷电介质瓷料的发展逐渐呈现出以下几个趋势。

① 采用简单的生产工艺来降低生产成本。为了降低反铁电陶瓷电介质用瓷料的烧结温度，通常要加入含 B、Si 的低熔点玻璃料，虽然低熔点玻璃料可以降低烧结温度，但它增添

了熔制玻璃工序，并且工艺过程难以控制，也使得瓷料的介电常数迅速下降。越来越多的研究表明，添加低熔点氧化物可以比玻璃料更有效地降低烧结温度，同时提高性能，并且成本低，工艺简单。

② 利用化学法来制备超细粉体。超细粉体的化学制备方法主要有水热法、共沉淀法、溶胶凝胶法等。其中溶胶凝胶法与传统方法相比有很多优点：反应在溶液中进行，均匀度高，对多组分其均匀度可以达到分子或原子级；烧结温度比传统烧结方法有较大的降低，固相法合成的 PZT 粉体材料，通常烧结温度在 1300℃ 以上用溶胶凝胶法制备的 PZT 粉体材料其烧结温度可降低 200～300℃。化学计量比较准确，易于改性，掺杂量的范围加宽，因此溶胶凝胶法现在成为材料学者青睐的超细粉体制备方法，但是这种制备方法存在成本昂贵、需要精确地控制反应条件、有机溶剂环境污染较为严重、处理过程时间较长、制品易产生开裂、若烧成不够完善，制品中会残留细孔及 OH 或 C 等现在难以克服的缺点，限制了它的广泛应用。

4.5　半导体电容器介质陶瓷

半导体电介质陶瓷属于第Ⅲ类陶瓷介质，主要用于电子、汽车等电路中要求体积非常小的陶瓷介质电容器。随着电子工业的飞速发展，对电容器大容量、小型化发展日益迫切，现在已有两种制造工艺方法实现大容量、小型化的陶瓷电容器的批量生产和商品化。第一种是多层陶瓷电容器（又称独石电容器），第二种是半导体陶瓷电容器，它是通过陶瓷半导化，再采用氧化或扩散等方法，在瓷件表面或内部晶粒晶界上，形成电容性绝缘介质层，其特点是该陶瓷材料的晶粒为半导体，利用该陶瓷表面与金属电极间接触势垒层或晶粒间的绝缘层作为介质，因而这种材料的介电常数很高，约为 7000～100000 以上，从而获得小型化、大容量的电容器。近年来，半导体陶瓷发展十分迅速，研究和生产的类型很多，应用非常广泛，正温度系数陶瓷热敏电阻（PTC 热敏电阻）、$BaTiO_3$ 陶瓷二次电子倍增管、ZnO 非线性压敏电阻器、表面层陶瓷电容器、晶界层陶瓷电容器等都是应用十分广泛的重要半导体陶瓷元器件。

本节重点介绍陶瓷半导化的机理和途径。具有钙钛矿结构的钛酸盐，特别是 $BaTiO_3$、$SrTiO_3$ 或以 $BaTiO_3$、$SrTiO_3$ 为基础的固溶体，是制备半导体电介质陶瓷电容器的主要系统。纯 $BaTiO_3$ 陶瓷的禁带宽度 2.5～3.2eV，因而室温电阻率很高（$>10^{10}\Omega \cdot cm$），然而在特殊情况下，$BaTiO_3$ 瓷可形成 n 型半导体（$\rho_V < 10^6\Omega \cdot cm$），使 $BaTiO_3$ 成为半导体陶瓷的方法及过程，称为 $BaTiO_3$ 瓷的半导化。陶瓷的半导化是生产半导体电介质陶瓷电容器共同的关键工序。下面还是以 $BaTiO_3$ 陶瓷的半导化为例进行介绍。

4.5.1　$BaTiO_3$ 陶瓷的半导化途径和机理

$BaTiO_3$ 陶瓷的半导化方法主要包括原子价控制法（施主掺杂半导化）、强制还原法和 AST 法。

（1）原子价控制法

① 半导化机理　一般由 $BaCO_3$ 和 TiO_2 制备的 $BaTiO_3$ 陶瓷，在常温下具有极高的电阻率 $\rho_V = 10^{12}\Omega \cdot cm$ 左右，是良好的绝缘陶瓷材料。在 $BaTiO_3$ 陶瓷中进行施主掺杂可获得电阻率为 $10^3 \sim 10^5\Omega \cdot cm$ 或更低的 n 型 $BaTiO_3$ 半导体陶瓷。

原子价控制法进行 $BaTiO_3$ 陶瓷半导化时要采用高纯度的原料，在高纯（$\geqslant 99.9\%$）$BaTiO_3$ 中掺入微量（$<0.3\%$，摩尔分数）的离子半径与 Ba^{2+} 相近，电价比 Ba^{2+} 高的离子（主要是三价离子，如 La^{3+}、Y^{3+}、Sb^{3+}、Nd^{3+}、Dy^{3+}、Sm^{3+}）或离子半径与 Ti^{4+} 相近而电价比 Ti^{4+} 高的离子（主要是五价离子，如 Nb^{5+}、Ta^{5+}），这种高价离子称为施主掺杂离子，它们将取代 Ba^{2+} 或 Ti^{4+} 位形成置换固溶体，在室温下，上述离子电离而成为施主，向 $BaTiO_3$ 提供导带电子（使部分 $Ti^{4+} + e \rightarrow Ti^{3+}$），从而 ρ_V 下降（$10^2 \Omega \cdot cm$），成为半导瓷。

施主掺杂用稀土氧化物掺杂高纯的 $BaTiO_3$ 陶瓷以获得良好的导电性能，其机理是当一个三价施主稀土离子取代一个 Ba^{2+} 的同时，会导致一个四价 Ti^{4+} 转变为 Ti^{3+}，这个 Ti^{3+} 可以看作是俘获了一个电子的 Ti^{4+} 即 $Ti^{4+} \cdot e$，该电子受 Ti^{4+} 的束缚比较弱，它与 Ti^{4+} 的联系很不牢固，故又称为弱束缚电子。在较小的激活能下就可以从一个 Ti^{4+} 跳到另一个 Ti^{4+}。这种弱束缚电子是导电的载流子，使半导体陶瓷具有 n 型电导。这种半导体是通过施主掺杂由电价控制而得到的，通常称这类半导体为价控半导体。

对于 La^{3+} 掺杂所导致的 $BaTiO_3$ 半导化机制的表达式可以写成：

$$Ba^{2+}Ti^{4+}O_3^{2-} + xLa^{3+} \longrightarrow Ba_{1-x}^{2+}La_x^{3+}(Ti_{1-x}^{4+}Ti_x^{3+})O_3^{2-} + xBa^{2+} \tag{4-6}$$

式中，Ti_x^{3+} 即为 $(Ti^{4+} \cdot e^-)_x$。

对于 Nb^{5+} 掺杂所导致的 $BaTiO_3$ 半导化机制的表达式为：

$$Ba^{2+}Ti^{4+}O_3^{2-} + xNd^{5+} \longrightarrow Ba^{2+}(Ti_{1-2x}^{4+}Nd_x^{5+}Ti_x^{3+})\quad O_3^{2-} + xTi^{4+} \tag{4-7}$$

② 重新绝缘化机理　通过施主掺杂制备半导体陶瓷时，掺杂浓度要严格控制在一个狭窄的范围内，超过一定限度后，随掺杂量的提高，陶瓷材料的电阻率反而会显著增大，并迅速变为电阻率更高的绝缘体——重新绝缘化。

掺杂浓度过高使电阻率重新提高的机理目前仍然存在很大分歧，没有统一的定论。目前较为认可的集中解释有以下两种。

a. 施主掺杂量过高时，由于 Ti^{4+} 的 3d 能级上可容的电子数有限，为了维持电中性，将导致 V''_{Ba}（Ba^{2+} 空位）的产生，而 V''_{Ba} 为二价负电中心，起受主作用，这样 V''_{Ba} 的存在使施主离子的多余电价得到了补偿，从而抑制了 Ti_x^{3+}（$Ti^{4+} \cdot e^-)_x$ 的出现，故体积电阻率升高。按照这种认识，重新绝缘化机制可表示为：

$$Ba^{2+}Ti^{4+}O_3^{2-} + xLa^{3+} \longrightarrow [Ba_{1-\frac{3}{2}x}^{2+}(V''_{Ba})_{\frac{1}{2}x}La_x^{3+}]Ti^{4+}O_3^{2-} + \frac{3}{2}xBa^{2+} \tag{4-8}$$

b. 另一种观点则认为，施主掺杂浓度较高时，三价离子取代 A 位的同时还取代 B 位，当取代 A 位时形成施主，提供导带电子，而取代 B 位时形成受主，提供空穴 h，空穴与电子复合，使 ρ_V 升高，掺入量越多，则取代 B 位概率越大，故体积电阻率越高，即陶瓷变为绝缘体的重新绝缘化是由电价的相互补偿作用引起的。这种重新绝缘化机制可表示为：

$$Ba^{2+}Ti^{4+}O_3^{2-} + xSm^{3+} \longrightarrow (Ba_{1-\frac{1}{2}x}^{2+}Sm_{\frac{1}{2}x}^{3+})(Ti_{1-\frac{1}{2}x}^{4+}Sm_{\frac{1}{2}x}^{3+})O_3^{2-} + \frac{1}{2}xBa^{2+} + \frac{1}{2}xTi^{4+}$$

$$\tag{4-9}$$

所以 $BaTiO_3$ 陶瓷施主掺杂半导化的特点是：采用高纯度的原料，并将施主掺杂的浓度限制在一个较小的范围内，在空气中烧成即可实现半导化，若原料纯度为化学纯，则施主掺杂的浓度必须根据原料的具体情况进行相应的调整。

（2）强制还原法

在还原气氛中烧结或热处理时，氧以分子状态逸出，将生成氧空位，氧空位带正电，为维持电中性，氧空位可束缚电子。这些多余的电子被 Ti^{4+} 捕获，而使部分 $Ti^{4+} \rightarrow Ti^{3+}$，从而实现半导化。$BaTiO_3$ 陶瓷在真空、惰性气氛或还原气氛中烧成时，可以得到电阻率为 $\rho_V = 10^2 \sim 10^6 \, \Omega \cdot cm$ 的半导体陶瓷。这种半导化机构的化学式表达为：

$$Ba^{2+}Ti^{4+}O_3^{2-} \xrightarrow{\text{真空、惰性或还原气氛}} Ba^{2+}[Ti_{1-2x}^{4+}(Ti^{4+} \cdot e^-)_{2x}]O_{3-x}^{2-}(V_O'')_x + \frac{1}{2}xO_2\uparrow$$

(4-10)

$$BaTiO_3 + xCO \longrightarrow BaTi_{1-2x}^{4+}(Ti^{3+})_{2x}O_{3-x}xV_O'' + xCO_2\uparrow$$

(4-11)

式中，V_O'' 表示氧空位。

用强制还原的办法制备 $BaTiO_3$ 半导体陶瓷时不一定采用高纯度的原料，采用一般工业原料即可，但注意不能用人为掺入抗还原剂 Mg^{2+} 的电容器专用 TiO_2 作为原料。这种半导化方法往往用于生产晶界层电容器，可使晶粒电阻率很低，从而制得介电系数很高（$\varepsilon > 20000$）的晶界电容器。

然而强制还原法所得的半导体 $BaTiO_3$ 阻温系数小，PTC 特性很小或没有 PTC 特性，虽然在掺入施主杂质的同时采用还原气氛烧结可使半导化掺杂范围扩展，但由于工艺复杂（需要进行二次气氛烧结来改善其 PTC 特性，在一定的空气或氧分压下进行热处理和还原-氧化）或 PTC 性能差（只用还原气氛），故此法在 PTC 热敏电阻器生产中，目前几乎无人采用。

（3）AST 法

在采用工业纯原料时，由于原料含杂量较高，特别是含有 Fe^{3+}、Mn^{3+}（或 Mn^{2+}）、Cr^{3+}、Mg^{2+}、Al^{2+}（K^+、Na^+）等离子，它们往往在烧结过程中取代 $BaTiO_3$ 中的 Ti^{4+} 而成为受主，妨碍 $BaTiO_3$ 的半导化。通常在采用工业纯原料的同时，加入 SiO_2 或 AST（$Al_2O_3 + SiO_2 + TiO_2$），在空气中烧成 $BaTiO_3$ 瓷料，可以使上述有害半导化的杂质从晶粒进入晶界，富集于晶界，从而有利于陶瓷的半导化，即可实现良好的半导化和降低原料成本。

目前对于采用 SiO_2 掺杂或 AST 掺杂能实现 $BaTiO_3$ 陶瓷的半导化原因还没有统一的定论。一般认为在单纯用施主掺杂的办法以工业原料制备 $BaTiO_3$ 陶瓷，难以实现半导化的原因在于原料中受主杂质的毒化作用，即受主杂质（Fe^{3+}、Mg^{2+}、Zn^{2+}）等对于施主电价起了补偿作用，抑制了 Ti^{3+} 的形成。这可用下式说明：

$$Ba^{2+}Ti^{4+}O_3^{2-} + xLa^{3+} + xFe^{3+} \longrightarrow (Ba_{1-x}^{2+}La_x^{3+})(Ti_{1-x}^{4+}Fe_x^{3+})O_3^{2-} + xBa^{2+} + xTi^{4+}$$

(4-12)

当瓷料中引入适量的 SiO_2 等掺杂剂后，由于工业级 TiO_2（锐钛矿晶型）中含有对半导化起有利作用的施主元素铋、铌等，SiO_2、Al_2O_3 在 $BaTiO_3$ 中的溶解度很小，在较高的温度下即与其他氧化物作用形成熔融的玻璃相，构成胶结 $BaTiO_3$ 晶粒的晶界层，同时把一些对半导化起毒化作用的受主杂质吸收到玻璃相中，从而消除或减弱了受主杂质对 $BaTiO_3$ 陶瓷半导化的毒化作用。

4.5.2 半导体陶瓷电容器

电容器的微小型化是电容器发展的主要方向之一。对于分离电容器组件来说，微小型化的基本途径有两个：①介质材料的介电常数尽可能高；②介质层的厚度尽可能薄。在陶瓷材料中，铁电陶瓷的介电常数很高，但是用铁电陶瓷制造普通铁电陶瓷电容器时，陶瓷介质很难做得很薄。而半导体陶瓷电容器，通过陶瓷半导化，在瓷件表面或内部晶粒晶界上，形成很薄的电容性绝缘介质层，从而可获得小型化、大容量的电容器。

（1）分类及性能

对于半导体陶瓷电容器，根据利用层结构的不同，可以分为表面层型和晶界层型两类。

① 表面阻挡层型　表面层陶瓷电容器是利用在 $BaTiO_3$ 等半导体陶瓷的表面上形成很薄的绝缘层作为介质层，而半导体陶瓷本身可视为等效串联回路的电阻。表面层陶瓷电容器的绝缘性表面层厚度，视形成方式和条件的不同，大约在 $0.01\sim100\mu m$。这种结构利用了铁电陶瓷的高介电常数，同时又有效地减薄了介质层厚度，是制备微小型陶瓷电容器有效的方案之一。

半导体陶瓷表面形成表面介质层的方法很多，如在 $BaTiO_3$ 半导体陶瓷的两个平行平面上烧渗银电极，由于 Ag 是一种电子逸出功较大的金属材料，所以在电场作用下，$BaTiO_3$ 半导体陶瓷与银电极的接触面上就会出现电子缺乏的极薄的阻挡层。该阻挡层本身存在着空间电荷极化，即半导体陶瓷与银电极之间的这种阻挡层构成了实际的介质层。研究发现，在 $BaTiO_3$ 半导体陶瓷与电极接触界面上的银部分会氧化成 Ag_2O。$BaTiO_3$ 半导体陶瓷系 n 型半导体，而 Ag_2O 为 p 型半导体，这样在银电极和 $BaTiO_3$ 半导体陶瓷之间存在 p-n 结。因此表面阻挡层电容器也称为 p-n 结电容器。

表面阻挡层电容器的单位面积容量可高达 $0.4\mu F/cm^2$。但绝缘电阻率只有 $0.5\times10^6\sim1\times10^6\Omega\cdot cm$，耐电强度差，由于阻挡层电容器的耐电强度和绝缘电阻较差，所以其应用受到限制，只适用于在较低的工作电压下使用。

为了提高表面阻挡层型电容器的耐电强度和工作电压，可通过在 $BaTiO_3$ 等半导体陶瓷的表面上涂布、蒸发、电镀、电解等方法被覆上一层受主杂质（例如 Ag、Na、K 等置换 Ba，或 Ca、Mn、Fe 等置换 Ti），在 700℃ 以上进行热处理，这时受主金属离子将沿半导体表面扩散，表面层因受主杂质的毒化作用而变成了绝缘性的介质层，经被覆电极和焊接引线后就可以得到单位面积容量高达 $0.08\mu F/cm^2$ 的表面层陶瓷电容器。这种电价补偿表面层电容器的绝缘电阻和工作电压都会有所提高。相关研究表明，这种电容器的绝缘电阻率可提高到 $2\times10^9\Omega\cdot cm$，工作电压有的可达 50V 甚至 100V 以上。

② 晶界层型　在晶粒发育比较充分的 $BaTiO_3$ 半导体陶瓷表面上涂覆 CuO、Cu_2O、MnO_2、Bi_2O_3、Tl_2O_3 等金属氧化物，在适当温度下进行氧化热处理，涂覆的氧化物就与 $BaTiO_3$ 等形成低共熔液相，沿开口气孔和晶界扩散渗透到陶瓷内部，在晶界上形成一层极薄的电阻率可达 $10^{12}\sim10^{13}\Omega\cdot cm$ 的固溶体绝缘介质层。这样，整个陶瓷体可看作是由很多半导体晶粒和绝缘性晶界层形成的小电容器相并联和串联而成，由于绝缘晶界层的厚度约为 $0.5\sim2\mu m$，厚度非常薄，每个小电容器的电容量很大，使得整个晶界层陶瓷的显介电常数非常高（$2\times10^4\sim8\times10^4$）。

表面层型和晶界层型半导体陶瓷电容器都能获得较大的有效介电常数和较高的耐电强度。但表面层半导体电容器在制造工艺上比晶界层型电容器相对技术简单，生产成本低，故而生产上使用更为广泛，是微小型化、片状化发展最快的一类电容器。而且可以利用其表面层结构的特点，将整个陶瓷体进行一定的处理之后，再进行表面金属化处理加上电极，获得 10 倍于同体积晶界层型电容器的电容量，所以备受人们的青睐。

（2）工艺简述与瓷体结构

BaTiO$_3$ 表面层型半导体陶瓷就其成分而论，主晶相仍是具有钙钛矿结构的瓷料，半导化之前其介电常数值为 10^4，半导化后值为 10^5。通常用挤压法成型，在 $1280\sim1350℃$ 下烧结成不同厚度的瓷片。在 H$_2$（$15\%\sim25\%$）、N$_2$（$85\%\sim75\%$）的还原气氛中，$1000\sim1100℃$ 的还原炉中作还原处理，其反应过程如下：

$$2BaTiO_3 + H_2 \longrightarrow 2BaTiO_{2.5} + H_2O + V_O \tag{4-13}$$

式（4-13）中 V$_O$ 代表氧缺位，其含量约为 10^3，当氧离子跑掉而形成氧缺位后，该缺位处便少了 2 价负电荷，为保持晶格场结构的平衡，氧缺位处带有 2 价正电荷特性，习惯上以 V_O'' 表示，V_O'' 的电行为相当是一个 2 价正离子。e 为电子电荷，在未激发之前它是停留在氧缺位附近 Ti^{3+} 上的介稳电子，受到热、电场的激发之后将形成"自由"电子而参与导电。这时整个瓷片具有电子导电特性，属于 n 型半导体。

还原处理后置入 $900\sim950℃$ 的大气炉中进行再次氧化形成约 $20\mu m$ 厚的氧化绝缘层，作为有效介质。表面层型半导体陶瓷电容器的基本结构和等效电路如图 4-20 所示。瓷片的中间部分基本上是均匀的 n 型半导体，上、下表面的氧化绝缘层则是不均匀的，其最外表面已完全再氧化，氧缺位已被全部消灭，具有良好的绝缘性能。逐渐深入到一定深度之后，由于再氧化程度越来越弱，其氧缺位保留数量增多，逐渐过渡到半导体层，则基本上没有再氧化了。所谓 $20\mu m$ 左右的再氧化层，这不过是一个大致的说法。可见，表面层型半导体陶瓷电容器实际上相当于两个电容器串联。

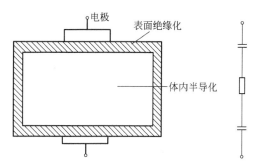

电极　表面绝缘化　体内半导化

图 4-20　表面层型半导体陶瓷电容器的结构及等效电路

（3）半导体陶瓷电容器对材料的要求

要获得高性能还原再氧化型半导体陶瓷电容器，对材料而言，应同时满足以下三个条件：①陶瓷材料介质本身的介电常数应尽可能大；②陶瓷材料的结构应致密，晶粒应细小、均匀；③陶瓷材料应易于还原再氧化。

纯 BaTiO$_3$ 陶瓷的介电系数最大峰值出现在 $120℃$ 左右，为使 BaTiO$_3$ 陶瓷的介电常数最大峰值出现在室温，材料易于还原再氧化处理，必须先对 BaTiO$_3$ 陶瓷进行深度改性。通常在 BaTiO$_3$ 陶瓷配方中，除了引入 ZrO$_2$ 作居里温度移动剂外，还要引入 Nd$_2$O$_3$，这些添加剂既可以在瓷料中起移动居里峰的作用，又可使材料结构致密，材料易于还原再氧化，因而采用它们作为重要的改性添加剂。

为获得室温介电系数在 12000 左右的陶瓷介质材料，掺杂 Nd$_2$O$_3$ 的量一般都在高浓度范围，Nd$_2$O$_3$ 在高浓度和低浓度范围掺杂时都会出现半导化现象，但半导化机理却各不相同，在低浓度范围掺杂时属于价控半导化，而在高浓度范围掺杂时属于氧空位半导化。研究发现，适量 Nd_2O_3 的添加，可显著提高 $BaTiO_3$ 基陶瓷的介电常数，降低介质损耗，这是由于适量 Nd_2O_3 的添加使 $BaTiO_3$ 陶瓷在保证结构致密、晶粒细小的前提下，介电常数的居里峰值产生了叠加效应所致。这时晶粒可控制在微米级（$1\sim2\mu m$）。Zr^{4+} 半径大于 Ti^{4+} 半径，发生取代后，可以起到展宽效果，对居里峰的移动作用和抬高效果也极为显著。同时，在外加电场作用下，晶体结构可能出现场诱相变，使陶瓷的介电系数达到最大值。这种综合添加剂组分作用相互牵制，随其含量变化而呈现不同的改性效果。

第5章 压电陶瓷

所谓压电效应，是指某些介质在力的作用下产生形变，在它的某些表面上出现与外力成线性比例的电荷积累，即引起介质表面带电，这是正压电效应。反之，施加激励电场，介质将产生机械变形，称逆压电效应。石英晶体是最早发现的压电晶体，1880 年法国人居里兄弟发现了石英晶体的"压电效应"，石英晶体目前仍是应用最好的和最重要的压电晶体之一。1942 年，第一个压电陶瓷材料——钛酸钡陶瓷先后在美国、前苏联和日本制成。1947 年，钛酸钡拾音器——第一个压电陶瓷元器件诞生了。20 世纪 50 年代初，又一种性能大大优于钛酸钡的压电陶瓷材料——锆钛酸铅研制成功。从此，压电陶瓷材料的发展进入了新的阶段。20 世纪 60 年代到 70 年代，压电陶瓷不断改进，日臻完美。

常用的压电陶瓷有钛酸钡系、钛酸铅-锆酸铅二元系及在二元系中添加第三种 ABO_3 型化合物的三元系，如 $Pb(Mn_{1/3}Nb_{2/3})O_3$ 和 $Pb(CO_{1/3}Nb_{2/3})O_3$ 等组成的三元系。如果在三元系统上再加入第四种或更多的化合物，可组成四元系或多元系压电陶瓷。钛酸钡是最早使用的压电陶瓷材料，它的压电系数约为石英的 50 倍，但居里点温度只有 115℃，使用温度不超过 70℃，温度稳定性和机械强度都不如石英。此外，还有一种铌酸盐系压电陶瓷，如氧化钠（或氧化钾）·氧化铌（$Na_{1/2}$·$K_{1/2}$·NbO_3）和氧化钡（或氧化锶）·氯化铌（Ba_x·Sr_{1-x}·Nb_2O_5）等，它们不含有毒性较大的铅，对环境保护有利。目前使用较多的压电陶瓷材料是锆钛酸铅（PZT）系列，它是钛酸铅（$PbTiO_3$）和锆酸铅（$PbZrO_3$）组成的［Pb（ZrTi）O_3］。居里点在 300℃ 以上，性能稳定，有较高的介电常数和压电系数。目前，世界各国正在大力研制开发无铅压电陶瓷，以保护环境并降低其对人们健康的危害。

压电陶瓷的应用十分广泛，这种奇妙的效应已经被应用在与人们生活密切相关的许多领域，以实现能量转换、传感、驱动、频率控制等功能。最典型的应用是蜂鸣器和安全报警器，把陶瓷素坯轧成如纸一样的薄片并烧成后，在它的两面做上电极，然后极化，这样陶瓷就具有压电性了，然后再把它与金属片黏合在一起，就做成一个蜂鸣器。当电极通电时，压电陶瓷因逆压电效应产生振动，发出人耳可以听到的声音。通过电子线路的控制，就可产生不同频率的振动，从而发出不同的声音。蜂鸣器最早用在电子玩具上，现在还被用于消防车、救护车、保险柜等处作为报警器。在能量转换方面，利用压电陶瓷将机械能转换成电能的特性，可以制造出压电点火器、移动 X 射线电源、炮弹引爆装置。电子打火机中就有压电陶瓷制作的火石，打火次数可在 100 万次以上。用压电陶瓷把电能转换成超声振动，可以用来探寻水下鱼群的位置和形状，对金属材料进行无损探伤，以及超声清洗、超声医疗，还可以做成各种超声切割器、焊接装置及烙铁，对塑料甚至金属进行加工。压电陶瓷对外力的敏感使它甚至可以感应到十几米外飞虫拍打翅膀对空气的扰动，用它来制作压电地震仪的陶瓷耳，能精确地测出地震强度，指示出地震的方位和距离。

5.1 压电陶瓷的压电效应

压电陶瓷是属于铁电体一类的物质，是一种经极化处理后的人工多晶铁电体。所谓"铁电体"，是指它具有类似铁磁材料磁畴结构的电畴结构。电畴是分子自发形成的区域，它有一定的极化方向，从而存在一定的电场。在无外电场作用时，各个电畴在晶体上杂乱分布，它们的极化效应被相互抵消，因此原始的压电陶瓷内极化强度为零，不具有压电性，见图 5-1(a)。要使之具有压电性，必须进行极化处理，即在一定温度下对其施加强直流电场，一般极化电场为 3～5kV/mm，温度 100～150℃，时间 5～20min。通过人工极化迫使"电畴"趋向外电场方向作规则排列，见图 5-1(b)。当直流电场去除后，陶瓷内仍能保留相当的剩余极化强度，则陶瓷材料宏观具有极性，也就具有了压电性能，见图 5-1(c)。

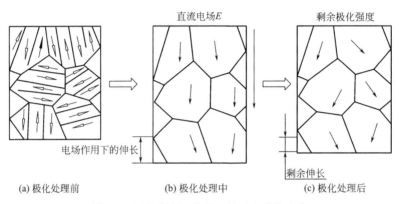

图 5-1　压电陶瓷极化处理前后电畴的变化

既然极化处理后的压电陶瓷宏观具有极性，就应该存在一定的电场，但是，当把电压表接到陶瓷片的两个电极上进行测量时，却无法测出陶瓷片内部存在的极化强度。这是因为陶瓷片内的极化强度总是以电偶极矩的形式表现出来，即在陶瓷的一端出现正束缚电荷，另一端则出现负束缚电荷。由于束缚电荷的作用，在陶瓷片的电极面上吸附了一层来自外界的自由电荷。这些自由电荷与陶瓷片内的束缚电荷符号相反而数量相等，它起着屏蔽和抵消陶瓷片内极化强度对外界的作用。所以电压表不能测出陶瓷片内的极化程度，如图 5-2 所示。

如果在陶瓷片上加一个与极化方向平行的压力 F，如图 5-3 所示，陶瓷片将产生压缩形变（图中形变后用虚线示意），陶瓷片内的正、负束缚电荷之间的距离变小，极化强度也变小。因此，原来吸附在电极上的自由电荷，有一部分被释放，从而出现了放电荷现象。当压力撤销后，陶瓷片恢复原状（这是一个膨胀过程），片内的正、负电荷之间的距离变大，极化强度也变大，因此电极上又吸附一部分自由电荷而出现充电现象。这种由机械效应转变为电效应，或者由机械能转变为电能的现象，就是正压电效应。

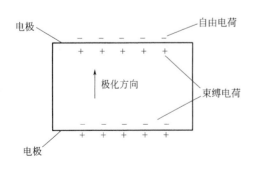

图 5-2　陶瓷片内束缚电荷与电极上
吸附的自由电荷

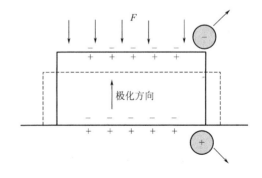

图 5-3　正压电效应
（实线代表形变前的情况，虚线代表形变后的情况）

同样，若在陶瓷片上施加一个与极化方向相同的电场，如图 5-4 所示，由于电场的方向与极化强度的方向相同，所以电场的作用使极化强度增大。这时，陶瓷片内的正负束缚电荷之间距离也增大，即陶瓷片沿极化方向产生伸长形变（图中虚线）。同理，如果外加电场的方向与极化方向相反，则陶瓷片沿极化方向产生缩短形变。这种由于电效应而转变为机械效应或者由电能转变为机械能的现象，就是逆压电效应。

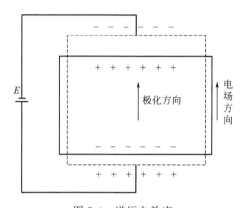

图 5-4　逆压电效应

（实线代表形变前的情况，虚线代表形变后的情况）

由此可见，压电陶瓷之所以具有压电效应，是由于陶瓷内部存在自发极化。这些自发极化经过极化工序处理而被迫取向排列后，陶瓷内即存在剩余极化强度。如果外界的作用能使此极化强度发生变化，陶瓷就出现压电效应。此外，还可以看出，陶瓷内的极化电荷是束缚电荷，而不是自由电荷，这些束缚电荷不能自由移动。所以在陶瓷中产生的放电或充电现象，是通过陶瓷内部极化强度的变化，引起电极面上自由电荷的释放或补充的结果。

5.2　压电陶瓷的主要参数

5.2.1　压电系数

（1）定义

材料的介电性质需要用介电常数来描述，材料的弹性性质需要用弹性常数来描述；同样，压电材料所特有的压电性质需要用压电常数来描述。晶体的介电常数、弹性常数与晶体的对称性密切相关，同样，压电常数也与晶体的对称性密切相关。不是从压电晶体上任意切下一块晶片，就能制作压电元件，而是要根据该压电晶体的压电常数进行设计切割晶片。所以了解压电常数与对称性的关系，对于了解压电晶体的压电性质以及压电元件的设计等都有十分重要的意义。

压电晶体与其他晶体的主要区别在于压电晶体的介电性质与弹性性质之间存在耦合关系，而压电系数是反映压电陶瓷材料介电性质与弹性性质之间耦合关系的物理量。压电常数是衡量材料压电效应强弱的参数，它直接关系到压电输出的灵敏度。

压电陶瓷材料有正压电效应和逆压电效应，分别是将外界应力转变为电位移及将外界电场强度转变为机械效应应变，所以我们就从这两个方面来讨论压电陶瓷材料的压电系数。

（2）应力 T 与电位移 D 的关系

物体内任一点的应力状态可由通过该点的 3 个相互垂直平面上的 9 个应力分量 σ_x、τ_{xy}、τ_{xz}，σ_y、τ_{yx}、τ_{yz}，σ_z、τ_{zx}、τ_{zy} 表示。其中 $\tau_{xy}=\tau_{yx}$，$\tau_{yz}=\tau_{zy}$，$\tau_{zx}=\tau_{xz}$，故上述应力分量中只有 6 个应力分量是独立的。如图 5-5 所示。

分别用 T_1、T_2、T_3、T_4、T_5、T_6 来表示 σ_x、σ_y、σ_z、$\tau_{yz}=\tau_{zy}$、$\tau_{yz}=\tau_{zy}$、$\tau_{xy}=\tau_{yx}$。下面就分别考虑在这六种应力作用下，材料所产生的极化强度分量，也就是电位移。

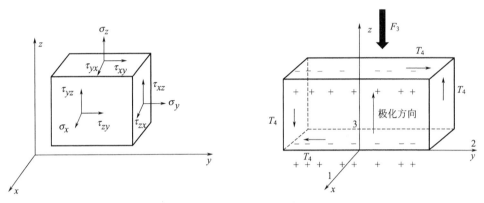

图 5-5　应力状态　　　　　　　图 5-6　正应力对极化强度的影响

① 正应力对极化强度的影响　对于压电陶瓷，通常取它的极化方向为 z 轴，如图 5-6 所示，坐标轴分别为 x、y、z，在下面讨论中为简化起见，分别用 1 方向表示 x 方向，2 方向表示 y 方向，3 方向表示 z 方向，则图 5-6 中压电陶瓷片的极化方向为 3 方向。当压电陶瓷在受到如图 5-6 所示的压力 F_3 时，在垂直于 $z(3)$ 轴的上下平面上分别出现正、负电荷，当压电陶瓷在沿极化方向受力时，则在垂直于 z 轴的表面上将会出现电荷，陶瓷就产生放电现象。力的作用面为 A_3，在应力 $T_3=\dfrac{F_3}{A_3}$ 作用下，电极面 A_3 上所产生的电荷密度 $\sigma_3=q_3/A_3$，q_3 为 A_3 面上产生的电荷量，电荷密度 σ_3 与外力 $T_3=\dfrac{F_3}{A_3}$ 成如下的正比关系，即

$$\sigma_3=d_{33}\frac{F_3}{A_3}=d_{33}T_3 \tag{5-1}$$

因为电位移 $D_3=\sigma_3$，上式可写为 $D_3^{(3)}=d_{33}T_3$，$D_3^{(3)}$ 表示只受到沿 3 方向的应力 T_3 作用时，在垂直 $z(3)$ 轴的电极面上产生的极化强度分量，比例系数 d_{33} 称为压电常数，它反映了材料的压电性质。

压电系数的角标中，第一个数字是指电极面的垂直方向或电场方向，第二个数字是指应力或应变的编号，例如 d_{31} 就是表示 1 方向的应力 T_1 作用下，垂直于 3 方向电极面的压电系数，或表示为 3 方向所产生的应变 S_1 的压电系数。又如 d_{15} 是表示在切应力 T_5 的作用下，电极面垂直于 1 方向的压电系数，或者说电场为 1 方向时产生应变 S_5 的压电系数。一般规定拉伸应力和伸长应变为正，所以 d_{33} 为正值，d_{31} 为负值。

当对与 1 方向垂直的 A_1 面和与 2 方向垂直的 A_2 面分别施加应力 T_1、T_2 时，在电极面 A_3 上产生电位移 D_3，即

$$D_3^{(1)}+D_3^{(2)}=d_{31}T_1+d_{32}T_2 \tag{5-2}$$

式（5-2）中，d_{31}、d_{32} 都是压电系数，且 $d_{31}=d_{32}$，当压电陶瓷同时受到 T_1、T_2、T_3

的作用力时有电位移 D_3：

$$D_3 = D_3^{(1)} + D_3^{(2)} + D_3^{(3)} = d_{31} T_1 + d_{31} T_2 + d_{33} T_3 \tag{5-3}$$

必须注意，对于压电陶瓷，不论是 T_1、T_2 还是 T_3 的作用，只有 3 方向的极化状态发生变化，而在 1 和 2 方向上的极化状态不发生变化，所以只在 3 方向产生压电效应，而在 1 和 2 方向上不产生压电效应。

② 切应力对极化强度的影响　本节所说切应力 T_4 指作用于 x（1 或 A_1）面的切应力 $\tau_{yz} = \tau_{zy}$，T_5 指作用于 y（2 或 A_2）面的切应力 $\tau_{zx} = \tau_{xz}$，T_6 指作用于 z（垂直于 3 轴的面或 A_2）面的切应力 $\tau_{xy} = \tau_{yx}$。

在切应力 T_4、T_5 的作用下将产生切应变 S_4、S_5，沿 3 方向的极化 P_3 随着 S_4、S_5 向 2(1)方向偏转，切应变发生之前，2(1) 方向的极化为零，切变后，2(1) 方向出现极化分量 P_2(P_1)。由于 2(1) 方向的极化状态发生变化，所以 2(1) 方向就产生压电效应。1 和 3(2 和 3)方向的极化状态保持不变。所以 1 和 3(2 和 3) 方向均不产生压电效应，即 $d_{24} \neq 0$（$d_{15} \neq 0$）、$d_{14} = d_{34} = 0$（$d_{25} = d_{35} = 0$）。在切应力不太大时，电位移 D_2(D_1) 与 T_4、T_5 成正比，即

$$D_2 = d_{24} T_4, D_1 = d_{15} T_5 \tag{5-4}$$

式（5-4）中，d_{24}、d_{15} 为压电系数，可以证明 $d_{24} = d_{15}$，切应力 T_6 的作用均不能改变 1、2、3 方向的极化状态，所以 1、2、3 方向均不产生压电效应，即 $d_{16} = d_{26} = d_{36} = 0$。因此，正压电效应的矩阵表达式为：

$$\begin{bmatrix} D_1 \\ D_2 \\ D_3 \end{bmatrix} = \begin{bmatrix} 0 & 0 & 0 & 0 & d_{15} & 0 \\ 0 & 0 & 0 & d_{15} & 0 & 0 \\ d_{31} & d_{31} & d_{33} & 0 & 0 & 0 \end{bmatrix} \begin{bmatrix} T_1 \\ T_2 \\ T_3 \\ T_4 \\ T_5 \\ T_6 \end{bmatrix} \tag{5-5}$$

（3）电场 E 与应变 S 的关系

当对压电陶瓷施加电场 E_3 时，由于改变了 3 方向的极化状态，陶瓷片在 1、2、3 方向产生伸缩形变，在 E_3 不大时，应变 S 与 E_3 成正比：

$$S_1 = d_{31} E_3$$
$$S_2 = d_{32} E_3 = d_{31} E_3 \tag{5-6}$$
$$S_3 = d_{33} E_3$$

在压电陶瓷的 A_2(A_1) 面上设置电极，施加电场 E_2(E_1)，因为 E_2(E_1) 的作用使 3 方向的极化向 2(1)方向偏转，这样就引起 A_1(A_2)面切应变，用 S_4(S_5) 表示，当 E_2(E_1) 不大时，切应变 S_4(S_5) 与外电场 E_2(E_1) 成正比，即

$$S_4 = d_{24} E_2$$
$$S_5 = d_{15} E_1 \tag{5-7}$$

可以证明，$d_{15} = d_{24}$。

压电陶瓷独立的压电系数只有 3 个，即 d_{31}、d_{33} 和 d_{15}，其他均为零，逆压电效应的矩阵表达式为：

$$
\begin{bmatrix} S_1 \\ S_2 \\ S_3 \\ S_4 \\ S_5 \\ S_6 \end{bmatrix} = \begin{bmatrix} 0 & 0 & d_{31} \\ 0 & 0 & d_{31} \\ 0 & 0 & d_{33} \\ 0 & d_{15} & 0 \\ d_{15} & 0 & 0 \\ 0 & 0 & 0 \end{bmatrix} \begin{bmatrix} E_1 \\ E_2 \\ E_3 \end{bmatrix} \tag{5-8}
$$

5.2.2　压电陶瓷振子与振动模式

压电元件常用于振荡器、滤波器、换能器、光调幅器以及延迟线等各种机电、光电器件，这些器件都是通过压电效应激发压电体的机械振动来实现的。因此，只有通过对压电元件的振动模式进行分析，才能较深入地了解压电元件的工作原理和具体工作性质。虽然压电晶体（包括已极化的压电陶瓷）是各向异性体，但是压电元件都是根据工作需要，选择有利的方向切割下来的晶片，这些晶片大多数为薄长片、圆片、方片等较简单的形状。虽然它们的基本振动模式（如伸缩振动、切变振动等）大体上与各向同性的弹性介质相同，都是在有限介质中以驻波的形式传播，但是只有在非常简单的情况下，才可能得到波动方程的准确解。对于稍复杂的情况，只能得到近似解，一般需要数值计算才能得到精确解。在本章中，不可能对所有的振动模式都进行详细讨论，只是对其中最具有代表性的振动模式作较系统而全面的分析讨论，通过对其特殊性的讨论了解普遍性。

（1）压电振子的谐振特性

极化后的压电体即是压电振子。对压电振子施加交变电场，当电场频率与压电体的固有频率一致时，产生谐振。谐振频率为形成驻波的频率。形成驻波的条件为 $L = n\lambda/2$。振动频率为 $f_r = u/\lambda$（u 是声波的传播速度，其值与物体的密度和弹性模量有关）。谐振线度尺寸与频率的关系为 $L = n(u/f_r)/2$，当 $n = 1$ 时的频率为基频，其他为二次、三次等谐振。

把压电振子、信号发生器和毫伏表串联，逐渐增加输入电压的频率，当外电压的某一频率使压电振子产生谐振时，就发现此时输出的电流最大，而振子阻抗最小，常以 f_m 表示最小阻抗（或最大导纳）的频率。当频率继续增大到某一值时，输出电流最小，阻抗最大，常以 f_n 表示最大阻抗（或最小导纳）的频率，被称为反谐振频率。在两个谐振之间有一反谐振，如图 5-7 所示。

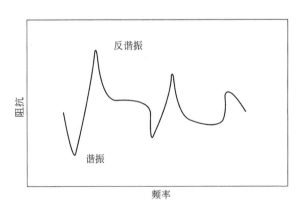

图 5-7　压电振子的谐振特性

（2）压电振子的等效电路

压电振子的谐振特性，即阻抗随频率变化的曲线，与 LC 电路谐振特性类似，即与二端网络的三元件电路（一个电感与一个电容串联，再与一个电容并联的电路）的阻抗随频率的变化曲线类似。如图 5-8 所示。

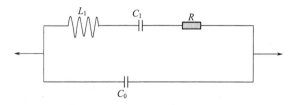

图 5-8　压电振子的等效电路

电感的意义在于当某一振子在交变电场的作用下，发生形变，引起另一压电振子形变，从而感应出电荷。其原因是由于振子的惯性引起，可等效为振子的质量，而电容可等效为弹性常数，电阻由内摩擦引起。通过该等效电路图求出这一电路的阻抗绝对值，对其求导，在 $R=0$ 时，可求出 f_m 和 f_n。

（3）振动模式

压电陶瓷根据振动模式又可分为横效应振子和纵效应振子以及厚度切变振子三种。

① 横效应振子　横效应振子包括薄长条片振子和薄圆片振子。横效应振子的特点如下：

a. 电场方向与弹性波传播方向垂直；

b. 沿弹性波传播方向电场 E 为常数；

$$E_1=E_2=0; \qquad \frac{\partial E_3}{\partial x}=\frac{\partial E_3}{\partial y}=0 \tag{5-9}$$

c. 串联谐振频率 f_s 等于压电陶瓷的机械共振频率。

② 纵效应振子　纵效应振子包括细长棒振子和薄板的厚度伸缩振子。纵效应振子特点如下：

a. 电场方向与弹性波传播方向平行；

b. 沿弹性波传播方向电场 D 为常数；

$$D_1=D_2=0; \qquad \frac{\partial D_3}{\partial x}=\frac{\partial D_3}{\partial y}=0 \tag{5-10}$$

c. 串联谐振频率 f_p 等于压电陶瓷的机械共振频率。

③ 厚度切变振子　若压电陶瓷片的极化方向和激励电场相互垂直，就可产生厚度切变振动，常称作剪切片，它是制作压电加速度器等常用的振动模式。

5.2.3　机械品质因素Q_m

机械品质因素 Q_m 表示在振动转换时，材料内部能量损耗的程度，机械品质因素越高，能量的损耗就越少，产生机械损耗的原因是存在内摩擦，在压电元件振动时，要克服摩擦而消耗能量，机械品质因素与机械损耗成反比，即

$$Q_m=2\pi\frac{W_1}{W_2} \tag{5-11}$$

式（5-11）中，W_1 为谐振时振子内储存的机械能量；W_2 为谐振时振子每周期的机械阻尼损耗能量。Q_m 也可根据等效电路计算而得：

$$Q_m = \frac{1}{C_1 \omega_s R_1} \qquad (5-12)$$

式（5-12）中 R_1 为等效电阻；ω_s 为串联谐振频率；C_1 为振子谐振时的等效电容。

$$C_1 = \frac{\omega_p^2 - \omega_s^2}{\omega_p^2}(C_0 + C_1) \qquad (5-13)$$

式（5-13）中，ω_p 为振子并联谐振频率；C_0 为振子的静电容，则：

$$Q_m = \frac{\omega_p^2}{(\omega_p^2 - \omega_s^2)\omega_s R_1 (C_0 + C_1)} \qquad (5-14)$$

发射型压电器件，要求机械损耗小，Q_m 值要高。滤波器是用高机械品质因素材料制成的。由于配方不同，工艺条件不同，压电陶瓷的 Q_m 值也不相同，PZT 压电陶瓷的 Q_m 值在 50～3000，有些压电材料 Q_m 值还要更高。

5.2.4 频率常数 N

当我们把沿长度方向振动的陶瓷片长度磨短了，就会发现这陶瓷片的谐振频率提高了，这样，我们就可以通过磨短陶瓷片某个方向的尺寸来调节其谐振频率，为什么磨短振动方向的尺寸可以提高谐振频率呢？这是因为对某一陶瓷材料，其压电振子的谐振频率和振子振动方向长度的乘积是一个常数，即频率常数。频率常数是谐振频率和决定谐振的线度尺寸的乘积。如果外加电场垂直于振动方向，则谐振频率为串联谐振频率；如果电场平行于振动方向，则谐振频率为并联谐振频率。因此，对于 31 和 15 模式的谐振和对于平面或径向模式的谐振，其对应的频率常数为 N_{E1}、N_{E5} 和 N_{EP}，而 33 模式的谐振频率常数为 N_{D3}。对于一个纵向极化的长棒来说，纵向振动的频率常数通常以 N_{D3} 表示；对于一个厚度方向极化的任意大小的薄圆片，厚度伸缩振动的频率常数通常以 N_{Dt} 表示。圆片的 N_{Dt} 和 N_{Dp} 是重要的参数。除了频率常数 N_{Dp} 外，其他的频率常数等于陶瓷体中主声速的一半，各频率常数具有相应的下角标。

根据频率常数的概念，就可以得到各种振动模式的频率常数，长条形样品的长度振动的频率常数为：

$$N_{31} = f_s l_1 \qquad (5-15)$$

式（5-15）中，f_s 为长条形振子的串联谐振频率；l_1 为长条振子振动方向的长度。

频率常数是由材料性质决定的，这是因为在长条振子中，声波在振子中传播速度为：

$$V = 2 l_1 f_s \qquad (5-16)$$

而声波的大小仅与材料性质有关，与尺寸无关，例如纵波声速：

$$V = \frac{Y}{\rho} \qquad (5-17)$$

式（5-17）中，Y 为杨氏模量；ρ 为材料密度。对于一定组成的材料来说，Y 和 ρ 为常数，当然 V 也是常数，所以对于一定组成的材料来说，$N_{31} = f_s l_1$ 也是常数，N_{31} 知道后，可以根据需要的频率来设计振子的尺寸。此外，知道频率常数还可以计算出材料的杨氏模量。振子的振动形式不同，其频率常数也不同。

圆片振子的径向振动频率常数为：

$$N_p = f_s D \qquad (5-18)$$

式（5-18）中，f_s 为圆片振子的串联谐振频率；D 为振子的直径。

细长棒 N_{33} 振子的频率常数为：

$$N_{33} = f_{\mathrm{p}} l_3 \qquad (5\text{-}19)$$

式中（5-19）中，f_{p} 为细长棒振子的并联谐振频率；l_3 为细长棒振子的长度。

薄板的厚度伸缩振子的频率常数为：

$$N_{\mathrm{t}} = f_{\mathrm{p}} l_{\mathrm{t}} \qquad (5\text{-}20)$$

式（5-20）中，f_{p} 为薄板振子的并联谐振频率；l_{t} 为薄板厚度。

切变振子的频率常数为：

$$N_{15} = f_{\mathrm{p}} l_{\mathrm{t}} \qquad (5\text{-}21)$$

式（5-21）中，f_{p} 为切变振子的并联谐振频率；l_{t} 为切变振子的厚度。

5.2.5 机电耦合系数 K

机电耦合系数或称有效机电耦合系数，是综合反映压电陶瓷材料性能的一个重要参数，是衡量材料压电性能好坏和压电材料机电能量转换效率的一个重要物理量。它反映一个重要压电陶瓷材料的机械能与电能之间的耦合关系，可用下式来表示机电耦合系数 K：

$$K^2 = \frac{\text{电能转变为机械能}}{\text{输入的电能}} \quad \text{或} \quad K^2 = \frac{\text{机械能转变为电能}}{\text{输入的机械能}} \qquad (5\text{-}22)$$

因为机械能转变为电能总是不完全的，所以 K^2 总是小于 1。因为 K 是能量间的比值，所以无量纲。例如 PZT 陶瓷，K_{p} 在 $0.5 \sim 0.8$，对于居里点在 24℃ 的罗息盐，K_{p} 高达 0.9。压电陶瓷的振动形式不同，其机电耦合系数 K 的形式也不相同。即使是同一种压电材料，由于其振动方向和极化方向的相对关系不同，导致能量转换情况的差异，因而具有不同形式的 K 值，常见的有平面机电耦合系数 K_{p} 和径向机电耦合系数 K_{r}。

5.3 压电陶瓷材料和工艺

在自然界中大多数晶体都具有压电效应，但压电效应可能十分微弱，没有实际应用价值。随着对材料的深入研究，逐渐发现了石英晶体、钛酸钡、锆钛酸铅等材料是性能优良的压电材料。压电陶瓷的压电系数比石英晶体的大得多，所以采用压电陶瓷制作的压电式传感器的灵敏度较高。最早使用的压电陶瓷材料是钛酸钡（$BaTiO_3$），它是由碳酸钡和二氧化钛按 1∶1 摩尔比混合后烧结而成的。它的压电系数约为石英的 50 倍，但居里点温度只有 115℃，使用温度不超过 70℃，温度稳定性和机械强度都不如石英。目前使用较多的压电陶瓷材料是锆钛酸铅（PZT）系列，它是钛酸铅（$PbTiO_3$）和锆酸铅（$PbZrO_3$）组成的 $[Pb(ZrTi)O_3]$，居里点在 300℃ 以上，性能稳定，有较高的介电常数和压电系数。各类材料的具体性能指标参见表 5-1。

表 5-1 常用压电材料性能

性　　能	石英	钛酸钡	锆钛酸铅 PZT-4	锆钛酸铅 PZT-5	锆钛酸铅 PZT-8
压电系数/(pC/N)	$d_{11} = 2.31$ $d_{14} = 0.73$	$d_{15} = 260$ $d_{31} = -78$ $d_{33} = 190$	$d_{15} \approx 410$ $d_{31} = -100$ $d_{33} = 230$	$d_{15} \approx 670$ $d_{31} = -185$ $d_{33} = 600$	$d_{15} \approx 330$ $d_{31} = -90$ $d_{33} = 200$
相对介电常数/ε_{r}	4.5	1200	1050	2100	1000

性　　能	石英	钛酸钡	锆钛酸铅 PZT-4	锆钛酸铅 PZT-5	锆钛酸铅 PZT-8
居里点温度/℃	573	115	310	260	300
密度/(10^3 kg/m³)	2.65	5.5	7.45	7.5	7.45
弹性模量/(10^3 N/m²)	80	110	83.3	117	123
机械品质因数	$10^5 \sim 10^6$		≥500	80	≥800
最大安全应力/(10^5 N/m²)	95～100	81	76	76	83
体积电阻率/Ω·m	$>10^{12}$	10^{10}(25℃)	$>10^{10}$	10^{11}(25℃)	
最高允许温度/℃	550	80	250	250	
最高允许湿度/%	100	100	100	100	

　　压电铁电陶瓷的应用很广,不同的应用范围往往对材料性能提出不同的要求。为了得到性能符合要求的材料,首先要合理设计配方,为了合理地设计配方,首先必须对材料的性能指标和化学组成之间存在什么关系有所了解。一般材料的性质是晶体结构化学键的性质以及材料的组织结构所决定的,而它们又和材料的化学组成及工艺条件直接有关。

5.3.1　钛酸铅 $PbTiO_3$ 压电陶瓷材料

　　(1) 钛酸铅 $PbTiO_3$ 性质

　　铅系钙钛矿型化合物是压电陶瓷材料中研究较多的一个体系。钛酸铅属于钙钛矿型结构,室温下为四方晶系,单元晶胞有一个化学式单位,晶格常数 $a = 0.3904$nm,$c = 0.4150$nm,$c/a = 1.063$。Ti 离子位于 6 个 O^{2-} 组成的八面体的中心,其配位数为 6,每个 Pb 离子占据氧八面体之间的空隙,被 12 个 O^{2-} 包围着,故其配位数为 12,每个氧离子周围有 4 个 Pb 正离子和 2 个 Ti 正离子,所以氧离子的配位数为 6。

　　钛酸铅的居里温度为 490℃。当温度降至居里温度以下时,$PbTiO_3$ 由立方晶系转变为四方晶系。相变时晶格畸变伴随着几何尺寸的突变和自发极化的跳跃,在居里点轴率 c/a 的变化为一个跳跃,此值约为 2%,体积增加 0.44%,并伴随有相变潜热 4.81J/mol。居里点以下的钛酸铅晶胞轴率随温度升高而下降。介电常数在 490℃峰值时达到 10000,在居里点以上遵守居里-外斯定律。常温下钛酸铅的介电常数较低。钛酸铅的单晶 $\varepsilon_{33}^T/\varepsilon_0$ 约为 30。钛酸铅陶瓷的 $\varepsilon/\varepsilon_0$ 在 200 左右。由于钛酸铅有低的介电常数、较高的 K_t 值（>0.4）和高的时间稳定性,所以可以制作高频滤波器。由于钛酸铅具有很强的各向异性,矫顽场强度很高,因此很难测得纯钛酸铅的电滞回线。

　　(2) 钛酸铅 $PbTiO_3$ 压电陶瓷

　　钛酸铅（$PbTiO_3$）是一种典型的具备机械能-电能耦合效应的压电陶瓷,以钛酸铅（$PbTiO_3$）为主晶相的陶瓷材料具有居里温度高（约490℃）、相对介电常数较低（约为200）、泊松比低（约为0.20）、机械强度较高等特性,适于高温和高频条件下应用。

　　纯钛酸铅可用四氧化三铅和二氧化钛为原料合成,用通常陶瓷工艺固相烧结法很难得到结构致密的纯钛酸铅陶瓷材料。在其制备冷却过程中,当试样冷却通过居里点时因产生立方-四方相变而伴随着很大的应变,因而在晶界上及晶粒内都会产生很大的应力,这些应力的存在易使试样出现显微裂纹导致陶瓷制品的碎裂。为了解决这一问题,常加入少量改性添加物，如二氧化锰、三氧化二镧、二氧化铈、五氧化二铌、三氧化二硼等氧化物对其进行改性。如通过掺入三氧化二镧经 $1150℃$ 烧结后可获得相对密度为 99% 的 $Re\text{-}PbTiO_3$ 陶瓷，显微组织能够得到明显改善，可用于制造在 $75MHz$ 的高频条件下工作的换能器阵列。分析认为，由于稀土离子 Re^{3+} 的置换作用，使 $PbTiO_3$ 陶瓷介电常数减小及压电各向异性 (K_t/K_p) 增强，特别适用于电子扫描医用超声系统中的换能器。并且因陶瓷的介电常数和径向机电耦合系数减小，其高频谐振峰变得单纯，利于制造高灵敏度、高分辨率的超声换能器。

在设计陶瓷配方时，通过引入其他杂质来控制 $PbTiO_3$ 陶瓷试样的易碎裂现象并改善材料的性能是生产中常用的一种手段，其具体作用机理主要有以下三个方面。

① 掺杂能够使材料获得细晶结构　某些杂质的引入有利于获得细晶结构陶瓷材料，例如，加入 MnO_2、Cr_2O_3 等既能与主晶格互溶，又能以第二相的形式析出于晶界的杂质就有利于得到细晶结构。而陶瓷晶粒尺寸的大小是能否消除碎裂现象，获得高致密度的一个非常重要的影响因素。这是因为一方面晶粒细化后，晶粒边界面积增大，会使晶粒间的结合力增大，因而能够提高抵抗应力的能力。另一方面，压电陶瓷使用之前要经过极化处理，伴随极化的电致应变在晶界层产生的应力会随晶粒尺寸的增大而增大，晶粒粗大易在外电场极化时引起开裂。所以细晶结构有利于减小应力消除试样的碎裂现象。

但也要注意晶粒尺寸过细，电畴将不易发展。因为铁电畴在电场作用下的反转过程包括了新畴成核和畴壁运动两个过程。晶粒尺寸过细时，晶界体积分数增多，晶界和畴壁的耦合性升高，使畴的重新取向更加困难。因而剩余极化强度、介电常数随晶粒尺寸的减小而降低，矫顽场强则随晶粒尺寸的减小而增大，会使压电性能下降，所以一般控制晶粒尺寸在 $1\sim2\mu m$ 左右。晶界的厚薄和性质对畴结构也有影响，极薄的晶界有利于电畴跨晶界发展，提高制品的压电性。

另外，掺杂也利于制品抗老化性能的提高，这是由于自发极化电畴与晶胞对称性密切相关，添加适量的掺杂物后，晶胞结构发生畸变，更利于畴壁的重新定向。使畴壁容易移动，畴内应力易于释放，故抗老化性好。

② 掺杂能够降低 c/a 比　如果轴率 c/a 比降低，就可以减少各向异性造成的应力，可以减轻试样碎裂的趋势。引入少量 Nb^{5+}、Bi^{3+}、La^{3+} 等可以使 $PbTiO_3$ 陶瓷稳定，就是这个原理。譬如，加入 4%（摩尔分数）的 Nb^{5+}，可以使 $PbTiO_3$ 的轴率 c/a 比由 1.063 降至 1.046。在 $200℃$，$60kV/cm$ 电场下极化后，这种材料的 d_{33} 为 $40\times10^{-12}C/N$。

③ 掺杂能提高晶界的强度　通过引入少量杂质可以调整晶界的性质，如果添加物部分进入晶格，其余部分在晶界析出，这样既可以抑制晶粒生长，又可以增加晶界强度。在晶界强度提高以后可以放大颗粒尺寸，从而提高压电性能，添加 MnO_2 便能起到这个作用。

5.3.2　PZT 二元系压电陶瓷

$PbTiO_3\text{-}PbZrO_3$ 能生成连续固溶体，在 $Pb(Zr,Ti)O_3$ 固溶体里继续添加少量的 Nb、Cr、La 或 Fe 等，制成的一系列压电陶瓷材料，称为锆钛酸铅系陶瓷，简称 PZT，目前对此类压电陶瓷的研究工作进行得比较多。锆钛酸铅系压电陶瓷与钛酸钡系相比，压电系数更大，居里温度在 $300℃$ 以上，各项机电参数受温度影响小，时间稳定性好。因此，锆钛酸铅系压电陶瓷是目前压电式传感器中应用得最为广泛的一类压电材料。

（1）锆酸铅-钛酸铅二元系相图

$PbTiO_3$ 和 $PbZrO_3$ 都具有 ABO_3 钙钛矿型的结构，A 位离子相同，B 位离子的价数相同，尺寸也相差不多，因此 $PbTiO_3$ 和 $PbZrO_3$ 能生成连续固溶体。其分子式可写成 $PbZr_xTi_{1-x}O_3$，$0<x<1$，连续固溶体也具有 ABO_3 钙钛矿型结构。较大的 Pb^{2+} 占 A 位，6 个面心由 O^{2-} 占据，较小的 Ti^{4+}（6.1×10^{-11} m）或（和）Zr^{4+}（7.2×10^{-11} m）处于 B 位，占据氧八面体间隙。整个晶体可以看成是由氧八面体共顶连接而成，各氧八面体之间的间隙由 Pb^{2+} 占据。阳离子之间的半径差值为 15.3%，尽管略高于连续固溶体形成的 15% 原则，但仍可生成连续固溶体，这可能与相图的两个终端物同属于钙钛矿型结构有关。

图 5-9 是 $PbZrO_3$-$PbTiO_3$ 系统在常温附近的相图，它显然描述的是生成连续固溶体相图中固相线以下的部分。这种 $Pb(TiZr)O_3$ 固溶体在高温时具有均匀的立方（cubic）结构（立方晶系钙钛矿结构），没有铁电性。温度下降时，它要发生相变。随着组成的不同，它可能变成有铁电性的三方［又称为菱面体三角（rhombohedral）］或四方（tetragonal）结构。它还可能变为正交（orthorhombic）结构的反铁电晶型。对于铁电相变，存在一个居里转变温度 T_c。由图 5-9 可见，居里温度随组成而改变。在居里温度以上的立方晶型是非铁电体，不具有压电性；在居里温度以下的三方和四方两种晶型都是铁电体。

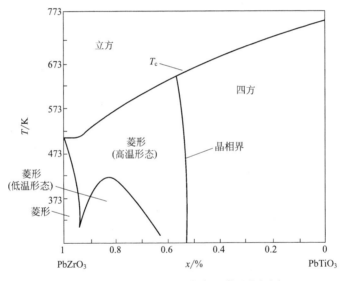

图 5-9　$PbZrO_3$-$PbTiO_3$ 在常温附近的相图

当冷却至居里温度 T_c 时发生相变。在含有 $PbTiO_3$ 高的一端转变为四方铁电相 F_T，它具有和 $PbTiO_3$ 相似的晶体结构，不过氧八面体内的 Ti^{4+} 一部分被 Zr^{4+} 所置换。在 $PbZrO_3$ 的含量大于 53%（摩尔分数）时，居里点以下的铁电相已经不是四方铁电相，而出现了菱面体高温铁电相 $F_R(H)$。菱面体高温铁电相的晶胞为菱面体，是属于三方晶系的，可以把它看作立方体沿一体对角线伸长变形得到的，其自发极化的方向就是体对角线的方向。在这一区域内继续冷却时，菱面体铁电相 $F_R(H)$ 又经历一次相变，变成另一种结构的菱面体低温铁电相 $F_R(L)$（rhombus）。$F_R(H)$ 和 $F_R(L)$ 都属于三方晶系，晶胞都是菱面体形，自发极化方向都沿三次轴方向，区别在于前者是简单菱面体晶胞，后者是复合菱面体晶胞。高低温三方晶型之间的差别是由于氧八面体取向不同引起的。相图上最靠近 $PbZrO_3$ 的地方为反铁电区。$PbZrO_3$ 的居里温度为 230℃，高于居里温度时，它为理想的立方相钙钛矿型结构，低于居里温度时它为反铁电体。从图 5-9 和上述的分析可知：二元系统中生成的固溶体发生晶型转变时，往往既与温度有关，又与配比组成相关。

四方铁电相 F_T 和菱面体铁电相 $F_R(H)$ 之间的相界线在室温位置约为 $Zr/Ti=53/47$ 处。随着温度的提高，相界线往富锆的一端倾斜。高温菱面体铁电相 $F_R(H)$ 在室温下的稳定范围是在锆钛比 Zr/Ti 为 $63/37\sim53/47$。低温菱面体铁电相 $F_R(L)$ 在室温下的稳定范围是在锆钛比 Zr/Ti 为 $94/6\sim63/37$。在室温下，$Zr/Ti>94/6$ 的区域为斜方反铁电相 A。在四方铁电相区域，轴率 c/a 随 Zr/Ti 比的增大而降低。在菱面体铁电相区，随着 $PbZrO_3$ 含量的增加，晶胞体积显著增大，晶格畸变随 Zr/Ti 比增大而降低。

（2）PZT 二元系的组成和性能之间的关系

① 未改性 PZT 二元系的组成、结构和性能 研究表明，对于未掺杂改性的 PZT 二元系制品性能与锆钛比 Zr/Ti 的数值密切相关。目前对 PZT 材料体系的研究，Zr/Ti 主要集中在 53/47 和 95/5 这两个组成范围左右。组成靠近四方铁电相 F_T 和菱面体铁电相 $F_R(H)$ 之间的相界线相界时（$0.52\sim0.55$ 和 $0.48\sim0.45$），介电系数 ε 和机电耦合系数 K_p 都明显增大，并且在相界线附近具有极大值。而机械品质因数 Q_m 的变化趋势却相反，在相界附近时具有极小值。

为什么组成靠近相界处时，体系的介电系数 ε 和机电耦合系数 K_p 都会出现极大值，而机械品质因数则是极小值？一般认为相界附近的晶体结构是活动性比较大的。因为在相界处晶体结构要发生突变，相界富锆一侧为三方铁电相，而富钛一侧为四方铁电相。在相界附近，随着钛离子浓度的增加，自发极化方向的取向将从 [111] 向 [001] 变化，在这一过程中，晶体结构是不稳定的，而任何质变总是以量变的累积为基础的。也就是说，随着 Zr 含量的增加，四方铁电相变得越来越不稳定，当 Zr 含量超过一定限度时就发生了质变，出现了菱面体结构。同样，随着 Ti 含量的增加，菱面体结构显得越来越不稳定，当 Zr/Ti 比小于 53/47 时便出现了四方结构，组成在相界附近时，结构的活动性最高。正是这种结构的活动性使得相界附近的组成具有介电和压电的极大值。Q_m 是反映机械损耗大小的，机械损耗主要决定于压电陶瓷振动时的内摩擦。如果结构活动性增大，内摩擦增加，Q_m 值下降。因此，介电性和压电性能显著提高。为此，国内外 PZT 材料的相关研究大多都集中在锆/钛的比例处于 $0.52\sim0.55$ 和 $0.48\sim0.45$ 范围内。

锆钛比 $Zr/Ti\geqslant0.94$ 的区域是高锆区，在这个区域（$Zr/Ti=0.94$）存在一条铁电（F）-反铁电（AF）相界，在测量其介电系数随频率和温度变化的过程中，发现介电反常和显著的厚度振动。这类陶瓷具有较高的厚度机电耦合系数（$K_t=0.40$）和一定的机电耦合各向异性（$K_t/K_p=4.0$），这些特性使得众多材料研究者产生了极大兴趣。研究表明，在铁电-反铁电相界附近存在的两相共存区域与准同型相界面处的三方-四方两相共存区不同。在铁电-反铁电相界处，铁电相和反铁电相界在电场或外力作用下，不能相互转变，只能发生电场诱导 AF→F 相变或应力强迫 F→AF 相变，而且反铁电相也不像铁电四方相，它在宏观上不呈现铁电活性。另外，这类材料除了存在铁电-反铁电相外，还包括低温菱方相（RL）和高温铁电菱方相（RH），所以 PZT 陶瓷在此区域有着特殊的物理性能，在许多领域都可以得到广泛的应用。对这类材料的研究主要集中在 PZT 95/5 方面。

需要注意的是，仅靠调整锆钛比 Zr/Ti 来改善 PZT 制品性能，远远满足不了各应用领域对 PZT 制品性能的要求，如滤波器要求机电耦合系数 K_p 值可调，Q_m 值要高，稳定性要好，但当 K_p 值高时往往 Q_m 值就要降低，因此单靠 Zr/Ti 的调整远不能满足制品对性能的要求。还需要在选择 Zr/Ti 的基础上，通过选择一些适量的掺杂物来提高制品性能，同时降低

Zr/Ti 的波动对 PZT 制品性能稳定性的影响。

锆钛酸铅固溶体在其准同型相界处有很优异的压电性能，因而在许多压电器件中获得了广泛应用。根据使用者的生产所需，其开发范围是无止境的。最令人注目的是在压电变压器、驱动器、压电定位系统等方面的研制。近几年，压电打火机、压电变压器、压电超声加湿器、压电马达等的相继出现要求压电材料有更高的压电常数，尽可能高的机电耦合系数以及较好的稳定性，传统的压电陶瓷一般难以满足所有这些技术要求，故而在生产上经常添加一些其他杂质氧化物来调整和改善材料的性能。

② PZT 二元系的改性　在具有高压电系数的锆钛酸铅（PZT）压电陶瓷中，通过添加 La_2O_3、Sm_2O_3、Nd_2O_3 等稀土氧化物，可明显改善 PZT 陶瓷的烧结性能并利于获得稳定的电学性能和压电性能。这是因为用三价的 La^{3+}、Sm^{3+}、Nd^{3+} 等稀土离子取代 PZT 中 A 位的 Pb^{2+} 后，PZT 陶瓷的电物理特性会发生一系列变化。在电场或应力作用下如果畴壁易于运动则会使极化后的压电参数值增加，能促进畴壁运动的方法有：选择准同型相界（MPB）附近的组成；采用不等价置换掺杂改性；通过碱土金属等价置换以降低相转变温度。对于不同的添加物来说一方面因为与主晶相中被置换元素的价态差异引起性能的变化，另一方面，因掺杂引起的显微结构及物相组成的变化也会引起其性能的改变。此外，还可通过添加少量稀土氧化物 CeO_2 来改善 PZT 陶瓷的性能，且 CeO_2 的添加量以 0.2%～0.5% 为宜。掺加 CeO_2 后 PZT 陶瓷的体积电阻率升高，利于工艺上实现高温和高电场下的极化，其抗时间老化和抗温度老化等性能也均得到改善。经稀土改性的 PZT 陶瓷，现已在高压发生器、超声发生器、水声换能器等装置中得到广泛应用。

根据掺杂物在 PZT 压电陶瓷中所起的作用，可将其分为三类：软性添加物、硬性添加物和其他添加物。

a. 软性添加物　所谓软性是指这些添加物的作用是使材料的性质变软，具体地说就是使介电系数升高、具有高的介电损耗、弹性柔顺系数增大、具有低的机械品质因数 Q_m、具有高的机电耦合系数 K_p、具有低的矫顽电场强度、电滞回线近于矩形、体积电阻率显著增大、老化性能较好、颜色较浅且多为黄色。

软性添加物包括 La^{3+}、Nb^{5+}、Bi^{3+}、Sb^{5+}、W^{6+}、Ta^{5+} 以及其他稀土元素等。即引入比主晶体高价的正离子，由于它带入的氧与主晶体中阳离子的比值高于原主晶体，会导致氧离子过剩和阳离子的不足，为满足位置和电中性关系，会造成阳离子空位，V''_{Pb}。这种掺杂结果，出现准自由电子，所以这一过程又称为施主掺杂，所得的材料为 n 型半导体。

软性添加物之所以具有以上这些性质，主要是因为它们的加入导致形成 Pb^{2+} 空位，所以也可以说它们是形成阳离子空位的添加物。这些加入物中 La^{3+}、Bi^{3+} 的离子半径和 Pb^{2+} 差不多（La^{3+} 为 0.104nm，Bi^{3+} 为 0.120nm，Pb^{2+} 为 0.126nm），它们进入 $Pb(Zr\ Ti)O_3$ 固溶体中，一般是置换 Pb 的位置。但是它们的价数比 Pb^{2+} 高，为了维持电价平衡，每两个 La^{3+} 置换三个 Pb^{2+}，这就使得在钙钛矿结构中 A 位置上的阳离子数减少。每两个 La^{3+} 便产生一个 Pb^{2+} 空位。

$$0.01La_2O_3 + Pb(ZrTi)O_3 \longrightarrow [Pb_{0.97}La_{0.02}(V''_{Pb})_{0.01}](ZrTi)O_3 + 0.03PbO\uparrow \quad (5\text{-}23)$$

式（5-23）可理解为，PZT 烧结过程挥发损失的 PbO 被掺入的 La_2O_3 所代替。由于 La^{3+} 占据了 PZT 晶格中 Pb^{2+} 的位置，造成 $LaPb^+$，其过剩的正电荷被带负电的铅离子空位 V''_{Pb} 所平衡。

Nb^{5+}、Sb^{5+}、W^{6+}、Ta^{5+} 这些离子半径较小（Nb^{5+} 为 0.066nm，Sb^{5+} 为 0.062nm，

W^{6+} 为 0.065nm，Ta^{5+} 为 0.066nm，Ti^{4+} 为 0.064nm，Zr^{4+} 为 0.082nm），进入 $Pb(TiZr)O_3$ 固溶体中一般是处于 B 的位置。为了维持电价平衡，也产生 A 空位来补偿多余的正电荷。由于 Pb^{2+} 空位的出现使得电畴运动变得容易进行，甚至很小的电场强度或机械应力便可以使畴壁发生移动，结果就表现出介电常数、弹性柔顺系数的增加。与此同时，介电损耗和机械损耗增加。由于畴的转向变易，使得沿电场方向取向的畴数目增多，从而增加了剩余极化强度，使得压电效应大大增加，表现为 K_p 值的上升。由于畴的转向阻力变小，所以用以克服阻力使极化反向的矫顽电场很小，电滞回线近于矩形。因为 Pb^{2+} 空位的存在缓冲了 90°畴转向造成的内应力，使得剩余应变力变小，换句话说，由于畴壁容易运动，使得畴的内应力容易得到释放，所以老化性能变好。

为了说明软性添加物为什么会提高 PZT 材料的体积电阻率，则首先需要了解 PZT 的电导性质，试验表明，PZT 的电导主要是 p 型电导，即空穴为主要载流子，这是因为 Pb 的饱和蒸气压很大，PZT 压电陶瓷高温烧结过程中铅挥发导致组分偏离准确的化学计量造成铅缺位的缘故。在铅缺位的地方，形成二价的负电中心，而被夺掉电子的地方则表现为产生"空穴"。所以一个铅缺位在晶格中起一个二价负电中心的作用。会像受主杂质那样引起空穴的出现。这个过程可以表示为：$V_A \rightarrow V_A^{2-} + 2h$。

既然空穴是 PZT 中的主要载流子，则体积电阻率的大小和空穴的浓度直接有关，空穴浓度越小，则电导率越小，体积电阻率越大。当加入软性添加物时，譬如 La^{3+} 置换 Pb^{2+}，或 Nb^{5+} 置换 $(Ti, Zr)^{4+}$，这时由于 La 和 Nb 的加入使得 PZT 中导带内的电子数目增多，由于电子和空穴之间存在复合作用，电子和空穴相遇就使得二者同时消失，电子浓度的增加就使得空穴浓度减少了，因而使陶瓷的体积电阻率增加，所以软性添加物可以显著提高 PZT 的体积电阻率。由于体积电阻率的提高，使材料能耐较高的电场强度，同时也可提高其极化强度，从而使极化过程电畴的转向更充分，这都有利于 K_p 值的提高。

为了提高 K_p 值和介电系数，在生产中经常采用软性添加物作为改性添加物。软性添加物离子在 $Pb(TiZr)O_3$ 固溶体的溶解度不大，并且浓度的变化对性能的影响不太大，所以其加入量一般不超过 5%（摩尔分数）。

b. 硬性添加物　硬性添加物的作用与软性添加物的作用相反，它们的加入可以使陶瓷材料性质变硬，它们的作用概括为：使介电常数降低、介质损耗降低、机械品质因数提高、体积电阻率下降、矫顽电场提高、极化和去极化作用困难、压电性能降低、弹性柔顺系数下降、颜色较深。

硬性添加物是用低价阳离子置换 PZT 中的 Pb^{2+} 或 $(Ti, Zr)^{4+}$，譬如用 K^+、Na^+ 置换 Pb^{2+}，用 Mg^{2+}、Sc^{3+}、Fe^{3+}、Al^{3+} 等去置换 $(Ti, Zr)^{4+}$。

硬性添加物一般在钙钛矿结构中的固溶量很小，它们的存在不是引起铅空位，而是引起氧缺位，譬如 K^+ 进入原来 Pb^{2+} 的位置，Mg^{2+}、Sc^{3+}、Fe^{3+} 等进入原来的 $(Ti, Zr)^{4+}$ 位置，为了维持电中性，需要使晶胞中负离子的总价数作相应降低，于是产生氧缺位。当 K^+ 取代了 Pb^{2+} 时，每 2 个离子产生一个氧缺位，而 $Sc^{3+}(Fe^{3+})$ 取代 $(Ti, Zr)^{4+}$ 时也是每 2 个离子产生一个氧缺位。而 Mg^{2+} 取代 $(Ti, Zr)^{4+}$ 时是每 1 个离子产生一个氧缺位。

因为钙钛矿型结构 ABO_3 是氧离子和 A 离子作立方紧密堆积，B 离子填充在氧离子八面体间隙处构成的，所以不出现新相，氧离子空位的浓度不可能很大。否则就要破坏氧八面体的基本结构，同时氧空位的存在使晶胞缩小。这一点通过 $BaZrO_3$ 加入 Sc^{3+} 后晶格常数的变化可以看出：$BaZrO_3$，$a_0 = (0.41920 \pm 0.00002)$ nm；$Ba(Zr_{0.96}Sc_{0.04})O_{2.98}$，$a_0 =$

(0.41920 ± 0.00002)nm。

硬性添加物所表现出来的性质主要是氧缺位所引起的，氧缺位引起晶胞收缩和歪曲。这导致 Q_m 的提高、矫顽电场的增大以及介电常数的下降。尽管电导有所增加，介电损耗仍然有所下降。这一点说明介质损耗主要是由于畴壁运动所引起的，而不是电导所决定的。

从 Mg^{2+} 的置换来看，Mg^{2+} 既可能置换 Pb^{2+} 也可能置换 $(Ti，Zr)^{4+}$，虽然不能说所有的 Mg^{2+} 都进入 $(Ti，Zr)^{4+}$ 的位置，然而其性质的变化说明，有相当多的 Mg^{2+} 是处于 $(Ti，Zr)^{4+}$ 位置的。

硬性添加物还有一个明显的作用，就是烧成时能够抑制晶粒长大，因为硬性添加物在 PZT 中固溶量很小，一部分进入固溶体中，多余的部分聚集在晶界，使晶粒长大受到阻碍。这样可以使气孔不致因晶粒生长过快使气孔来不及排除而形成闭气孔，使气孔有可能沿晶界充分排除，所以可以得到较高的致密度，这对于提高 Q_m 也是起很大作用的。

c. 其他添加物　有些添加物往往既有软性添加物的特点又有硬性添加物的特点，或有其自身更为独特的作用，需要单独讨论。如 CeO_2，铈的氧化物是国内用得较多的一种添加物，通常是用 CeO_2 的形式引入，添加 Ce^{4+} 的 PZT 有很多优点，它能使陶瓷的体积电阻率提高，同时使 Q_m、Q_e、ε 和矫顽场 E_c 都有所增加。由于体积电阻率较高，就可能在工艺上实现高温和高电场极化，使压电性能得到充分发挥，因而 K_p 值也较高。另外，加 Ce^{4+} 的材料时间老化、温度老化及强场老化稳定性都较好。一般 CeO_2 的添加量在 $0.2\%\sim0.5\%$ 为宜。CeO_2、Cr_2O_3、SiO_2 这些添加物的具体作用机理尚无明确结论。

总之对于不同类型的掺杂物，研究重点在于通过寻求适当的加入量，使之完全溶于 PZT 主晶相处积聚，提高制品性能。另外，目前的掺杂改性研究，掺杂对象主要集中于固相法制备 PZT 材料，且以氧化物固相形式掺杂，故难以保证组分的均匀性和准确的化学计量，如何实现均相掺杂将是 PZT 压电陶瓷今后研究的方向之一。

③ PZT 压电陶瓷的中低温烧结技术　由于含铅的 PZT 基压电陶瓷通常的烧结温度为 1200℃ 以上，处于这个温度的 PbO 容易挥发。由于铅的挥发：a. 使得 PZT 陶瓷的化学计量比发生偏差，性能难以稳定控制；b. 对环境造成污染，危害人类健康；c. 压电陶瓷器件的多层化，在高温烧结时，内电极常使用铂等贵金属，大大提高了器件的成本。为了防止铅的挥发、减少铅的损失，可以通过密闭容器烧结，加入过量铅成分等方法，但更应该通过降低烧结温度来防止，因为降低烧结温度不但可以减少铅的损失，还可以节约能源。

通过研究，降低烧结温度的主要方法有以下几种。

a. 改善粉体形貌　采取一定措施使粉体的粒子纳米化。因为细小均匀的粉体具有高的表面能和烧结活性，有利于烧结过程的进行。研究表明：水热合成的 PZT 粉体的 PbO 挥发温度为 924.71℃，颗粒之间的反应温度为 811.26℃；而固相合成的 PZT 粉末颗粒之间的反应温度为 1243.47℃，PbO 的挥发温度为 1213.29℃。因此采取有效的合成方法，制备超细的 PZT 粉体，可以将烧结温度控制在 PbO 的挥发温度以下，这样铅的挥发问题可以得到有效解决。

b. 添加低温烧结助剂　研究表明，在利用水热法合成 PZT 陶瓷粉体时掺加微量的 Fe^{2+}、Bi^{3+}、Cu^{2+} 等离子，在合成的粉体中再外加微量的 BCW[$Ba(CuW)O_3$]，可以实现在空气中 850℃ 完成烧结，比不加烧结助剂的粉体的烧结温度降低 250℃ 左右，比一般固相法制备的 PZT 粉体的烧结温度 1250℃ 降低 400℃ 左右。清华大学的李龙土及同事在 PZT 基压电陶瓷原料中加入由 $xBO_{1.5}$-$yBiO_{1.5}$-$zCdO$ 组成的玻璃料可使其烧结温度得到较大程度的降低，其压电性和介电性都得到了改善。

　　c. 热压烧结　采用热压烧结设备，在加压成型的过程中同时加热，使成型和烧结同时进行，既有利于成型也能有效降低烧结温度。

　　在实际的操作过程中，中低温烧结的温度降低是有限的，低温工艺会提高 PZT 粉体制备的成本；添加剂的加入容易引入第二相，易降低其电学性能。研究表明，研究者常采用加入过量的氧化铅成分来弥补铅的损失。加入过量的氧化铅在烧结时呈现液相，有助于粉体的致密化行为，但却降低了烧结体的致密度。又由于在 PbO 液相中 TiO_2 溶解度大于 ZrO_2 的溶解度，过量的氧化铅有可能使烧结的 PZT 陶瓷中钛含量偏高。而铅的热损失机理有待于进一步研究。

5.3.3　复合钙钛矿氧化物与多元系压电陶瓷

　　对于氧化物功能材料，钙钛矿及钙钛矿相关结构是特别重要的晶体结构，新发现的具有特殊优异性能的功能材料大多属于这一范畴。钙钛矿复合氧化物具有独特的晶体结构，尤其经掺杂后形成的晶体缺陷结构和性能，被应用于高温超导材料、电介质材料、磁性材料、发光材料、热敏材料、压敏材料、气敏材料、固体电解质材料、燃料电池的阴极材料、催化剂等各个领域，成为化学、物理和材料等领域的研究热点。

　　钙钛矿形成的金属氧化物显示出多种优异性能和使用功能。这与其具有下列特点有关：

　　① 在钙钛矿相关结构中，金属正离子几乎可以不受数量的限制进行复合，还原/再氧化产生非化学计量，即通过控制有序氧空位的数量可实现高氧离子可动性或者改变电和磁的特性。

　　② 对含有钙钛矿基本构成单元（不同厚度的钙钛矿片）复合结构系统的设计，能对电学性能和磁学性能进行调整。

　　③ 不同的拼合方法，特别是化学方法用于合成纳米相和功能材料。

　　为了理解材料的功能，例如超导、铁磁体、铁电体、磁阻、离子导体、介电特性，研究者对揭示钙钛矿结构有着浓厚的兴趣，对其结构的认识是功能材料研究的基础，它能引导我们发现新的具有超级性能和独特功能的材料。

　　随着压电陶瓷材料应用的推广，对材料提出的要求越来越高，只依靠 PZT 二元系的调整往往不能满足多方面的需要。因此出现了多元系压电陶瓷材料。

　　在对 PZT 进行掺杂改性的研究中发现，若在 ABO_3 钙钛矿结构化合物的 B 离子位置上有两种异价离子复合占位作为第三组元，则新的三元系压电陶瓷不仅各有独特性能，而且同时其烧结温度低，工艺重复性也好。三元系陶瓷通常是在具有钙钛矿性结构的锆钛酸铅 $[PbZrO_3\text{-}PbTiO_3]$ 二元系中再增加第三种（化学通式为 ABO_3 型）化合物而形成的三元系固溶体。所增加的第三种成分，它们的共同特点是在掺入 $PbZrO_3\text{-}PbTiO_3$ 之中形成固溶体后不改变整个晶格的钙钛矿型结构特点。如铌镁酸铅系为 $Pb(Mg_{1/3}Nb_{2/3})(ZrTi)O_3$，可广泛用于拾音器、微音器、滤波器、变压器、超声延迟线及引燃引爆方面。如铌锌酸铅系 $Pb(Zn_{1/3}Nb_{2/3})(ZrTi)O_3$，主要用来制造性能优良的陶瓷滤波器及机械滤波器的换能器。

　　通过对三元铁电陶瓷进行研究，三元系列材料的性能比二元系列材料的性能更为优异。以 PZT 为基础发展起来的三元系压电陶瓷特点是：

　　① 烧结温度低，PbO 的挥发少，容易获得气孔率小、均匀致密的陶瓷；

　　② 主要成分中的各种固溶物能够大幅度的改善陶瓷的介电和压电性能；

③ PZT 由四方相转变为三方晶相的相界是一个点，而三元系的相界是一条线，使得性能可以在更大范围内调整，能得到比 PZT 更为优异的压电陶瓷材料。

近年来，为了寻求新的高性能的压电陶瓷材料，以用于各种场合，人们又在三元系的基础上发展了四元系压电陶瓷，如 $Pb(Ni_{1/3}Nb_{2/3})(Zn_{1/3}Nb_{2/3})(ZrTi)O_3$，$Pb(Mn_{1/2}Ni_{1/2})(Mn_{1/2}Zr_{1/2})(ZrTi)O_3$ 等，可用来制造滤波器和受话器等。四元系压电陶瓷材料能获得高 K_p、高 Q_m、高介电、高矫顽场 E_c 和高机械强度，低损耗、稳定性好、烧结温度低、工艺性好的特点。

20 世纪 80 年代以后，以 PMN-PZ-PT 为代表的三元压电陶瓷，以 MN-PNN-PZ-PT 为代表的四元压电陶瓷逐渐发展起来，并开始进入商品化生产阶段。

钙钛矿型复合氧化物结构通常以通式 ABO_3 表示，理想钙钛矿结构可以看作 A 离子和氧离子一起形成立方密堆积，每个 A^{2+} 有 12 个氧配位，O^{2-} 同时属于 8 个 BO_6 八面体，每个 O^{2-} 有 6 个阳离子（4A 和 2B）连接，B^{2+} 有 6 个氧配位，占据着由 O^{2-} 形成的全部氧八面体空隙。结构的稳定性要求正负离子能够相切，即各离子半径间满足关系式：$(R_A+R_O)=\sqrt{2}(R_B+R_O)$，其中 R_A、R_B 和 R_O 分别表示 A、B 和 O^{2-} 的半径。

但也存在不遵循该式的结构，可由容差因子 t（Goldschmidt，1926）来度量：

$$t=\frac{R_A+R_O}{\sqrt{2}(R_B+R_O)} \tag{5-24}$$

容差系数 t 在 1 附近波动。

钙钛矿结构有很强的通融性。A 或 B 离子可以用多种不同原子价的离子置换。若以一般的形式表示这样的复合钙钛矿氧化物，就可以写成 $(A_1, A_2, \cdots, A_k)(B_1, B_2, \cdots, B_l)O_3$。这时构成 A 或 B 位置的各离子必须满足下列条件：

$$\sum_{i=1}^{k} x_{A_i}=1, \quad \sum_{j=1}^{l} x_{B_j}=1, \quad 0<x_{A_i}\leqslant 1, 0<x_{B_j}\leqslant 1 \tag{5-25}$$

$$\sum_{i=1}^{k} x_{A_i}n_{A_i}=\overline{n_A}, \quad \sum_{j=1}^{l} x_{B_j}n_{B_j}=\overline{n_B}, \overline{n_A}+\overline{n_B}=6 \tag{5-26}$$

式中，x_{A_i} 和 x_{B_j} 为各离子的摩尔比；n_{A_i} 和 n_{B_j} 为各离子的化合价。其次，R_{A_i} 和 R_{B_j} 表示各离子半径，则平均半径分别为：

$$\overline{R_A}=\sum_{i=1}^{k} x_{A_i}R_{A_i}, \quad \overline{R_B}=\sum_{j=1}^{l} x_{B_j}R_{B_j} \tag{5-27}$$

则含有这些离子的化合物具有钙钛矿结构的必要条件可以写成：

$$t=\frac{\overline{R_A}+R_O}{\sqrt{2}(\overline{R_B}+R_O)}, \quad 0.9\leqslant t\leqslant 1.1 \tag{5-28}$$

在钙钛矿结构中，当 $t=1.0$ 时，形成对称性最高的立方晶格；当 $0.96<t<1$ 时，晶格为菱面体（rhombohedral）结构；当 $t<0.96$ 时，对称性转变为正交（orthorhombic）结构。例如，在 $LaMn_{1-x}Ni_xO_3$ 中，当 $0.5\leqslant x\leqslant 0.8$ 时，晶格属立方晶系。$NdMnO_3$、$LaFeO_3$、$LaRuO_3$、$LaCoO_3$、$NdCoO_3$ 为正交结构，$LaNiO_3$、$LaCuO_{3-\delta}$、$LaAlO_3$ 为三方结构。当 $t>1.1$ 时，以方解石或文石结构存在。而 $La_{1-x}FeO_{3-1.5x}$（$x>0$）、$La_{0.8}Sr_{0.2}Cu_{0.15}Fe_{0.85}O_{3-\delta}$ 和 $La_{0.8}Sr_{0.2}Cu_{0.15}Al_{0.85}O_{3-\delta}$ 为伪立方结构，制备条件不同时，产物的晶相也会发生相应的变化。

5.3.4 压电陶瓷材料的发展方向

压电陶瓷材料在各类信息的检测、转换、存储及处理中具有广泛的应用，是一种重要的国际竞争激烈的高技术材料。然而，现今对压电陶瓷的研究与生产主要集中于锆钛酸铅系及其三元、四元系压电陶瓷材料，这类材料中氧化铅含量约为 60% 以上，而在生产过程中，氧化铅粉尘及氧化铅在烧结过程中易形成 PbO 蒸气，不仅污染环境，而且引起公害。因而，寻找能够替代锆钛酸铅（PZT）及其三元系、四元系压电陶瓷材料是电子材料领域紧迫的任务之一。

目前，在压电陶瓷无铅化的研究与开发上，世界各国均进行了大量的工作。性能较好的无铅压电陶瓷研究体系主要有五类：钛酸钡（$BaTiO_3$）基无铅压电陶瓷、钛酸铋钠（$Bi_{1/2}Na_{1/2}TiO_3$）基无铅压电陶瓷、Bi 层状结构无铅压电陶瓷、铌酸盐系（铌酸钾钠锂基）无铅压电陶瓷以及钨青铜结构的无铅压电陶瓷。这些无铅压电材料由于其成分和结构的不同，在压电性能上各有其特点。

近几年来，无铅压电陶瓷的研究和开发上取得了长足进步，出现了众多的具有实用前景的无铅压电陶瓷体系。与铅基压电陶瓷相比，无铅压电陶瓷还有很多不足，还需做大量的研究和开发。从近几年的情况来看，其发展趋势主要有以下几方面。

① 新制备技术的研究和应用。研究和开发有别于传统陶瓷制备技术的新制备技术，使陶瓷的微观结构呈现一定的单晶体特征，是其研究的一个重要发展方向。

② 开展压电陶瓷多元系或 A 位及 B 位复合掺杂或多组元掺杂及其理论方面的研究。结合工艺改性，选择新的陶瓷材料体系。

③ 开展压电铁电理论的基础研究。针对不同的应用，采用不同的无铅压电陶瓷体系组合，将 PZT 陶瓷的理论运用到无铅压电陶瓷中，寻求新的不同于以上压电材料的材料体系。

5.4 压电陶瓷的应用

利用压电陶瓷将机械力转换成电能的特性，可以制造出压电点火器、移动 X 射线电源、炮弹引爆装置。用两个直径 3mm、高 5mm 的压电陶瓷柱取代普通的火石，可以制成一种可连续打火几万次的气体电子打火机。用压电陶瓷把电能转换成超声振动，可以用来探寻水下鱼群的位置和形状，对金属进行无损探伤，以及超声清洗、超声医疗，还可以做成各种超声切割器、焊接装置及烙铁，对塑料甚至金属进行加工。

压电陶瓷对外力的敏感使它甚至可以感应到十几米外飞虫拍打翅膀对空气的扰动，并将极其微弱的机械振动转换成电信号。利用压电陶瓷的这一特性，可应用于声纳系统、气象探测、遥测环境保护、家用电器等方面。

在潜入深海的潜艇上，都装有人称水下侦察兵的声纳系统。它是水下导航、通信、侦察敌舰、清扫敌布水雷的不可缺少的设备，也是开发海洋资源的有力工具，它可以探测鱼群、勘查海底地形地貌等。在这种声纳系统中，有一双明亮的"眼睛"——压电陶瓷水声换能器。当水声换能器发射出的声信号碰到一个目标后就会产生反射信号，这个反射信号被另一个接收型水声换能器所接收，于是，就发现了目标。目前，压电陶瓷是制作水声换能器的最佳材料之一。

在医学上，医生将压电陶瓷探头放在人体的检查部位，通电后发出超声波，传到人体碰到人体的组织后产生回波，然后将这回波接收下来，显示在荧光屏上，医生便能了解人体内部状况。

在工业上，地质探测仪里有压电陶瓷元件，用它可以判断地层的地质状况，查明地下矿藏。还有电视机里的变压器——电压陶瓷变压器，它体积变小、重量减轻，效率可达60％～80％，能耐住3万伏的高压，使电压保持稳定，完全消除了电视图像模糊变形的缺陷。

在航天领域，压电陶瓷制作的压电陀螺，是在太空中飞行的航天器、人造卫星的"舵"。依靠"舵"，航天器和人造卫星才能保证其既定的方位和航线。小巧玲珑的压电陀螺灵敏度高，可靠性好。

在玩具小狗的肚子中安装压电陶瓷制作的蜂鸣器，玩具都会发出逼真有趣的声音。

压电陶瓷在汽车上应用越来越广泛。在汽车的制动器活塞里安装一种简单的压电陶瓷制动器，向内部制动的支撑板施加"抖动"频率，有效抑制产生尖利噪声的振动，从而能在温度湿度变化和刹车系统正常磨损的情况下发挥作用。

压电陶瓷也可用作汽车的压电陶瓷爆震传感器、超声波传感器、加速度传感器等类别。压电陶瓷在汽车燃油系统的喷油器上应用目前处于最前沿的开发阶段。

随着高新技术的发展，压电陶瓷的应用必将越来越广阔。除了用于高科技领域，它更多的是在日常生活中为人们服务，为人们创造更美好的生活。

第6章 敏感陶瓷

随着科学技术的发展，在工业生产领域、科学研究领域和人们的日常生活中，需要检测、控制的对象（信息）迅速增加，信息的获取有赖于传感器，或称敏感元件。在各种类型的敏感元件中，陶瓷敏感元件占有十分重要的地位。敏感陶瓷是某些传感器中的关键材料，用于制作敏感元件。敏感陶瓷多属于半导体陶瓷，如 ZnO、SiC、SnO_2、TiO_2、Fe_2O_3、$BaTiO_3$ 和 $SrTiO_3$ 等，敏感陶瓷是继单晶半导体材料之后，又一类新型多晶半导体电子陶瓷。陶瓷材料可以通过掺杂或使化学计量比偏离而造成晶格缺陷等方法获得半导性。半导体陶瓷的共同特点是：它们的导电性随环境而变化，利用这一特性，可制成各种不同类型的陶瓷敏感器件，如热敏、气敏、湿敏、压敏、光敏器件等。

6.1 敏感陶瓷概述

6.1.1 敏感陶瓷分类及应用

敏感陶瓷用于制造敏感元件，是根据某些陶瓷的电阻率、电动势等物理量对热、湿、光、电压及某种气体、某种离子的变化特别敏感的特性而制得的。按其相应的特性，可把这些材料分别称为热敏、湿敏、光敏、压敏、气敏及离子敏感陶瓷。此外，还有具有压电效应的压力、位置、速度、声波等敏感陶瓷，具有铁氧体性质的磁敏陶瓷及具有多种敏感特性的多功能敏感陶瓷等。

按其具体应用，可分为以下几类：
① 光敏陶瓷，如 CdS、$CdSe$ 等；
② 热敏陶瓷，如 PTC 陶瓷、NTC 和 CTR 热敏陶瓷等；
③ 磁敏陶瓷，如 $InSb$、$InAs$、$GaAs$ 等；
④ 声敏陶瓷，如 $BaTiO_3$、PZT 等；
⑤ 压敏陶瓷，如 ZnO、SiC 等；
⑥ 力敏陶瓷，如 $PbTiO_3$、PZT 等；
⑦ 氧敏陶瓷，如 SnO_2、ZnO、ZrO_2 等；
⑧ 湿敏陶瓷，TiO_2-$MgCr_2O_4$、ZnO-Li_2O-V_2O_5 等。

生物敏感陶瓷也在积极开发之中。这些敏感陶瓷已广泛应用于工业检测、控制仪器、交通运输系统、汽车、机器人、防止公害、防灾、公安及家用电器等领域。

6.1.2 敏感陶瓷的结构与性能

陶瓷是由晶粒、晶界、气孔组成的多相系统，通过人为掺杂，造成晶粒表面的组分偏离，在晶粒表层产生固溶、偏析及晶格缺陷；在晶界（包括同质粒界、异质粒界及粒间相）处产生异质相的析出、杂质的聚集、晶格缺陷及晶格各向异性等。这些晶粒边界层的组成、结构变化，显著改变了晶界的电性能，从而导致整个陶瓷电气性能的显著变化。

目前已获得实用的半导体陶瓷可分为：

① 主要利用晶体本身的性质；

② 主要利用晶界和晶粒间析出相的性质；

③ 主要利用陶瓷的表面性质等三种类型。

有代表性的应用举例如下：

① 主要利用晶体本身性质的有 NTC 热敏电阻、高温热敏电阻、氧气传感器。

② 主要利用晶界性质的有 PTC 热敏电阻、ZnO 系压敏电阻。

③ 主要利用表面性质的有各种气体传感器、湿度传感器。

6.1.3 敏感陶瓷的半导化过程

陶瓷材料由于在常温下是绝缘体，要使它们变成半导体，需要一个半导化过程。所谓半导化，是指在禁带中形成附加能级：施主能级或受主能级。在室温下，就可以受到热激发产生导电载流子，从而形成半导体。形成附加能级的方法有两种：通过化学计量比偏离和掺杂。

（1）化学计量比偏离

在氧化物半导体陶瓷的制备过程中，要经过高温烧结。在高温条件下，通过控制烧结温度、烧结气氛以及冷却气氛等（如烧结气氛中含氧量较高或氧不足，造成氧离子空格点或填隙金属离子，因而引起能带畸变），产生化学计量的偏离，从而使材料半导体化。

在理想的无缺陷氧化物晶体中，价带是全满的而导带是全空的，中间隔着一定宽度的禁带。在热力学零度时，所有价电子全部填充到下面的价带，受主能级是空着的。在较高温度下，由于热激发，价带的电子可以跃迁到受主能级去，这种跃迁使价带产生空穴。在电场作用下，价带中的空穴可以在晶体内沿电场方向作漂移运动，产生漂移电流，对电导做出贡献。

在实际生产过程中，除了在十分必要的情况下采用气氛烧结外，最常见的主要还是通过控制杂质的种类和含量来控制材料的电性能。

（2）掺杂

在氧化物中，掺入少量高价或低价杂质离子，高价或低价杂质离子替位都能引起氧化物晶体的能带畸变，分别形成施主能级和受主能级。从而得到 n 型或 p 型半导体陶瓷。

施主浓度或受主浓度与杂质离子的掺入量有关，控制杂质含量可以控制施主或受主的浓度，从而控制半导体陶瓷的电性能。因此，生产上常利用掺杂的方法来获得所需的半导体陶瓷。

6.2 热敏陶瓷

热敏陶瓷是对温度变化敏感的陶瓷材料，是一类电阻率、磁性、介电性等性质随温度发生明显变化的材料，主要用于制造温度传感器、线路温度补偿及稳频的元件。热敏陶瓷具有灵敏度高、稳定性好、制造工艺简单及价格便宜等特点。它可分为热敏电阻、热敏电容、热电和热释电等陶瓷材料。在种类繁多的敏感元件中，热敏电阻应用最广。

热敏电阻是一种电阻值随温度变化的电阻元件。按照热敏陶瓷的电阻-温度特性，一般可分为三大类：电阻随温度升高而增大的热敏电阻称为正温度系数热敏电阻，简称 PTC 热敏电阻（positive temperature coefficient）；电阻随温度的升高而减小的热敏电阻称为负温度系数热敏电阻，简称 NTC 热敏电阻（negative temperature coefficient）；电阻在某特定温度范围内急剧变化的热敏电阻，简称为 CTR 临界温度热敏电阻（critical temperature resistor）。

热敏电阻瓷的分类列于表 6-1 中。

表 6-1　热敏电阻瓷的分类及特征

分类依据	种 类 名 称	主 要 特 征
按电阻-温度特性分类	负温度系数热敏电阻（图 6-1 曲线 1）	在工作温度范围内,电阻值随温度的增加而减小
	临界负温度系数热敏电阻（图 6-1 曲线 2）	温度超过临界温度后电阻值急剧下降
	正温度系数热敏电阻（图 6-1 曲线 3）	当温度超过居里点时,电阻值急剧增大,其温度系数可达＋10％～60％℃⁻¹以上
	缓变型正温度系数热敏电阻（图 6-1 曲线 4）	其电阻温度系数在＋0.5％～8％℃⁻¹
按应用特性分类	测温、控温、温度补偿 稳压和功率测量 气压和流量测量	利用电阻-温度特性 利用伏-安特性的非线性 利用耗散系数随环境状态不同而变化
按结构形式分类	直热式	由电阻本身通过电流发热
	旁热式	利用外加电源产生热量加热热敏电阻

6.2.1　热敏电阻的基本参数

（1）热敏电阻的阻值

① 实际阻值（R_T）　指环境温度为 T℃时，采用引起阻值变化不超过 0.1％的测量功率所测得的电阻值。

② 标准阻值（R_{25}）　指热敏电阻器在 25℃的阻值。即在规定温度下（25℃），采用引起电阻值变化不超过 0.1％的测量功率所测得的电阻值。

在一定温度范围内，热敏陶瓷材料的电阻 R_T 和热力学温度 T 的关系可表示如下。

负温度系数的热敏电阻值：

$$R_T = A_N e^{B_N/T} \tag{6-1}$$

正温度系数热敏电阻值：

$$R_T = A_P e^{B_P T} \tag{6-2}$$

式中，常数 A 与材料的性质和制品尺寸均有关系；而常数 B 仅与材料的性质有关——材料常数。常数 A、B 可通过实验方法测得。

③ 工作点电阻值 R_G　指在规定的工作环境下，热敏电阻工作于某一指定的功率下的电阻值。

（2）热敏电阻的电阻温度特性

电阻与温度的关系是热敏电阻最基本的特性，可用下式表示：

$$\rho_T = \rho_\infty \exp\left(\frac{\Delta E}{2kT}\right) \tag{6-3}$$

式（6-3）中，ρ_T 为温度 T 时电阻率；ρ_∞ 为 $T=\infty$ 时电阻率；ΔE 为活化能；k 为玻耳兹曼常数；T 为热力学温度。

通常我们令式中的 $\Delta E/2k = B$，B 即称为材料常数，是热敏电阻材料的特征参数。另外，可定义：

$$\alpha_T = \frac{1}{\rho_T} \times \frac{\mathrm{d}\rho_T}{\mathrm{d}T} \tag{6-4}$$

式（6-4）中，α_T 为电阻温度系数，它是温度的函数。几种不同类型热敏电阻相应的阻温特性如图 6-1 所示。

6.2.2　PTC 热敏陶瓷材料

PTC 热敏陶瓷材料是一种以钛酸钡（$BaTiO_3$）为主要成分的半导体功能陶瓷材料，具有电阻值随着温度升高而增大的特性，特别是在居里温度点附近电阻值跃升有 3～7 个数量级，如图 6-2 所示。

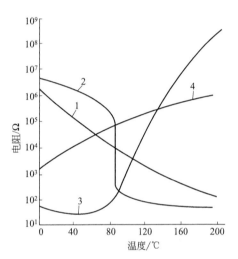

图 6-1　热敏电阻的温度特性
1—NTC；2—CTR；3—开关型；4—缓变型 PTC

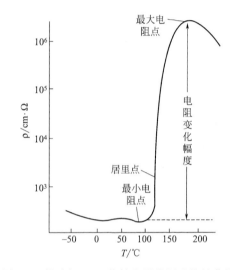

图 6-2　钛酸钡 PTC 热敏电阻的阻温特性曲线

PTC 热敏电阻的伏安特性大致可分为三个区域（参见 PTC 热敏电阻的伏安特性曲线图 6-3）：在 $0\sim V_k$ 的区域称为线性区，此间的电压和电流的关系基本符合欧姆定律，不产生明显的非线性变化，也称不动作区。在 $V_k\sim V_{\max}$ 的区域称为跃变区，此时由于 PTC 热敏电阻的自热升温，电阻值产生跃变，电流随着电压的上升而下降，所以此区也称动作区。在 V_D 以上的区域称为击穿区，此时电流随着电压的上升而上升，PTC 热敏电阻的阻值呈指数型下降，于是电压越高，电流越大，PTC 热敏电阻的温度越高，阻值反而越低，很快就导致 PTC 热敏电阻的热击穿。伏安特性是过载保护 PTC 热敏电阻的重要参考特性。

钛酸钡 PTC 热敏电阻的电流和时间关系如图 6-4 所示。电流-时间特性是指 PTC 热敏电阻在施加电压的过程中，电流随时间变化的特性。开始加电瞬间的电流称为起始电流，达到热平衡时的电流称为残余电流。一定环境温度下，给 PTC 热敏电阻加一个起始电流（保证是动作电流），通过 PTC 热敏电阻的电流降低到起始电流的 50% 时经历的时间就是动作时间。电流-时间特性是自动消磁 PTC 热敏电阻、延时启动 PTC 热敏电阻、过载保护 PTC 热敏电阻的重要参考特性。

利用钛酸钡 PTC 热敏电阻最基本的电阻-温度特性、电压-电流特性和电流-时间特性，

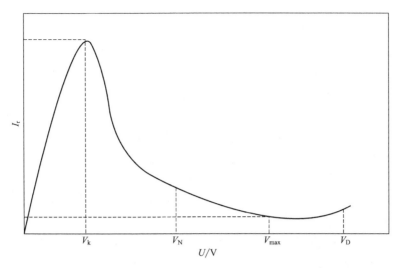

图 6-3　钛酸钡 PTC 热敏电阻的伏安特性曲线

PTC 系列热敏电阻已广泛应用于各种领域中，如工业电子设备，汽车及家用电器等产品，能够起到自动消磁、过热过流保护，电动机启动，恒温加热，温度补偿、延时等重要作用。

　　PTC 热敏电阻器有两大系列：一类是采用 $BaTiO_3$ 为基础材料制作的 PTC；另一类是以氧化钒为基础材料制作的 PTC。

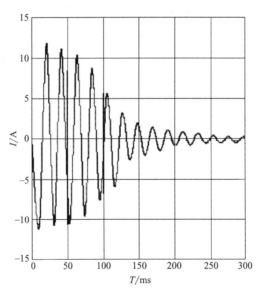

图 6-4　钛酸钡 PTC 热敏电阻的电流和时间关系（I-T 特性）

（1）$BaTiO_3$ 系 PTC 热敏电阻陶瓷

　　$BaTiO_3$ 系 PTC 材料是以高纯钛酸钡为主晶相，通过引入施主杂质和玻璃相使之半导化，同时以 Pb、Ca、La、Sr 等改变居里温度以调整温度特性（使居里温度在 25～300℃调整变化）。当低于居里温度时，具有较高的相对介电常数使材料呈低阻态；当温度高于居里点时，由于钛酸钡由铁电相转变为顺电相，按照居里-外斯定律相对介电常数将迅速衰减，导致电阻率发生几个数量级的变化，被称为 PTC 效应。掺入微量的 Mu、Cu、Cr、La 等固溶极限较低的受主杂质可使此变化效应更为显著，居里点附近的电阻率可产生 4～6 个数量级的剧烈变化。

① $BaTiO_3$ 陶瓷产生 PTC 效应的条件　纯 $BaTiO_3$ 具有较宽的禁带，常温下激发进入导带的电子很少，其室温下的电阻率为 $10^{12}\Omega\cdot cm$，已接近绝缘体，此时纯 $BaTiO_3$ 陶瓷是一种典型的铁电材料，非常优良的陶瓷电容器介质材料，不具有 PTC 效应。只有当 $BaTiO_3$ 陶瓷材料中的晶粒充分半导化，而晶界同时具有适当的绝缘性时，才具有 PTC 效应。

PTC 效应完全是由其晶粒和晶界的电性能决定，没有晶界的单晶材料不具有 PTC 效应。

② $BaTiO_3$ 陶瓷的半导化　$BaTiO_3$ 陶瓷半导化是指将 $BaTiO_3$ 的电阻率降到 $10^4\Omega\cdot cm$ 以下，即在其禁带中引入一些浅的附加能级：施主能级或受主能级。通常情况下，施主能级多数是靠近导带底的；而受主能级多数是靠近价带顶的。施主能级或受主能级的电离能一般比较小，因此，在室温下就可受到热激发产生导电载流子，从而形成半导体。形成附加能级主要通过使材料的化学计量比偏离或进行掺杂这两种途径，从而晶粒具有优良的导电性，而晶界具有高的势垒层，形成绝缘体。

$BaTiO_3$ 的化学计量比偏离半导化法是在真空、惰性气体或还原性气体中加热 $BaTiO_3$。由于失氧，$BaTiO_3$ 内产生氧缺位，为了保持电中性，部分 Ti^{4+} 将俘获电子成为 Ti^{3+}。在强制还原以后，需要在氧化气氛下重新热处理，才能得到较好的 PTC 特性，电阻率为 $1\sim10^3\Omega\cdot cm$。

采用掺杂使 $BaTiO_3$ 半导化的方法之一是施主掺杂法，该法也称原子价控制法。如果用离子半径与 Ba^{2+} 相近的三价离子置换 Ba^{2+}，或者用离子半径与 Ti^{4+} 相近的五价离子置换 Ti^{4+}，采用普通陶瓷工艺，即能获得电阻率为 $10^3\sim10^5\Omega\cdot cm$ 的 n 型 $BaTiO_3$ 半导体。

采用掺杂使 $BaTiO_3$ 半导化的方法之二是 AST 掺杂法，以 SiO_2 或 AST（$1/3Al_2O_3\cdot 3/4SiO_2\cdot 1/4TiO_2$）对 $BaTiO_3$ 进行掺杂，AST 加入量 3‰（摩尔分数）并在 $1260\sim 1380$℃空气气氛中烧成后，电阻率为 $40\sim100\Omega\cdot cm$。

一般都采用掺杂施主金属离子进行半导化。即在高纯 $BaTiO_3$ 陶瓷中，用 La^{3+}、Ce^{4+}、Sm^{3+}、Dy^{3+}、Nd^{3+}、Ga^{3+}、Y^{3+}、Sb^{3+}、Bi^{3+} 等置换 Ba^{2+}。或用 Nb^{5+}、Ta^{5+}、W^{6+}、Sb^{5+} 等置换 Ti^{4+}。掺杂量一般在 $0.2\%\sim0.3\%$，稍高或稍低均可能导致重新绝缘化现象的发生。一般情况下，电阻率随掺杂浓度的增加而降低，达到某一浓度时，电阻率降至最低值，继续增加浓度，电阻率则迅速提高，甚至变成绝缘体。$BaTiO_3$ 的电阻率降至最低点的掺杂浓度（质量分数）为：Nd 0.05%，Ce、La、Nb 0.2%$\sim$0.3%，Y 0.35%。

③ 掺杂金属氧化物对居里温度的影响　在实际生产过程中，除为了实现半导化进行掺杂外，还要根据制品的性能要求掺入适当的移动居里峰的金属氧化物，即移峰剂。例如彩电消磁器使用居里温度约为 50℃，高温发热体则要求居里温度在 $300\sim400$℃范围内变化。在配料过程中通常掺入的调整居里温度的金属氧化物及相应作用参见表 6-2。

表 6-2　热敏电阻瓷中常掺入的金属氧化物及其作用

成　分	作　用
Pb	移动居里点,移向高温
Ca	限制晶粒长大
Sb_2O_3	抑制晶粒长大
MnO_2	使电阻率大幅度增加
SiO_2	含量 0.5%（摩尔分数），电阻率最小为 $50\Omega\cdot cm$
Al_2O_3	含量 0.167%（摩尔分数），电阻率达到最小值
TiO_2	过量 0.01%（摩尔分数），电阻率达到最小值，约 $10\Omega\cdot cm$，ρ_{max}/ρ_{min} 达 10^6
Li_2CO_3	含量 0.1%（摩尔分数），温度系数达最大值 22%℃$^{-1}$

④ $BaTiO_3$ PTC 陶瓷的生产工艺　典型的 PTC 热敏电阻的配方如下。

主成分：$(Ba_{0.93}Pb_{0.03}Ca_{0.04})TiO_3 + 0.0011Nb_2O_5 + 0.01TiO_2$（先预烧）；辅助成分（摩尔分数）：$Sb_2O_3$ 0.06%，MnO_2 0.04%，SiO_2 0.5%，Al_2O_3 0.167%，Li_2CO_3 0.1%；以居里点 T_c 为 100℃ 的 PTC $BaTiO_3$ 陶瓷为例介绍其生产工艺。化学组成：$(1-y)(Ba_{1-x}Ca_xTi_{1.01}O_3) \cdot ySrSnO_3 + 0.002La_2O_3 + 0.006Sb_2O_3 + 0.0004MnO_2 + 0.0025SiO_2 + 0.00167Al_2O_3 + 0.001Li_2CO_3$。

a. 原料　一般应采用高纯度的原料，特别要严格控制受主杂质的含量，把 Fe、Mg 等杂质含量控制在最低限度以内。通常控制在 0.01%（摩尔分数）以下就能够满足要求。

b. 掺杂　施主掺杂物 La_2O_3、Nb_2O_5、Y_2O_3 等宜在合成时引入，含量在 0.2%～0.3%（摩尔分数）这样一个狭窄的范围内。

c. 瓷料制备及成型　传统的工艺很难解决纯度和均匀性的问题，现已经开始采用液相法。

d. 烧成　PTC 陶瓷必须在空气或氧气氛中烧成。

e. 工艺流程　配料→合成烧块→湿混及球磨→加入其他物质（湿混及球磨）→成型→烧成→电极制备→性能检测。

⑤ 影响 PTC 热敏陶瓷性能的主要参数

a. 组成对居里温度的影响　不同的 PTC 热敏陶瓷对 T_c（开关温度）有不同的要求。通过控制 $BaTiO_3$ 的居里点可以解决。改变 T_c 称"移峰"，通过改变组成，即加入某些化合物可以达到"移峰"的目的，这些加入的化合物称为"移峰剂"。

"移峰剂"是与 Ba^{2+}、Ti^{4+} 大小、价态相似的金属离子，可以取代 Ba^{2+} 或 Ti^{4+}，能够与基体晶相形成连续固溶体。如 $PbTiO_3$（高于 120℃，$T_c = 490$℃）、$SrTiO_3$（低于 120℃，$T_c = -150$℃）。

b. 晶粒大小的影响　晶粒大小与热敏陶瓷的正温度系数、电压系数及耐压强度都有紧密联系。一般说来，晶粒越细小，比表面积越大，材料内晶界所占的比例越大，外加电压分配到每个晶粒界面层的电压就越小。因此，细化晶粒可以有效降低陶瓷材料的电压系数值，并提高耐压强度。同时，$BaTiO_3$ 热敏陶瓷的 PTC 效应的显著与否，也与陶瓷的晶粒大小密切相关。研究表明，晶粒在 5μm 左右的细晶结构陶瓷具有极高的正温度系数值。

要获得晶粒细化的陶瓷组织，首先要求原料细、纯、匀并来源稳定，其次可通过添加一些抑制剂阻碍晶粒生长，达到均匀细小晶粒结构的目的。此外，加入玻璃形成剂和控制升温速度也可以抑制晶粒长大。

c. 化学计算比（Ba/Ti）的影响　在 TiO_2 稍微过量时通常会呈现最低体积电阻率；在 Ba 过量时体积电阻率往往会增高，且使瓷料易于实现细晶化。

d. Al_2O_3 对 PTC 陶瓷的影响　Al^{3+} 在 $BaTiO_3$ 基陶瓷中有三种存在位置：ⓐ 当 TiO_2 高度过量时，Al^{3+} 有可能被挤到 $BaTiO_3$ 晶格的 Ba^{2+} 位置，这时 Al^{3+} 的作用是施主；ⓑ 在 Al_2O_3-SiO_2-TiO_2 掺杂的 PTC 瓷料中，Al^{3+} 处于玻璃相中，能够起到吸收受主杂质、保证主晶相不被毒化的作用；ⓒ 在未引入 SiO_2、且 TiO_2 也不过量的情况下，Al^{3+} 将取代 $BaTiO_3$ 晶格中的 Ti^{4+}，起受主作用。显然，ⓐ、ⓑ 两种情况下 Al_2O_3 对 PTC 瓷料的半导化是起有益作用的，ⓒ 情况下是有害的。

⑥ PTC 热敏电阻的组织结构和作用机理　陶瓷材料通常用来作为优良的绝缘体使用，具有高电阻，而陶瓷 PTC 热敏电阻是以钛酸钡为基础主晶相，掺杂其他的多晶陶瓷材料制

造而成的，具有较低的电阻及半导特性。通过有目的地掺杂一种化学价较高的材料作为晶体的点阵元来实现其半导化：在晶格中钡离子或钛酸盐离子的一部分被较高价的离子所替代，因而得到了一定数量产生导电性的自由电子。对于 PTC 热敏电阻效应，也就是电阻值阶跃增高的原因，在于材料组织是由许多小的微晶构成的，在晶粒的界面上，即所谓的晶粒边界（晶界）上形成势垒，阻碍电子越界进入到相邻区域中去，因此而产生高的电阻，这种效应在温度低时被抵消：在晶界上高的介电常数和自发极化强度在低温时阻碍了势垒的形成并使电子可以自由地运动。而这种效应在高温时，介电常数和极化强度大幅度地降低，导致势垒及电阻大幅度地增高，呈现出强烈的 PTC 效应。

综上可知，BaTiO$_3$ 半导瓷的这种 PTC 效应，是一种晶界效应，即只有多晶 BaTiO$_3$ 陶瓷材料才具有这种特性，而且只有在施主掺杂的情况下，材料才呈现 PTC 效应。利用双探针测微器可以直接观察晶粒和晶界的电阻-温度特性，从而证实了上述结论。PTC 效应与晶格结构、组分、杂质浓度和种类及制备工艺等因素有关，在材料制备过程中必须严格控制工艺条件。此外，在元器件的使用过程中也须注意其使用条件，以便达到物尽其用的目的。

对于 BaTiO$_3$ 半导瓷的这种 PTC 效应，有多种理论模型予以解释，较为成熟并为多数研究者承认的有 Heywang 提出的表面势垒模型和 Daniels 等提出的钡缺位模型。

简而言之，Heywang 模型把产生 PTC 效应的原因归结为在多晶 BaTiO$_3$ 半导体材料的晶粒边界，存在一个由受主表面态引起的势垒层，材料的电阻率是由晶粒体电阻和晶粒表面态势垒两部分组成，随着温度的上升，材料的电阻率将出现几个数量级的变化。利用 Heywang 模型可以解释许多与 PTC 效应有关的试验现象，因此这一理论模型多年来一直被认为是该领域内具有权威性的理论，但遗憾的是仍有许多实验现象运用该理论无法进行合理解释。Daniels 等利用缺陷化学理论在研究了 BaTiO$_3$ 半导体缺陷模型的基础上，提出了晶界及表面钡缺位高阻层模型。

（2）PTC 热敏电阻的制造流程

将能够达到电气性能和热性能要求的混合物（碳酸钡和二氧化钛以及其他的材料）通过称量、混合再湿法研磨，脱水干燥后干压成型制成圆片形、长方形、圆环形的毛坯。将这些压制好的毛坯在较高的温度下（1350℃左右）烧结成陶瓷，然后上电极使其表面金属化，根据其电阻值分档检测。按照成品的结构形式钎焊封装或装配外壳，之后进行最后的全面检测。

（3）PTC 热敏电阻的应用

热敏电阻在温度传感器中的应用最广，它虽不适于高精度的测量，但其价格低廉，多用于家用电器、汽车等。PTC 系列热敏电阻已广泛应用于家用电器产品中，以达到自动消磁、过流保护、电机启动、恒温加热、灯丝预热等作用。

① 彩色电视机消磁　彩电的自动消磁电路，由消磁线圈和一个具有正温度系数（PTC）的热敏电阻串联而成。消磁线圈安置在彩电显像屏幕的框边上。自动消磁电路并接在彩色电视机的电源引入线上，当接通电网交流电，起始时由于正向热敏电阻的阻值很小，通过消磁线圈的交变电流幅度较大，使正向热敏电阻的阻值迅速上升，从而通过消磁线圈的电流迅速衰减，最后保持在一个较小的数值上，随之产生一个迅速衰减的交变磁场，使荫罩板沿着由大到小的磁滞回线反复磁化，经过几个周期后将使荫罩板的剩磁消除。由于每使用彩色电视机一次，就自动消磁一次，有效地消除了内、外磁场的影响。

② 电冰箱的电机启动　电冰箱电机启动电路中，PTC 与压缩机电机启动绕组串联，常

温下 PTC 的电阻值很小，仅为 20Ω 左右，相对电阻值较大的压缩机电机可近似于通路，不影响压缩机电机在工作电压的启动。压缩机启动瞬间产生很大的启动电流，流经 PTC 时将产生很多热量，PTC 电阻温度快速上升至 100℃后，PTC 式启动器的阻值猛增至很大（几十千欧），这个很大的阻值在压缩机启动电路中相当于断开，从而使压缩机电机启动绕组脱离工作，完成启动任务。

③ PTC 陶瓷作为电器设备恒温发热体　PTC 热敏电阻具有恒温发热特性，具有使温度保持在特定范围的功能。PTC 热敏电阻通过自身发热而工作，达到设定温度后，便自动恒温，因此不需另加控制电路，如用于电热驱蚊器、恒温电熨斗、暖风机、电暖器等。恒温加热 PTC 热敏电阻表面温度将保持恒定值，该温度只与 PTC 热敏电阻的居里温度和外加电压有关，而与环境温度基本无关。

④ 日光灯的预热启动　应用 PTC 热敏电阻器实现预热启动的方法可用于各种荧光灯电子镇流器、电子节能灯中，不必改动线路，将适当的热敏电阻器直接跨接在灯管的谐振电容器两端，可以变电子镇流器、电子节能灯的硬启动为预热启动，使灯丝的预热时间达 0.4～2s，可延长灯管三倍以上的寿命。

⑤ 过流保护-过热保护热敏陶瓷　PTC 热敏电阻器可用于电子镇流器（节能灯、电子变压器、万用表、智能电度表）等的过流、过热保护，直接串联在负载电路中，在线路出现异常状况时，能够自动限制过电流或阻断电流，当故障排除后又恢复原态，俗称"万次保险丝"。将 PTC 热敏电阻器串联在电源回路中，当电路处于正常状态时，流过 PTC 的电流小于额定电流，PTC 处于常态，阻值很小，不会影响电子镇流器（节能灯、变压器、万用表）等被保护电路的正常工作。当电路电流大大超过额定电流时，PTC 陡然发热，阻值骤增至高阻态，从而限制或阻断电流，保护电路不受损坏。电流回复正常后，PTC 亦自动回复至低阻态，电路恢复正常工作。

6.2.3　NTC 热敏陶瓷材料

一般陶瓷材料都有负的电阻温度系数，但温度系数的绝对值小，稳定性差，不能应用于高温和低温场合。NTC 热敏电阻材料是用特定组分合成，其电阻率随温度升高按指数关系减小的一类材料，分低温型、中温型和高温型三大类。

NTC 热敏电阻材料绝大多数是由具有尖晶石型结构的过渡金属（Mn、Co、Ni、Fe 等）氧化物半导瓷构成的固熔体。包括二元和多元系氧化物。NiO、CoO、MnO 等单晶的室温电阻率都在 $10^7 \Omega \cdot cm$ 以下，随着温度增加，电阻率的对数 $\lg \rho$ 与温度的倒数 $1/T$ 在一定的温区内接近线性关系，具有 n 型半导体的性质。二元系金属氧化物主要有 Co-Mn（CoO-MnO-O_2）、Cu-Mn（CuO-MnO-O_2）、Ni-Mn（NiO-MnO-O_2）等系。三元系有 MnO-CoO-NiO 等 Mn 系和 CuO-FeO-NiO、CuO-FeO-CoO 等非 Mn 系。此外，还有厚薄膜材料正在不断开发并获得迅速发展。

常温 NTC 热敏电阻材料（-60～200℃）通常以 MnO 为主，与其他元素形成二元或三元系半导瓷，电导率可在 $10^3 \sim 10^{-9} \Omega^{-1} \cdot cm^{-1}$ 范围调节。其中，最有实用意义的为 Co-Mn 系材料。它在 20℃时的电阻率为 $10^3 \Omega \cdot cm$，主晶相为立方尖晶石 $MnCo_2O_4$，导电载流子是 Co 和 Mn 电子。随着 Mn 含量的增大，则形成 $MnCo_2O_4$ 立方尖晶和 $MnCo_2O_4$ 四方尖晶的固溶体，电阻率逐渐增大。三元系有 MnO-CoO-NiO、MnO-CuO-NiO、MnO-CuO-CoO 等 Mn 系和 Cu-Fe-Ni、Cu-Fe-Co 等非 Mn 系。在含 Mn 的三元系中，随着 Mn 含量的增大，电阻率增大。和不含 Mn 的三元系比较，含 Mn 三元系组成对电性能的影响小，产品一致性好。此外，还有 Cu-Fe-Ni、Co 四元系等。含 Mn 的四元系氧化物是一类新型热敏电阻材料，它的主要特点是原料价廉、稳定性好。例如，Mn-Co-Ni-Fe 系中 Fe 含量 17%～50%，Mn 含量<33%，20℃时电阻率 $10^4～10^5\Omega\cdot cm$。在 Mn-Co-Ni-Cu 系中 Cu 含量 17%～30%，Mn 含量<33%，20℃时电阻率 $10^1～10^2\Omega\cdot cm$。

除上述材料外，还有用以上氧化物与 Li、Mg、Ca、Sr、Ba、Al 等氧化物组成的材料。这些材料价廉、稳定性好、烧结温度低，其中 Ca-Cu-Fe 系为高 B 值材料，在 20℃时的电阻率为 $10^4～10^5\Omega\cdot cm$。Cu-Mn-Al 和 Co-Ni-Al 系为较低 B 值材料，20℃时的电阻率为 $10^3～10^4\Omega\cdot cm$。

工作温度在 300℃以上的热敏电阻（NTC）常称为高温热敏电阻。高温热敏电阻有广泛的应用前景，尤其在汽车空气/燃料比传感器方面，有很大的实用价值。其中，主要使用的两种较典型材料如下。

① 稀土氧化物材料　稀土氧化物材料 Pr、Er、Tb、Nd、Sm 等氧化物，加入适量其他过渡金属氧化物，在 1600～1700℃烧结后，可在 300～1500℃工作。

② $MgAl_2O_4-MgCr_2O_4-LaCrO_3$〔或（LaSr）$CrO_3$〕三元系材料　该系材料适用于 1000℃以下温区。

工作温度在 −60℃以下的热敏电阻材料（NTC）称为低温热敏电阻材料。低温热敏电阻材料以过渡金属氧化物为主，加入 La、Nd、Pd 等的氧化物。主要材料有 Mn-Ni-Fe-Cu、Mn-Cu-Co、Mn-Ni-Cu 等。常用温区为 4～20K、20～80K、77～300K。主要优点是具有良好的稳定性、机械强度、抗磁场干扰、抗带电粒子辐射等性能。

大多数 NTC 材料的受主电离能都很低，可保证在常温下全部电离，即载流子浓度可视为常数 A。电导率 $\sigma=A(-\Delta E/kT)$，ΔE 为电导激活能；设 $B=\Delta E/k$，电阻率 $\rho=\rho_0\exp(B/T)$。B 值反映了材料电阻率对温度的依赖关系。对于 NTC 热敏电阻来说，则反映电阻的灵敏度，即

$$B=\ln\frac{R_2/R_1}{1/T_1-1/T_2} \tag{6-5}$$

6.2.4　CRT 材料

CTR 热敏电阻主要是指以 VO_2 为基本成分的半导体陶瓷，在 68℃附近电阻值可突变达 3～4 个数量级，具有很大的负温度系数，因此称为巨变温度热敏电阻或临界（温度）热敏电阻材料。

这种巨变温度热敏电阻变化具有再现性和可逆性，故可作电气开关或温度探测器。这一特定温度称临界温度。电阻值的急剧变化，通常是随温度的升高，在临界温度附近，电阻值急剧减小。

V 是易变价元素，它有 5 价、4 价等多种价态，因此，V 系有多种氧化物，如 V_2O_5、VO_2、V_2O_3、VO 等。这些氧化物各有不同的临界温度。每种 V 系氧化物与 B、Si、P、Mg、Ca、Sr、Ba、Pb、La、Ag 等氧化物形成多元系化合物，可上、下移动其临界温度。

6.3　压敏陶瓷

当今电子技术和信息产业迅速发展，仪器、设备产品都向自动化、智能化方向发展，而

推动电子技术发展的核心是集成电路（IC）和超大规模集成电路（LSI）在电子设备中广泛地应用，它改变了整个电子工业的面貌。为了保证仪器设备的安全、稳定、可靠，首先就必须保证集成电路和大规模集成电路能在允许的电压范围内工作，利用压敏电阻进行过电压保护是十分必要的。

压敏陶瓷是指对电压变化敏感的非线性电阻陶瓷。一般电阻器的电阻值可以认为是一个恒定值，即通过它的电流与施加电压成线性关系。压敏陶瓷是指电阻值随着外加电压变化有一显著的非线性变化的半导体陶瓷，用这种材料制成的电阻称为压敏电阻器。制造压敏陶瓷的材料有 SiC、ZnO、$BaTiO_3$、Fe_2O_3、SnO_2、$SrTiO_3$ 等。其中 $BaTiO_3$、Fe_2O_3 利用的是电极与烧结体界面的非欧姆特性，而 SiC、ZnO、$SrTiO_3$ 利用的是晶界非欧姆特性。目前，应用最广、性能最好的是氧化锌压敏半导体陶瓷。

6.3.1 压敏陶瓷的基本特性

压敏电阻陶瓷具有非线性伏安特性，对电压变化非常敏感。在某一临界电压以下，压敏电阻陶瓷电阻值非常高，几乎没有电流；但当超过这一临界电压时，电阻将急剧变化，并且有电流通过。随着电压的少许增加，电流会很快增大。压敏电阻陶瓷的这种电流-电压特性曲线及区间划分情况如图 6-5 所示。

在预击穿区，施加于压敏电阻器两端的电压小于其压敏电压，其导电属于热激发电子电导机理。因此，压敏电阻器相当于一个 10 MΩ以上的绝缘电阻（晶界电阻 R_b 远大于晶粒电阻 R_g），这时通过压敏电阻器的阻性电流仅为微安级，可作为开路，该区域是电路正常运行时压敏电阻器所处的状态。压敏电阻器的线路、设备及仪器正常工作时，流过压敏电阻器的电流称为漏电流（漏电流在 50～100μA）。

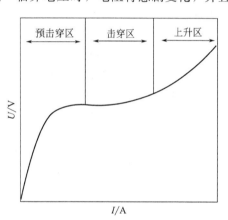

图 6-5 ZnO 压敏电阻器的伏安特性

当压敏电阻器两端施加一大于压敏电压的过电压时，其导电属于隧道击穿电子电导机理（R_b 与 R_g 相当），属于击穿区内，其伏安特性呈优异的非线性电导特性，即

$$I = \left(\frac{U}{C}\right)^\alpha \tag{6-6}$$

式中，I 为通过压敏电阻器的电流；C 为与配方和工艺有关的材料常数，也称为非线性电阻值，反映了材料的特性和材料压敏电压的高低；U 为压敏电阻器两端的电压；α 为非线性系数，一般大于 30，α 越大，非线性越强。由上式可见，在击穿区，压敏电阻器端电压的微小变化就可引起电流的急剧变化（10^{-5}A～10^3A），压敏电阻器正是用这一特性来抑制过电压幅值和吸收或对地释放过电压引起的浪涌能量。在一定几何形状下，电流在 1mA 附近时，ZnO 压敏电阻器的 α 可达到最大值，往往取 1mA 电流所对应的电压作为 I 随 U 陡峭上升的电压大小的标志，把此电压 U_{1mA} 称为压敏电压。

当过电压很大，使得通过压敏电阻器的电流大于 $100A/cm^2$ 时，属于上升区，此区域内压敏电阻器的伏安特性主要由晶粒电阻的伏安特性来决定。此时压敏电阻器的伏安特性呈线性电导特性，即

$$I = \frac{U}{R_g} \tag{6-7}$$

上升区电流与电压几乎呈线性关系，压敏电阻器在该区域已经劣化，失去了其抑制过电压、吸收或释放浪涌的能量等特性。

根据压敏电阻器的导电机理，其对过电压的响应速度很快，如带引线式和专用电极产品，一般响应时间小于 25ns。因此只要选择和使用得当，压敏电阻器对线路中出现的瞬态过电压有优良的抑制作用，从而达到保护电路中其他元件免遭过电压破坏的目的。

6.3.2　ZnO 压敏半导瓷

ZnO 压敏陶瓷是一种多功能新型陶瓷材料，它是以 ZnO 为主料，添加若干微量氧化物改性烧结体材料。它具有优异的非线性特性、响应速度快、漏电流小、通流容量大、双向对称等优点。广泛用于电子、电力等领域。主要功能是过电压保护。随着电子产品的小型化、集成化发展，对低压压敏陶瓷材料的需求越来越大。因集成电路和大规模集成电路的工作电压一般比较低，如 MOS(IC) 为 24V，HTL(IC) 为 15V，CMOS(IC) 为 18V。目前中高压压敏陶瓷系列化生产，而低压压敏陶瓷材料的生产还不成熟。因此，研究用于集成电路和大规模集成电路的低压（15~25V）压敏陶瓷产品显得非常重要。

（1）本征 ZnO 半导体

ZnO 系压敏电阻陶瓷是压敏电阻陶瓷中性能最优的一种材料。氧化锌晶体具有纤锌矿结构。室温下满足化学计量比的纯净氧化锌应该是绝缘体，但由于 ZnO 属于阳离子填隙型非化学计量化合物，存在本征缺陷，使之具有 n 型电导性。缺陷反应式如下：

$$ZnO \Longleftrightarrow Zn_i^{\cdot} + e' + \frac{1}{2}O_2(g)$$
$$ZnO \Longleftrightarrow \ddot{Z}n_i + 2e' + \frac{1}{2}O_2(g) \tag{6-8}$$

本征缺陷产生准自由电子，本征 ZnO 氧化物陶瓷具有 n 型电导。

由缺陷反应式（6-8）可知，本征 ZnO 的电导率对氧分压极其敏感，故本征 ZnO 的电性能受环境气氛的影响很大。而在实际生产过程中，气氛控制很难达到完全精确，难以实现重复性生产。故而需要掺入少量杂质来使氧化锌半导体陶瓷的电性能获得可控性。

当掺入少量施主杂质时，以 Al_2O_3 为例，所发生的置换化学式为：

$$Al_2O_3 + 2ZnO \longrightarrow 2Al_{Zn}^{\cdot} + 2e' + 2O_O + 2ZnO + \frac{1}{2}O_2(g) \tag{6-9}$$

由式（6-9）可知，施主杂质氧化铝的引入，产生了额外的准自由电子，使得传导电流的载流子数量增多，n 型半导体的导电能力提高。

当掺入少量受主杂质时，以 Li_2O 为例，Li^+ 占据 Zn^{3+} 格点位置，化学式为：

$$\frac{1}{2}O_2 + 2ZnO + Li_2O \longrightarrow 2Li_{Zn}' + 2h^{\cdot} + 2O_O + 2ZnO \tag{6-10}$$

由式（6-10）可看出，受主掺杂 Li_2O 的引入，产生了准自由电子空穴，与原本存在的自由电子复合消失，导致 n 型半导体的导电能力降低。同时此反应还能抑制本征缺陷反应的正向进行，从而降低了填隙锌离子的产生，起到防止晶粒生长过快和失控的作用。

需要注意的是，杂质的引入量必须控制在一定范围内，超过此范围会产生相反的结果。而且同一杂质，烧结时气氛不同，会形成不同类型的固溶体。压敏电压和非线性系数是压敏电阻器的重要参数，掺入杂质的目的，除了使 ZnO 压敏电阻性能稳定之外，就是致力于改善非线性，提高非线性系数。

（2）实际生产配方

在实用的氧化锌半导瓷中，主要成分是 ZnO，根据不同的需要，可掺入少量的 Bi_2O_3、CoO、MnO、Cr_2O_3、Sb_2O_3、TiO_2、SiO_2、PbO 等氧化物经典型的电子陶瓷工艺制成多晶半导体陶瓷烧结体材料。配方成分：$(100-x)\%$（摩尔分数）ZnO＋$(x/6)\%$（摩尔分数）$(Bi_2O_3 + 2Sb_2O_3 + MnO_2 + Co_2O_3 + Cr_2O_3)$。$Al_2O_3$、$Cr_2O_3$、$Li_2O$、$Bi_2O_3$ 等杂质能使电导率产生显著变化，从而实现控制和利用氧化锌半导瓷敏感特性的目的。

（3）ZnO 压敏陶瓷的微观结构

ZnO 压敏陶瓷的微观结构如图 6-6 所示，ZnO 陶瓷是由 ZnO 晶粒及晶粒边界物质组成的，其中 ZnO 晶粒中掺有施主杂质而呈 n 型半导体，ZnO 晶粒导电，电阻率很低。晶界物质中含有大量金属氧化物形成大量界面态，晶界是高阻层，非线性主要由晶界决定。两晶粒之间的晶界很薄，是由富铋层构成。富铋层与两侧的晶粒形成双肖特基势垒。这样每一微观单元是一个背靠背肖特基势垒（图 6-7 所示），整个陶瓷就是由许多背靠背肖特基势垒串并联的组合体。图 6-8 是压敏电阻器的等效电路。

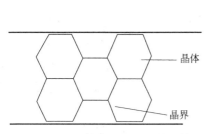

图 6-6　ZnO 压敏陶瓷的微观结构简图

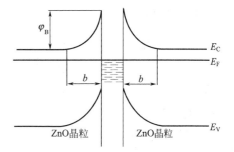

图 6-7　双肖特基势垒模型

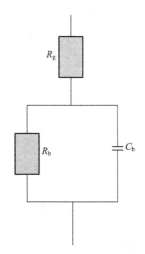

图 6-8　ZnO 压敏电阻器的等效电路

R_g—晶粒电阻；R_b—晶界电阻；C_b—晶界电容

根据压敏电阻预击穿特性，其外加电压、电流与势垒高度 φ_B 的关系，符合以下肖特基热激发电流方程关系式：

$$J = J_0 \exp\left[-\frac{(\varphi_B - \beta E^{1/2})}{kT}\right] \tag{6-11}$$

式（6-11）中，E 是电场强度；β 和 J_0 均为常数；k 是玻耳兹曼常数，$k = 1.38 \times 10^{-23}$ J/K；T 是热力学温度。从式（6-11）可以看出，当压敏陶瓷处于低电压时，外加电压不足以克服势垒高度 φ_B，即 $\beta E^{1/2} < \varphi_B$，晶界呈现高阻态，漏电流很小；当压敏陶瓷受到浪涌冲击时，使得 $\beta E^{1/2} > \varphi_B$，形成隧道电流穿越晶界，因而起到了对被保护器件的保护作用。

$$\varphi_B = \frac{e^2 N_s^2}{2\varepsilon_0 \varepsilon N_d} \tag{6-12}$$

式（6-12）中，e 是电子电荷；N_d 是 ZnO 晶粒中的施主浓度；N_s 是表面态密度——晶界处电子密度；ε_0 是真空介电常数；ε 是介质介电常数。

可以看出，当增大晶界电子密度 N_s，或降低 ZnO 晶粒施主浓度 N_d 时，可以增加势垒高度 φ_B，提高非线性，同时也提高了压敏电压（U_{1mA}）。

通过以上对 ZnO 压敏陶瓷微观结构和导电机理的分析，可以看出，制备低压压敏陶瓷的关键技术有三个：增大晶粒尺寸（因为是低阻）；减少单位厚度上的晶界层数；增加 ZnO 晶粒中的施主浓度，即降低 ZnO 晶粒的电阻率。

6.3.3 压敏陶瓷的应用

由于 ZnO 压敏陶瓷呈现较好的压敏特性，在电力系统、电子线路、家用电器等各种装置中都有广泛的应用，尤其在高性能浪涌吸收、过压保护、超导性能和无间隙避雷器方面的应用最为突出。自 20 世纪 70 年代日本首先使用 ZnO 无间隙避雷器取代传统的 SiC 串联间隙避雷器以来，国内外都相继开展了这方面的研究。ZnO 压敏电阻器的应用可归结为过压保护和稳定电压两方面。

各种大型整流设备、大型电磁铁、大型电机、通信电路、民用设备在开关时，会引起很高的过电压，需要进行过压保护，以延长使用寿命。故在电路中接入压敏电阻可以抑制过电压。当电路出现雷电过电压或瞬态操作过电压 V_s 时，压敏电阻器和被保护的设备及元器件同时承受 V_s，由于压敏电阻器响应很快，它以纳秒级时间迅速呈现优良非线性导电特性，此时压敏电阻器两端电压迅速下降，远远小于 V_s，这样被保护的设备及元器件上实际承受的电压就远低于所加电压 V_s，从而使设备及元器件免受到过电压的冲击。此外，压敏电阻还可作晶体管保护、变压器次级电路的半导体器件的保护以及大气过电压保护等。

由于氧化锌压敏电阻具有优异的非线性和短的响应时间，且温度系数小、压敏电压的稳定度高，故在稳压方面得以应用。压敏电阻器可用于彩色电视接收机、卫星地面站彩色监视器及电子计算机末端数字显示装置中稳定显像管阳极高压，以提高图像质量等。压敏电阻器与被保护的电器设备或元器件并联使用。

但氧化锌压敏陶瓷在高压领域的应用还存在局限性。如生产高压避雷器，则需要大量的 ZnO 压敏电阻阀片叠加，不仅加大了产品的外形尺寸，而且高压避雷器要求较低的残压比也极难实现，为此必须研究开发新的高性能、高压压敏陶瓷材料。

6.4 气敏陶瓷

在现代社会，人们在生活和工作中使用和接触的气体越来越多，其中某些易燃、易爆、有毒气体及其混合物一旦泄漏到大气中，会造成大气污染，甚至引起爆炸和火灾。半导瓷气敏元件主要应用于感知和检测各种气体以及对易燃、易爆、有毒有害气体等进行严密监测的传感器。陶瓷气敏元件（或称陶瓷气敏传感器）由于其具有灵敏度高、性能稳定、结构简单、体积小、价格低廉、使用方便等优点，近年来得到非常迅速的发展。

例如，SnO_2 半导瓷气敏传感器对低浓度的 CO、烷类等气体的检测灵敏度非常高，可用于可燃性气体泄漏的防灾报警。又如对硫化物、苯类、醇类等气体敏感的各类气敏传感器可用于大气污染和交通监测。γ-Fe_2O_3 气敏传感器对以丙烷（C_3H_8）为主要成分的液化石油气（LPG）具有较高的灵敏度和较好的选择性，响应时间和恢复时间快，受温度影响小，对环境湿度几乎没有响应，价格低廉。α-Fe_2O_3 气敏传感器则对甲烷（CH_4）等具有良好的感应灵敏度，对于除 LPG 之外更普遍的工业和家用气体燃料（如天然气、沼气等）的防漏报警有较好的监测效果。

除此之外，还有一类氧化锆固体电解质材料，属于氧缺位型陶瓷材料，可以制成氧传感器，利用瓷体两侧氧分压差能产生电势差的浓差电势原理，可测定极低的氧分压。由于氧化锆具有极高的耐热稳定性，这种传感器可用于低氧分压还原性或中性气氛的工业高温窑炉的测控，冶金行业中钢水或钢熔体中氧含量的测定以及汽车发动机空燃比的测量与控制等。利用氧化锆的离子型浓差电势原理还可以研制燃料电池，在新一代能源开发技术领域占有重要地位。此外，氧化钛系和氧化铌系及其复合而成的二元系氧敏传感器，在汽车空燃比测控方面的新进展也格外引人注目。

6.4.1 气敏传感器分类

气敏传感器种类很多，因此分类方法也多种多样。通常按基体材料的不同，气敏传感器可分为金属氧化物系、有机高分子半导体系、固体电解质系等；按被测气体的不同，又可分为氧敏传感器、酒敏传感器、氢敏传感器；按工作方式的不同，可分为干式、湿式等；按结构形式不同，也可分为烧结型、薄膜型、厚膜型等。不同的气体传感器，在不同的领域有不同的用途。其中，金属氧化物半导体气体传感器以其检测气体种类范围广泛、价格低廉、长期工作稳定性良好、响应迅速和寿命较长等优点得到了广泛的应用。

用于制造氧化物半导体型传感器的材料很多，其结构也有所不同。可根据其结构分为：烧结型、薄膜型、厚膜型。1975 年，福特汽车公司的科研人员将二氧化钛球状微粒烧结成薄片，内置两根作为加热源和电极用的铂引线，及用于温度控制的热电偶。此后，有许多关于这种片状传感器的研究报道。近年来国内也有这方面的研究。将一定配比的二氧化钛粉料与分散剂、黏合剂混合，注入预置加热丝的模具内或涂在铂电极上，在 500～800℃烧结。这种工艺制作简单，但烧结不充分，元件机械强度低。另外，这类元件参数分散性也比较严重，不适宜批量生产。

厚膜型氧传感器一般采用丝网印刷法来制备。采用氧化铝陶瓷基片，先将 Pt 导电浆料印制或涂覆在基片上，在高温下烧结做成元件电极。再在铂电极上按一定形状印制厚膜，烧结而成。例如 TiO_2 厚膜浆料是由 TiO_2 粉料加适量的分散剂、玻璃料（提高厚膜的机械强度）和黏结剂均匀搅拌而成，配料时要注意排除气泡。但元件较多的开气孔可提高响应性能。制备的厚膜氧敏元件，具有良好的机械强度，元件特性比较均匀，适于批量生产。

薄膜型氧化物半导体传感器通常采用薄膜和微机械工艺制备，可提高传感器的性能、降低价格和缩小传感器尺寸，响应速度很快并且在低温下也能正常的工作。因此薄膜型氧化物半导体传感器越来越受到人们的重视。

6.4.2　金属氧化物半导体气敏传感器的敏感机理

由于金属氧化物的多样性及它们与气体相互作用的多样性，要对这类气敏传感器的敏感机制进行完整统一的解释是比较困难的。但气敏材料与气体的相互作用仍可分为两大类，即表面吸附控制型和体原子价态控制型。

（1）表面吸附控制型

金属氧化物半导体表面存在各种类型的具有一定活性的表面位置。如具有未成键轨道的表面原子、未被阴离子完全补偿的表面阳离子、表面杂质、酸中心和碱中心等，通常将它们称为表面位置。

这些表面位置在空气中会吸附氧分子，这些氧分子从半导体表面获得电子而形成 O^{2-}、O^-、O_2^- 等氧离子，这些吸附氧离子在半导体表面将形成表面势垒和空间电荷层，引起材料表面电子浓度的减小和表面迁移率的下降。当传感器又与还原性气体接触时，还原性气体将与表面吸附的氧发生作用，将原已被氧夺取的电子释放回半导体，使电阻降低。

以 n 型金属氧化物半导体为例，空气中的氧在金属氧化物半导体表面进行化学吸附的结果使电子能迁移到表面的受主能级中，表面出现了空间电荷区，同时在表面与体内建立起表面势垒，见图 6-9。

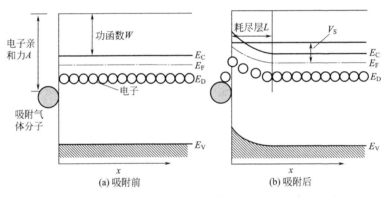

图 6-9　n 型半导体吸附气体能带

在工作温度下，杂质全部电离，满足电中性条件，电子满足 Boltzmann 分布，计算得表面层内自由电子浓度 $n(x)$ 为：

$$n(x) = N_C \exp\left[-\frac{E_C + eV(x) - E_F}{kT}\right] = n_b \exp\left[-\frac{eV(x)}{kT}\right] \tag{6-13}$$

式中，n_b 为半导体材料体内自由电子浓度；N_C 为导带底有效态密度；E_C 为导带能级；E_F 为费米能级；$V(x)$ 为表面层势垒高度；k 为玻耳兹曼常数；T 为温度。

通过计算推导可得：

$$V_s = \frac{eN_s^2}{2\varepsilon(N_D - N_A)} \tag{6-14}$$

式中，N_s 为单位表面吸附电荷数密度；V_s 为势垒高度；N_A 为半导体材料体内受主浓度；N_D 为半导体材料体内施主浓度。上式表明，表面势垒高度 V_s 与表面电荷数密度平方成正比。

电子从一个晶粒运动到另一个晶粒受到晶粒间表面势垒高度和宽度或晶粒颈部沟道的控

制，气体的吸附将影响表面势垒的高度和颈部沟道，进而改变气敏传感器的电阻。这种控制作用与晶粒尺寸、德拜长度的相对大小有密切的关系。

（2）体原子价态控制型

还有一种金属氧化物半导体材料化学活性强，易被氧化还原，其原子（离子）组成可变为非化学计量比。当它们与待测气体接触时，体原子价态会发生变化，进而导致氧化物的体电阻发生变化。这种气敏材料称为体原子价态控制型。比如，$\gamma\text{-Fe}_2\text{O}_3$ 气敏元件，当它在高温下与还原性气体接触时，使得部分三价铁离子（Fe^{3+}）获得电子被还原成二价铁离子（$\text{Fe}^{3+} + e \rightarrow \text{Fe}^{2+}$），致使电阻率很高的尖晶石 $\gamma\text{-Fe}_2\text{O}_3$ 转变成电阻率很低的尖晶石 Fe_3O_4，进而元件的体电阻下降。进行这种转换时，晶体结构并不发生变化，这种转换又是可逆的，当被测气体脱离后，又恢复为原状态，通过这种转换而达到检测周围气体的目的。

无论哪种气敏材料，在进行气体检测时都要吸附气体，按气体吸附形式分为以下两类：

① 阴离子形式吸附，氧化性气体或电子受容性气体（气体得到电子，成为阴离子），如 O_2、$\text{NO}_x(x=1,2)$ 等；

② 阳离子形式吸附，还原性气体或电子供出性气体（气体放出电子，成为阳离子），如 H_2、CO、乙醇（酒精）等。

对于 n 型半导体，正电荷吸附（阳离子吸附、放出电子）形成积累层，电阻率下降；负电荷吸附（阴离子吸附、得到电子）形成积累层，电阻率上升。

对于 p 型半导体，负电荷吸附（阴离子吸附、从空间层中减少电子，即 p 型载流子增加）电阻率下降；正电荷吸附（阳离子吸附、从空间层中增加电子，即 p 型载流子减少）电阻率上升。

6.4.3　半导体气体传感器的主要技术指标

（1）工作温度

气敏元件在室温下很难有气敏性能，需在一定的温度下工作，从节能的角度来讲，工作温度越低越好，并可延长寿命。

（2）元件电阻

通常将电阻式半导体气敏传感器在洁净空气中的电阻值，称为气敏元件的固有电阻值，习惯上用符号 R_a 表示。在被测气体中的电阻值称为实测气体中元件电阻值，用 R_g 表示。

（3）灵敏度

气敏器件的灵敏度特性是表征气敏元件对被检测气体敏感程度的指标。通常用气敏元件在空气中的电阻值与在一定浓度的被检测气体中的电阻之比来表示灵敏度 $S = R_a/R_g$。

（4）选择性

根据气敏材料对待测气体响应的气敏机理，一种气敏元件将会同时对待测气体中的多种气体产生敏感，一般用分辨率（D），即元件对目标气体的灵敏度（S_c）与干扰气体的灵敏度（S_i）的比值表示：$D = S_c/S_i$。实际应用中要求选择性越高越好。

（5）响应恢复时间

气敏元件的响应时间表示，气敏元件对被测气体的响应速度，一般是指气敏元件与一定浓度的被测气体开始接触时，到气敏元件的电阻值达到稳定阻值的 90％所需要的时间。

气敏元件的恢复时间表示，被测气体从该元件上解吸的速度。一般是从气敏元件脱离被测气体时开始计时，直到其电阻值达到稳定阻值的 90％所需要的时间。

（6）稳定性

稳定性反映了元件的固有电阻和灵敏度对环境条件的承受能力。对气敏元件而言，通常元件经长期使用后，它们的电阻会发生漂移、灵敏度会发生变化，影响元件测试的准确性。

（7）寿命

元件能正常工作的时间称为它的寿命。影响寿命的因素有催化剂的老化、中毒、气敏材料使用过程中晶粒的长大。

6.4.4　SnO_2 系气敏元件

（1）二氧化锡气敏陶瓷（半导体式）的工作原理

二氧化锡半导体是 n 型半导体，当它放到空气中时，吸附氧，氧与电子亲和力大，从半导体表面夺取电子，产生空间电荷层，使能带向上弯曲，电导率下降，电阻上升。

在吸附还原性气体时，还原性气体与氧结合，氧放出电子并回至导带，使势垒下降，元件电导率上升，电阻值下降。SnO_2 气敏陶瓷元件常以空气为起始电阻，用 R_{air} 表示。

（2）SnO_2 粉料制备

① SnO_2 粉料的制备　SnO_2 粉料越细，其比表面积就越大（缺陷多，有利于材料改性），对待测气体就越敏感，因此高分散的超细 SnO_2 粉料的制备成了制造优良气敏元件的关键。

制备 SnO_2 的方法较多，现介绍如下：

a. 用锡盐制 SnO_2；

b. 在空气中加热 Sn，氧化而成 SnO_2；

c. 利用气态 Sn 和等离子氧化反应制超细 SnO_2；

d. 利用 $SnCl_4$ 水解制 SnO_2，一般 700～800℃煅烧即可得 SnO_2 粉料；

e. 用 $SnCl_2$ 制 SnO_2。

在实际制备过程中，为了提高 SnO_2 粉料的稳定性，一般在空气中进行煅烧，完全可以得到纯 SnO_2。

② 添加剂的作用　添加剂是气敏元件形成的条件——半导化，提高灵敏度（利于信号输出）。

a. Sb_2O_3 起半导化作用，有效地降低 SnO_2 的常温阻值；

b. Pd 及其 Pd 的化合物，起催化作用的主要是 PdO（PdO 与气体接触时可以在较低温度下促使气体解离，并使还原性气体氧化，PdO 本身被还原为金属 Pd 并放出 O^{2-}，从而增加了还原气体的化学吸附）。Pd 对气体的吸附能力很强，并能自由地逸出，加速了还原再氧化的作用。

c. MgO、尖晶石、PbO、CaO 等二价金属氧化物以加速解吸速度，延缓烧结，改善老化性能。

d. SiO_2 加入到 SnO_2 气敏材料中可把 SnO_2 颗粒分开，防止高温使用过程中 SnO_2 晶粒长大，以保持灵敏度恒定，延长使用寿命。SiO_2 还能使 SnO_2 紧紧粘在 Al_2O_3 基片上，防止其脱落。

综上，提高灵敏度的方法主要有以下几点：粉料细、煅烧温度低和保温时间短；适当的添加剂；采用先进制备工艺，如 SnO_2 气体传感器用 CVD（化学气相反应法 chemical vapor deposition）制备纳米薄膜，然后用等离子体（氩气与氧气比例为 1：1）处理，形成纳米半导体阵列（纳米/小尺寸效应）。

（3） SnO_2 气敏元件的类型

① 烧结型气敏元件　以 SnO_2 为基本原料，加入催化剂、黏合剂等，按常规的陶瓷工艺即可制成，烧成前把加热丝和测量电极埋入坯体——直热式，如图 6-10 所示。加热电阻丝放在陶瓷管内，管的外壁有梳状电极作为测量电极，其外再涂 SnO_2 浆料及其他辅助材料——旁热式，如图 6-11 所示。由于加热丝和测量电极分离，加热丝不与气敏材料接触，避免了测量回路与加热回路之间的相互影响，元件的热容量大，降低了环境气流对加热温度的影响，易保持材料的稳定性。由此类气敏元件的结构可知，在一定温度下，吸附强，通过结构改进解吸容易。

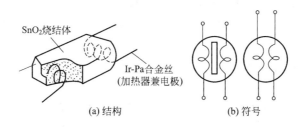

图 6-10　直热式气敏元件

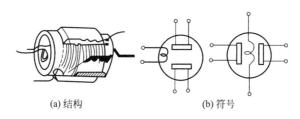

图 6-11　旁热式气敏元件

② 厚膜型气敏元件　厚膜型气敏元件将 SnO_2 与一定比例的硅凝胶混制成能印刷的厚膜胶。把厚膜胶用丝网印刷到事先安装有铂电极的基片上，在 $400\sim800\,^\circ\!C$ 的温度下烧结 $1\sim2h$ 便制成厚膜型气敏元件。

③ 薄膜型气敏元件　气敏元件性能与敏感功能材料的种类、结构及制作工艺密切相关。以金属氧化敏感薄膜材料制作的半导体式气敏元件具有体积小、能耗低、灵敏度高、响应时间短等特点，在易燃、易爆、有毒、有害气体的检测和检测中的应用越来越广泛，对于减少气体爆炸、火灾等事故的发生起到非常大的作用。

6.4.5　掺杂对金属氧化物半导体气敏性能的影响

最近的研究表明，单一的金属氧化物作为气敏材料已不能满足高性能气敏元件的要求。气敏材料的研究重点应从单一的氧化物材料，如 TiO_2、SnO_2、ZnO、In_2O_3、WO_3 转向多组分材料，即通过掺杂一种或多种元素形成多组分材料来提高气敏性能。掺杂一般有两种形式，即形成外部催化活性中心或内部掺杂。掺杂可以改变金属氧化物的催化活性，稳定原子价态，促使活性相的形成，增加电子交换率。在气敏材料中添加掺杂物可以改变其很多参数，例如，载流子浓度、金属氧化物的化学和物理特性、金属氧化物材料表面的电子和物理化学性能、表面势和晶粒间势垒、相的组成、晶粒尺寸等等。

掺杂物形成的第二相含量即使很少，也能使气敏材料的结构产生很大的改变。例如，In、Sn、Nb、Ce、Y、La 等对 SnO_2 的掺杂（0.1%～4%，摩尔分数）都能引起晶粒尺寸的减小。

通常，选择纳米复合材料的第二组分时需要考虑以下的一些因素：金属氧化物不同氧化态，形成金属氧化物复合物的化学反应，掺杂物的催化活性，挥发性，电导率和导电类型，掺杂物在气敏材料中的溶解度。很多氧化物在 SnO_2、In_2O_3 中的溶解度都不超过 1%～2%（质量分数）。只有很少的氧化物可以有较高的溶解度，例如，Ga_2O_3 在 In_2O_3 中的掺杂，和 In_2O_3 在 SnO_2 中的掺杂都可以达到 10%左右。在这种两相体系中，第二相的浓度一般都很小，要求能够均匀地分散在气敏材料中。并且第二相一般都形成在气敏材料的表面上。纳米复合金属氧化物的电子特性和气敏机理不同于单一、均匀的金属氧化物，要复杂得多。

常用的掺杂物主要有以下几种。

（1）贵金属

贵金属是气敏材料中研究的比较早的掺杂物质。在金属氧化物半导体气敏材料中常用 Pt、Pd、Ag、Ru 等贵金属作为掺杂剂。掺入 Pt 可提高对异丁烷、乙烷、丙烷等含有两个以上碳原子的碳氢化合物的灵敏度，而且灵敏度随气体分子中含碳量增加而增加。但对于 H_2、CH_4 等可燃性气体的灵敏度较低。而掺入 Pd 时正好相反，对异丁烷、乙烷、丙烷等两个碳原子的碳氢化合物的灵敏度较低，而对 CO 和 H_2 等分子中含碳原子数较少的气体比较敏感。而掺入 Ag 时对可燃性气体比较敏感。Ru 和 Pd 则对氨气有很高的灵敏度。

（2）稀土元素

稀土元素也是人们常用的掺杂物。常用的有 Ce、La、Nd、Y 等。牛新书等利用 sol-gel 法制备了 ZnO 粉末，再分别和掺杂物 Y_2O_3、La_2O_3、CeO_2 混合、研磨后退火处理得到掺杂的氧化锌粉末，并制成烧结气敏元件。研究发现稀土氧化物的加入大大改善了元件的气敏性能。李健等用真空气相沉积法制备了掺 Nd 纳米 ZnO 薄膜，提高了对乙醇的选择性和灵敏度。

（3）碱土金属元素

Kenichi 等通过把 $Ca(NO_3)_2 \cdot 4H_2O$ 溶于水，再把 ZnO 加入其中，沉淀后得到掺杂 Ca^{2+} 的 ZnO 粉末，制成气敏元件。3%（摩尔分数）Ca^{2+} 混合的 ZnO 粉末的灵敏度在 0.9×10^{-6} 的 Cl_2 中，300℃下达到了 10。而它在 20×10^{-6} Cl_2 中 300℃下的恢复时间为 20min，和纯 ZnO 粉末相比灵敏度有稍微的降低，但恢复时间有很大的提高。Egashira 等以 Li^+ 掺杂和未掺杂 ZnO 晶须作为气敏材料，研究了其对空气中 1%CO、1%H_2、1%CH 的气敏性能，Li^+ 掺杂的 ZnO 晶须的灵敏度显著提高。

（4）过渡族金属氧化物

Y. Anno 等研究 Mo^{6+} 和 W^{6+} 的掺杂对 ZnO 气敏性能的提高。研究发现，它们分别在 500℃和 550℃对丙酮气体有很高的灵敏度。Chul Han Kwon 等用丝网印刷的方式制备了

Al^{3+} 掺杂的 ZnO 气敏传感器，研究发现它对氧气和一氧化碳有极高的灵敏度，而燃烧产生的气体主要是这两种气体，所以可以用来进行燃烧控制。沈瑜生等用化学共沉淀的方法制备了 CuO 和 ZnO 组成的二元体系的气敏元件，研究发现，ZnO 与 CdO 之间基本上不存在置换型固溶体或二元化合物，但明显存在间隙型固溶体的现象，Zn/Cd＝4 的元件对 H_2 和 C_2H_2 气有较高的灵敏度和选择性。

6.4.6 气敏传感器的现状及发展趋势

在众多的气敏传感器材料中，烧结型气敏元件仍是生产的主流，占总量的 90％以上。金属氧化物半导体气敏元件对许多种气体都具有很高的灵敏度，如液化石油气、煤气、天然气、一氧化碳、氢气及乙醇等。

低价格、高灵敏度的金属氧化物半导体气体传感器得到了广泛的应用，但由于环境的复杂性、气体的多样性及材料本身的稳定性等方面的因素，金属氧化物半导体气敏传感器仍存在一些不足。其一是元件的选择性不高。元件往往不是仅仅对被检测的一种气体敏感，而同时可能对几种气体都比较敏感。尤其类似氢气和酒精的干扰较强，因而高选择性元件的研究一直是人们热心追求的目标。其二是某些结构的元件的稳定性和一致性还有待提高。例如通常的烧结型元件在空气中的电阻值 R_a 会随时间发生缓慢变化，即产生漂移。因此使得这类元件难以满足定量化仪表的要求，而仅用于检漏报警器中。为了克服这些缺点，人们采用不同的制作工艺，对 SnO_2 进行掺杂处理，以及表面化学修饰等以改善传感器的灵敏度和长期稳定性。其三是检测机理模糊，理论的发展落后于实践，不能很好的指导气敏材料及元件的开发。其四是生产工艺比较落后，不利于气体传感器的微型化和集成化。

以上分析表明，金属氧化物半导体气敏传感器虽已得到广泛应用，但在诸多方面尚不完善，还需进一步的研究发展，其研究和发展趋势主要集中在以下几点。

① 开发新的气敏材料，进而提高元件的灵敏度。单一组分气敏材料自身的物理和化学稳定性较差，因此，近年来寻找有特定结构的灵敏度和选择性都较好的复合氧化物气敏材料的工作日趋活跃。

② 新型气体传感器的研制。沿用传统的作用原理和某些新效应，采用先进的加工技术和微结构设计，研制新型传感器及传感器系统，如光波导气体传感器、高分子声表面波和石英谐振式气体传感器的开发与使用，微生物气体传感器和仿生气体传感器的研究。随着新材料、新工艺和新技术的应用，气体传感器的性能更趋完善，使传感器的小型化、微型化和多功能化具有长期稳定性好、使用方便、价格低廉等优点。

③ 气体传感器传感机理的研究。新的气敏材料和新型传感器层出不穷，需要在理论上对它们的传感机理进行深入研究。传感机理一旦明确，设计者便可有据可依地针对传感器的不足之处加以改进，也将大大促进气体传感器的产业化进程。

④ 低功耗传感器的开发。传感器体积较大导致能耗较大，不仅浪费能源，更严重的是给便携式报警器和检漏仪的开发和应用带来困难。为适应社会需求，开发低温或常温传感元件将是传感器的又一方向。

⑤ 气敏传感器的微型化、智能化和多功能化。

纳米、薄膜技术等新材料制备技术的成功应用为气体传感器微型化和智能化提供了很好的前提条件。利用多个微型气体传感器集成的传感器阵列元件，结合计算机技术，开发出能够识别气体种类的电子鼻有望解决气体传感器的选择性差的问题。研制开发新型仿生气体传感器——仿生电子鼻是未来气体传感器发展的主要方向。制造高灵敏、高分辨、性能稳定、响应速度快、生产成本低、能耗小、质量轻、集成化、多功能化的气敏传感器也将会受到越来越多的重视。并具有性能稳定、使用方便、价格低廉等特点。薄膜型气敏传感器因具有体积小、功耗低、响应快、易与信息处理系统集成和进行批量自动化生产、与微电子技术兼容性好等优点，气敏元件的薄膜化越来越受到人们的重视。

第7章 超导陶瓷

7.1 超导电现象

7.1.1 超导现象和超导体

19 世纪末，由于电的应用和电磁波的发现，人们对电的研究出现了空前的热情。当时对电子如何在金属中运动还没有一个被一致接受的理论。当时的许多实验都发现了金属导体的电阻随着温度的降低而减小的现象。以詹姆斯·杜瓦为代表的许多科学家推测在温度达到热力学零度时纯金属的电阻应减小为零。但是有一部分科学家不同意这种观点，例如当时非常有名望的理论物理学家洛德·开尔文就预言金属的电阻会随着温度的降低而变小达到一个最小值，然后随着温度的持续降低而增大。到底哪一种观点是对的？如果是在今天，通过实验，做一个金属样品电阻与温度变化的曲线，让温度接近热力学零度，结论就会出来。可是在当时却是无法办到的一件事。所以在 19 世纪后半叶，得到低温环境成了许多科学家的重要目标。

1908 年荷兰科学家卡麦林·昂尼斯（Kamerlingh Onnes）成功地将氦气液化，达到了 4.2K 的低温。然后他又通过减压的方法，把温度降到了 1.7K。这个成就本身已经确立了昂尼斯在科学史上的地位。但他并没有停止他的实验工作，他的目标是通过在低温条件下实验验证有关金属内电子导电机理的推论。在达到液氦温度以后，昂尼斯首先对铂导线进行了测量。实验结果是样品的电阻随着温度的降低而减小，并在 4.3K 达到最小。以后虽然温度持续降低，但样品的电阻不再变化。这个结果虽然与当时的一种理论推测吻合，但昂尼斯认为这也可能是样品中存在杂质所造成的现象。所以他开始寻找一种不含杂质的样品。他发现汞是一种比较理想的样品材料。汞在室温下是液体，在 243.3K 时成为固体，它可通过多次蒸馏的方法得到比铂、金、银纯度高得多的样品材料。1911 年，他对汞导线样品进行测量，在温度达到 4.2K 时，样品的电阻突然消失了。为了进一步证实这一发现，他用固态的水银做成环路，并使磁铁穿过环路使其中产生感应电流。在通常情况下，只要磁铁停止运动由于电阻的存在环路中的电流会立即消失。但当水银环路处于 4K 之下的低温时，即使磁铁停止了运动，感应电流却仍然存在。经过一年的观察他得出结论，只要水银环路的温度低于 4K，电流会长期存在，并且没有强度变弱的任何迹象。1911 年 10 月在布鲁塞尔召开的第一届索尔维大会上，昂尼斯宣布了这一实验结果。当时在会议上并没有引起多大的反响，与会者并没有意识到这可能是一个新的物理现象的发现。在接下来的几年里，昂尼斯又和他的学生们一起发现了铟（In）、锡和铅在 3.4K、3.7K 和 7.2K 也出现了电阻突然消失的现象。直到这时，这种电阻突然消失的现象才得到科学界的重视，昂尼斯也因此荣获 1913 年诺贝尔物理学奖。

由于在通常条件下导体都有电阻，昂尼斯就称这种低温下失去电阻（在仪器测量的精度内，电阻为零）的现象为超导。具有超导现象的材料被称为超导体，而对应于某一超导体电阻突然消失的温度被称为该材料的超导临界转变温度，一般用 T_c 来表示。这种以零电阻为特征，具有特殊电性质的物质状态称为超导态，处于超导态的导体称为超导体。

7.1.2 高温超导体

自从昂尼斯 1911 年发现超导现象以来，人们已发现共有近 40 种元素是超导体。被发现的合金、化合物超导体的数量达到数千种。

超导体得天独厚的特性，使它可能在各种领域得到广泛的应用。但由于早期的超导体存在于液氦极低温度条件下，由于要获得液态氦非常困难，超导技术在电力系统中的应用始终处于实验阶段。极大地限制了超导材料的应用。人们一直在努力寻找具有更高温度的超导材料。

20 世纪 80 年代是超导电性的探索与研究的黄金年代。1973 年，人们发现了超导合金——铌锗合金（Nb_3Ge），其临界超导温度为 23.2K，临界温度从 4K 上升到 23.2K 整整花了 62 年时间。该记录保持了 13 年。1986 年 4 月美国国际商用机器 IBM 公司苏黎世实验室的马勒（K. A. Muller，1927～）和柏诺兹（J. G. Bednorz，1950～）发现了一种成分为钡、镧、铜、氧的陶瓷性金属氧化物 $LaBaCuO_4$，其临界温度约为 35K。由于陶瓷性金属氧化物通常是绝缘物质，打破了传统"氧化物陶瓷是绝缘体"的观念，引起世界科学界的轰动。因此这个发现的意义非常重大，缪勒和柏诺兹因此而荣获了 1987 年度诺贝尔物理学奖。此后，全世界科学家们掀起了一股高温超导研究的热潮。新的发现层出不穷，超导体的临界温度最高记录一而再地被刷新。

1987 年 2 月，美国华裔科学家朱经武和中国科学家赵忠贤相继在钇-钡-铜-氧 YBCO 系材料上把临界超导温度提高到 90K 以上，液氮的禁区（77K）也奇迹般地被突破了。1988 年初日本研制成临界温度达 110K 的 Bi-Sr-Ca-Cu-O 超导体。至此，人类终于实现了液氮温区超导体的梦想，实现了科学史上的重大突破。这类超导体由于其临界温度在液氮温度（77K）以上，因此被称为高温超导体。高温超导材料一般是指在液氮温度（零下 196℃）电阻可接近零的超导材料。这样，科学家们就获得了液氮温区的超导体，从而把人们认为到 2000 年才能实现的目标大大提前了。而要达到这一温度使用液态氮就能实现。以液态氮代替液态氦作超导制冷剂获得超导体，为超导技术走向大规模开发应用提供了可能。因为氮是空气的主要成分，液氮制冷机的效率比液氦至少高 10 倍，所以液氮的价格实际仅相当于液氦的 1/100。维持超导状态所需的冷却系统造价大大下降，液氮制冷设备简单，因此，现有的高温超导体虽然还必须用液氮冷却，但却被认为是 20 世纪科学史上最伟大的发现之一。

高温超导体的出现为超导技术在电力系统中的应用创造了有利的条件。现在美国、日本以及欧洲一些主要工业国家都以极大的热情，投入了大量资金，积极开展超导技术在电力系统中的应用研究工作，并且已在超导电力设备的实用化方面取得了相当大的成果。这一突破性的成果可能带来许多学科领域的革命，它将对电子工业和仪器设备发生重大影响，并为实现电能超导输送、数字电子学革命、大功率电磁铁和新一代粒子加速器的制造等提供实际的可能。目前，中、美、日、俄等国家都正在大力开发高温超导体的研究工作。科学家还发现铊系化合物超导材料（Tl-Ba-Cu-O 系超导陶瓷）的临界温度可达 125K，汞系化合物超导材料（Hg-Ba-Ca-Cu-O 系超导陶瓷）的临界温度则高达 135K。高温超导材料的不断问世，为超导材料从实验室走向应用铺平了道路。

7.1.3 超导技术的应用

超导材料最诱人的应用是发电、输电和储能。由于超导材料在超导状态下具有零电阻和完全的抗磁性，因此只需消耗极少的电能，就可以获得 10 万高斯以上的稳态强磁场。而用常规导体做磁体，要产生这么大的磁场，需要消耗 3.5MW 的电能及大量的冷却水，投资巨大。

超导磁体可用于制作交流超导发电机、磁流体发电机和超导输电线路等。

（1）超导发电机

在电力领域，利用超导线圈磁体可以将发电机的磁场强度提高到 5 万～6 万高斯，并且几乎没有能量损失，这种发电机便是交流超导发电机。超导发电机的单机发电容量比常规发电机提高 5～10 倍，达 1 万兆瓦，而体积却减少 1/2，整机重量减轻 1/3，发电效率提高 50%。

（2）磁流体发电机

磁流体发电机同样离不开超导强磁体的帮助。磁流体发电，是利用高温导电性气体（等离子体）作导体，并高速通过磁场强度为 5 万～6 万高斯的强磁场而发电。磁流体发电机的结构非常简单，用于磁流体发电的高温导电性气体还可重复利用。

（3）超导输电线路

超导材料还可以用于制作超导电线和超导变压器，从而把电力几乎无损耗地输送给用户。据统计，目前的铜或铝导线输电，约有 15% 的电能损耗在输电线路上，光是在中国，每年的电力损失即达 1000 多亿度。若改为超导输电，节省的电能相当于新建数十个大型发电厂。

高温超导材料的用途非常广阔，大致可分为三类：大电流应用（强电应用）、电子学应用（弱电应用）和抗磁性应用。大电流应用即前述的超导发电、输电和储能；电子学应用包括超导计算机、超导天线、超导微波器件等；抗磁性主要应用于磁悬浮列车和热核聚变反应堆等。

超导磁悬浮列车是利用超导材料的抗磁性，将超导材料放在一块永久磁体的上方，由于磁体的磁力线不能穿过超导体，磁体和超导体之间会产生排斥力，使超导体悬浮在磁体上方。利用这种磁悬浮效应可以制作高速超导磁悬浮列车。

（4）超导计算机

高速计算机要求集成电路芯片上的元件和连接线密集排列，但密集排列的电路在工作时会发生大量的热，而散热是超大规模集成电路面临的难题。超导计算机中的超大规模集成电路，其元件间的互连线用接近零电阻和超微发热的超导器件来制作，不存在散热问题，同时计算机的运算速度大大提高。此外，科学家正研究用半导体和超导体来制造晶体管，甚至完全用超导体来制作晶体管。

（5）核聚变反应堆"磁封闭体"

核聚变反应时，内部温度高达 1 亿～2 亿摄氏度，没有任何常规材料可以包容这些物质。而超导体产生的强磁场可以作为"磁封闭体"，将热核反应堆中的超高温等离子体包围、约束起来，然后慢慢释放，从而使受控核聚变能源成为 21 世纪前景广阔的新能源。

7.2 超导体的基本性质

7.2.1 超导体的基本特性

7.2.1.1 完全导电性与永久电流

超导体有两个基本特性。超导体的基本特性之一是零电阻（完全导电性），当物质的温度下降到某一确定值 T_c（临界温度）时，物质的电阻率由有限值变为零的现象称为零电阻现象，也称为物质的完全导电性，即在超导临界转变温度之下，超导体可以在无电阻的状态下传输电流。临界温度 T_c 是一个由物质本身的内部性质确定的、局域的内部参量。若样品很纯且结构完整，超导体在一定温度下，由正常的有阻状态（常导态）急剧地转为零电阻状态（超导态），见图 7-1 中的曲线 I。

在样品不纯或不均匀等情况下，超导转变所跨越的温区会变宽，如图 7-1 中的曲线 II，这时临界温度 T_c 有以下几种定义。

（1）临界温度 T_c

理论上，超导临界温度的定义为当电流、磁场及其他外部条件（如应力、辐照等）保持为零或不影响转变温度测量的足够低时，超导体呈现超导态的最高温度。实验上，可以根据测得 $R\text{-}t$ 曲线，将远离电阻发生急剧变化高温端的数值拟合直线 A，将电阻急剧变化部分的数据拟合成直线 B，直线 A 与直线 B 的交点所对应的电阻为 R_n（称为正常态电阻），取 $R_c = (1/2)R_n$ 所对应的温度就为 T_c，见图 7-1。

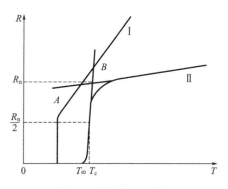

图 7-1　超导体 $R\text{-}t$ 关系

（2）零电阻温度 T_{c_0}

零电阻温度 T_{c_0} 是指超导体保持直流电阻 $R=0$（或电阻率=0）时的最高温度。

（3）转变宽度 ΔT_c

转变宽度是超导体由正常态向超导态过渡的温度间隔。实验上常取 $10\% \sim 90\% R_n$ 对应的温度区域宽度为转变宽度。ΔT_c 的大小一般反映了材料品质的好坏，均匀单相的样品 ΔT_c 较窄，反之较宽。

为了证实（超导体）电阻为零，科学家将一个铅制的圆环，放入温度低于 $T_c = 7.2\text{K}$ 的空间，利用电磁感应使环内激发起感应电流。结果发现，环内电流能持续下去，从 1954 年 3 月 16 日始，到 1956 年 9 月 5 日止，在两年半的时间内的电流一直没有衰减，这说明圆环内的电能没有损失，当温度升到高于 T_c 时，圆环由超导状态变为正常态，材料的电阻骤然增大，感应电流立刻消失，这就是著名的昂尼斯持久电流实验。由此昂尼斯得出超导体的电阻率小于 $10^{-17}\Omega \cdot \text{cm}$ 的结论。美国麻省理工学院的科林斯（Collins）也进行了同样的实验，经过几年，仍然没发现电流发生任何衰减，这种在超导体上感生的电流叫持续电流，也叫作永久电流。

直到目前为止，还没有任何证据表明超导体在超导态时具有滞留电阻。根据超导中立仪的观测表明，超导体即使有电阻，电阻率也小于 $10^{-25}\Omega \cdot \text{cm}$，与良导体（铜在 4.2K 时，

电阻率为 $10^{-9}\Omega\cdot cm$）相比，电阻至少相差 10^{16} 倍。因此，认为超导体的直流电阻为零，或者说具有完全的导电性。超导体的这种完全导电性是对直流而言的。在交流电场的情况下，超导体不再具有完全导电性，出现了交流损耗。一般超导体在某一频率值以上时，随频率增加损耗增大，频率增大到一定程度时，该超导体与正常导体没什么区别。

7.2.1.2 完全抗磁性

超导体的另一个基本特性是完全抗磁性。不论开始时有无外磁场，只有 $T<T_c$，超导体变为超导态后，体内的磁感应强度恒为零，也就是说，超导体在处于超导状态时，可以完全排除磁力线的进入，超导体内部的磁场为零，如图 7-2 所示。

1937 年，迈斯纳（W. Meissner）和奥森菲尔德（R. Ochsefeld）发现，具有完全导电性的物质还具有另外一个基本特性——完全抗磁性：当物质由常导态进入超导态后其内部的磁感应强度总是为零，即不管超

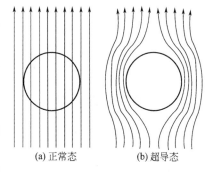

(a) 正常态　　(b) 超导态

图 7-2　超导材料的完全抗磁性

导体在常导态时的磁通状态如何，当样品进入超导态后，磁通一定不能穿透超导体。这一现象也称为迈斯纳效应。

一个小的永久磁体降落到超导体表面附近时，由于永久磁体的磁力线不能进入超导体，在永久磁体与超导体间产生排斥力，使永久磁体悬浮于超导体上。迈斯纳效应的结果是各种超导磁悬浮的物理基础，与实现该现象的过程无关。

严格说来，完全抗磁性是超导体的更本征的特性。迄今为止，除了超导体外，还没有发现其他任何材料具有完全抗磁性。而对于零电阻和非常小的电阻的区别，在量上是很难定义的，尤其是在测量中受到所使用仪器精度的限制。所以人们在鉴别某种材料是否是超导体时，除了使用电阻法来测量样品的电阻外，更多的是使用磁测量的方法来测量样品的抗磁性。当然，现在如果要鉴定某种材料是否是超导体，两种方法会同时使用，使结论更加准确。

零电阻和迈斯纳效应是超导电性的两个基本特性。这两个基本特性既相互独立又相互联系，因为单纯的零电阻现象不能保证迈斯纳效应的存在，但它又是迈斯纳效应存在的必要条件。

1935 年，F. London 和 H. London 两兄弟在二流体模型的基础上运用麦克斯韦电磁理论提出了超导体的宏观电磁理论，成功地解释了超导体的零电阻现象和迈斯纳效应。根据 London（伦敦兄弟）的理论，磁场可穿入超导体的表面层内，磁感应强度随着深入体内的深度 X 指数衰减：

$$B(x)\propto e^{-x/\lambda} \tag{7-1}$$

式中，衰减常数 λ 称为穿透深度。外加磁场无法穿透超导态物质的内部，是由于试样表面感生一个分布和大小刚好使其内部磁通为零的抗磁超导电流，这个电流沿超导体的表面层流动，将其内部磁屏蔽起来。实际上，该电流是沿表面约为 $10^{-5}cm$ 的表面层流动的，故磁场也穿透同样的深度，该表面层的厚度称为"磁场穿透深度"（λ），与温度的关系由下式给出：

$$\lambda=\lambda_0\left[1-\left(\frac{T}{T_c}\right)^4\right]^{-\frac{1}{2}} \tag{7-2}$$

式中，λ_0 为 0K 时的磁场穿透深度，一般约为 5×10^{-5} cm，是物质常数。超导体的 λ 值在 T_c 附近急剧增大。

当超导体的线度小于穿透深度时，体内的磁感应强度并不等于零，故只有当超导体的线度比穿透深度大得多时，才能把超导体看成具有完全的抗磁性。实际测量证实了存在穿透深度这一理论预言，但理论数值与实验不符。1953 年皮帕德对伦敦兄弟的理论进行了修正。伦敦兄弟的理论未考虑到超导电子间的关联作用，皮帕德认为超导电子在一定空间范围内是相互关联的，并引进相关长度的概念来描述超导电子相互关联的距离（即超导电子波函数的空间范围）。

7.2.2　超导体临界参数

约束超导现象出现的因素不仅仅是温度。实验表明，即使在临界温度下，改变流过超导体的直流电流，如果电流强度超过某一临界值时，超导体的超导态将受到破坏而回复到常导态。如果对超导体施加磁场，当磁场强度达到某一值时，样品的超导态也会受到破坏。破坏样品的超导电性所需要的最小极限电流值和磁场值，分别称为临界电流 I_c（常用临界电流密度 J_c）和临界磁场 H_c。

（1）临界电流密度 J_c

即使在低于超导临界转变温度时，超导体也不是可无限制地通过电流而仍处于无电阻的状态。当所通过的电流达到某一数值时，超导体将失去超导特性，变成具有电阻的一般正常导体。在一定温度下（这个温度一定低于超导体的临界转变温度）这个使超导体转变成正常导体的电流值就称为该超导体临界电流 I_c。为了更好地把超导体的超导载流能力与材料固有性质联系起来，人们一般用临界电流密度来表述超导体的载流能力。临界电流密度定义为临界电流与超导体通流截面积 J_c 之比。另外，超导体在不同的温度下的临界电流密度是不同的。温度越低，临界电流密度会越大。所以在涉及临界电流密度时应说明是在什么温度下的临界电流密度。

$$I_c(T) = I_c(0) \left[1 - \left(\frac{T}{T_c} \right)^2 \right] \tag{7-3}$$

式（7-3）中，$I_c(0)$ 表示热力学温度 $T = 0$K 时的临界电流。

（2）临界磁场强度

超导体除了超导临界转变温度、临界电流密度外，还有一个重要的特征参数，这就是临界磁场强度。当把一个超导体置于一个磁场中，在磁场的强度小于一个特定的数值时，超导体会表现出迈斯纳效应，把磁力线完全排斥在超导体之外，超导体内部的磁场为零。当磁场的强度超过这个特定的数值时，磁力线就会进入超导体的内部，超导体也随之失去了超导的特性。这个特定的磁场强度的数值就叫做该超导体的临界磁场强度。类似于临界电流密度，超导体临界磁场强度也随着温度的变化而变化。所以在给出一种材料的临界磁场强度时，应指明所对应的温度。

当外磁场高于某一临界值时，超导体将从超导态转变成正常态，这种使超导体转变为正常态的磁场强度叫作该超导体的临界磁场强度。

$$H_c(T) = H_c(0) \left[1 - \left(\frac{T}{T_c} \right)^2 \right] \tag{7-4}$$

式（7-4）中，$H_c(0)$ 表示 $T = 0$K 时的超导体的临界磁场强度。

可以从磁场破坏超导电性来说明超导体存在临界电流的现象。当电流 I 通过半径为 R 的超导导线时，在该导线表面产生的磁场强度 H_s 为：

$$H_s = \frac{I}{2\pi R} \tag{7-5}$$

锡尔斯比在 1916 年指出，如果 I 很大，使 $H_s > H_c(T)$，那么超导导线的超导电性就被破坏了，当 $H_s = H_c(T)$ 时，$I = I_c(T)$，叫做锡尔斯比法则。

综上所述，要保证一个超导体处于超导状态就必须同时满足其环境温度低于其超导转变温度，所通过的电流密度小于其环境温度下的临界电流密度以及环境中的磁场强度小于该材料在环境温度下临界磁场强度。临界温度 T_c、临界电流密度 J_c 和临界磁场 H_c 是超导体的三个临界参数，这三个参数与物质的内部微观结构有关，且是相互关联的三个基本参数。三者之间的关系曲线如图 7-3 所示，只有位于超导区域内，该物质才处于超导状态。

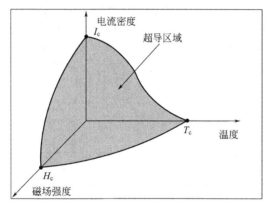

图 7-3　超导体临界参数的关系曲线

7.2.3　超导体分类

（1）第 I 类超导体

第 I 类超导体只存在一个临界磁场 H_c，当外磁场 $H < H_c$ 时，呈现完全抗磁性，体内磁感应强度为零。它对磁场有着屏蔽作用，也就是说，磁场无法进入超导体内部。如果外部磁场过强，就会破坏超导体的超导性能。这类超导体只有两个态，即低温超导态和正常态。第 I 类超导体的超导态内部磁场 $B = 0$，如图 7-4 所示。

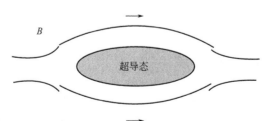

图 7-4　处于超导态的第 I 类超导体

第 I 类超导体主要包括一些在常温下具有良好导电性的非过渡金属元素，如铝、锌、镓、镉、锡、铟等，和大部分过渡金属元素，主要是金属超导体，如图 7-5 所示。在已发现的超导元素中只有钒、铌和锝属第 II 类超导体，其他元素均为第 I 类超导体，它们在常温下都有一定的导电性。但是，如果要使它们产生超导现象，必须将其降至极低的温度。有趣的是，在常温下导电性能最好的三种金属——铜、银、金却不是超导元素。

该类超导体的熔点较低、质地较软，亦被称作"软超导体"。其特征是由正常态过渡到超导态时没有中间态，并且具有完全抗磁性，由于其临界电流密度和临界磁场较低，没有很好的实用价值。

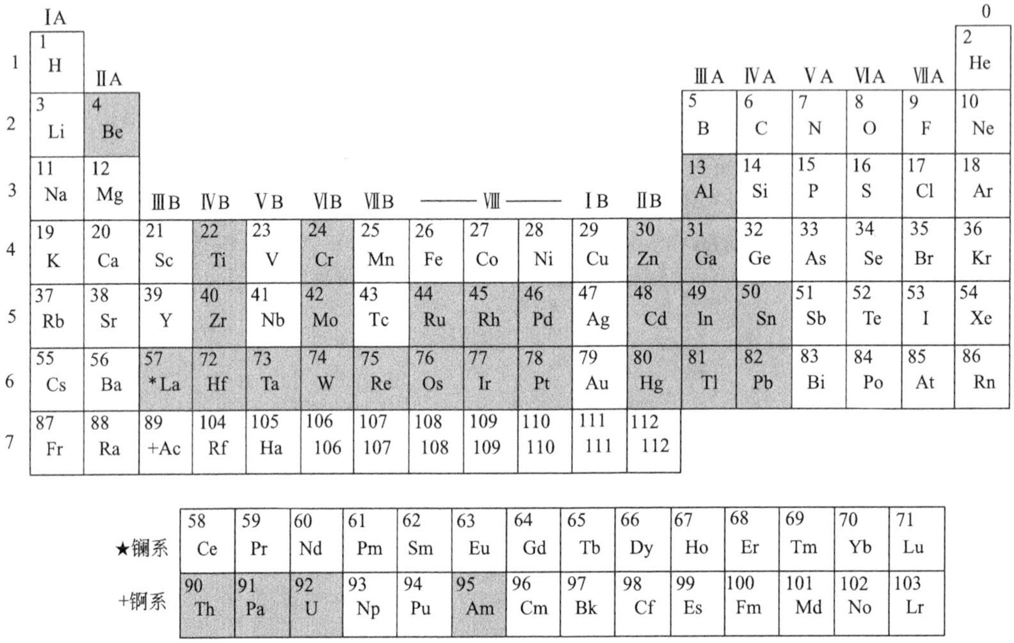

	IA	IIA	IIIB	IVB	VB	VIB	VIIB		VIII		IB	IIB	IIIA	IVA	VA	VIA	VIIA	0
1	1 H																	2 He
2	3 Li	4 Be											5 B	6 C	7 N	8 O	9 F	10 Ne
3	11 Na	12 Mg											13 Al	14 Si	15 P	16 S	17 Cl	18 Ar
4	19 K	20 Ca	21 Sc	22 Ti	23 V	24 Cr	25 Mn	26 Fe	27 Co	28 Ni	29 Cu	30 Zn	31 Ga	32 Ge	33 As	34 Se	35 Br	36 Kr
5	37 Rb	38 Sr	39 Y	40 Zr	41 Nb	42 Mo	43 Tc	44 Ru	45 Rh	46 Pd	47 Ag	48 Cd	49 In	50 Sn	51 Sb	52 Te	53 I	54 Xe
6	55 Cs	56 Ba	57 *La	72 Hf	73 Ta	74 W	75 Re	76 Os	77 Ir	78 Pt	79 Au	80 Hg	81 Tl	82 Pb	83 Bi	84 Po	85 At	86 Rn
7	87 Fr	88 Ra	89 +Ac	104 Rf	105 Ha	106 106	107 107	108 108	109 109	110 110	111 111	112 112						

★镧系	58 Ce	59 Pr	60 Nd	61 Pm	62 Sm	63 Eu	64 Gd	65 Tb	66 Dy	67 Ho	68 Er	69 Tm	70 Yb	71 Lu
+锕系	90 Th	91 Pa	92 U	93 Np	94 Pu	95 Am	96 Cm	97 Bk	98 Cf	99 Es	100 Fm	101 Md	102 No	103 Lr

图 7-5　元素超导体

（2）第Ⅱ类超导体

第Ⅱ类超导体具有两个临界磁场，分别用 H_{C_1}（下临界磁场）和 H_{C_2}（上临界磁场）表示。当外磁场 $H < H_{C_1}$ 时，具有完全抗磁性，体内磁感应强度处处为零。外磁场满足 $H_{C_1} < H < H_{C_2}$ 时，超导态和正常态同时并存，磁力线通过体内正常态区域，称为混合态或涡旋态，如图 7-6 所示，第Ⅱ类超导体的磁力线在超导体内部，呈点阵形式排列。外磁场 H 增加时，超导态区域缩小，正常态区域扩大，$H \geqslant H_{C_2}$ 时，超导体全部变为正常态。

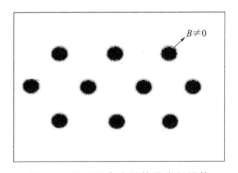

图 7-6　处于混合态的第Ⅱ类超导体

第Ⅱ类超导体材料主要是合金和陶瓷超导体，它允许磁场通过。除金属元素钒、锝和铌外，第Ⅱ类超导体主要包括金属化合物及其合金。与第Ⅰ类超导体的区别是：

① 第Ⅱ类超导体由正常态转变为超导态时有一个中间态（混合态）；

② 第Ⅱ类超导体的混合态中有磁通线存在，而第Ⅰ类超导体没有；

③ 第Ⅱ类超导体比第Ⅰ类超导体有更高的临界磁场、更大的临界电流密度和更高的临界温度。

存在两类超导体的原因，可以从超导态和正常态之间存在界面能的角度进行解释。一般超导体内部磁场为零，但在一定条件下，磁力线也可以进入超导体内部。这种情况下，超导体内部同时存在超导区域和正常区域。在两区域的交界面上，存在附加的界面能。界面能可以大于零也可以小于零，大于零的超导体称为第Ⅰ类超导体，小于零的称为第Ⅱ类超导体。当第Ⅰ类超导体表面某部分（与形状有关）的磁场达到临界磁场 H_C 时，超导体即进入超导与正常区域相间的状态——中间态。这些区域的大小具有宏观的尺寸，数量级为 $10^{-2}\,cm$。对于第Ⅱ类超导体，由于界面能为负，超导与正常区域同时存在的状态（混合态）的能量更低。而在 $H \gg H_c$ 时，超导电性才完全消失。这类超导体的超导与正常区域的尺寸可以小到 $10^{-6} \sim 10^{-7}\,cm$。利用某些第Ⅱ类超导体制成的超导强磁体（如 Nb_3Sn 的 H_{C_2} 达 22T，$Nb_3Al_{0.75}Ge_{0.25}$ 的 H_{C_2} 达 30T），目前已得到广泛应用，如用在加速器、发电机、电缆、储能器和交通运输设备直到计算机方面。

7.2.4 约瑟夫森效应

两块超导体夹一层薄绝缘材料的结构称 S-I-S 超导隧道结或约瑟夫森结（超导体-绝缘层-超导体夹层结）。绝缘层对电子来说是迁移过程中的势垒，B.D. 约瑟夫森指出，当绝缘层的厚度只有几十埃时，一块超导体中的电子可穿过势垒进入另一超导体中，这是特有的量子力学的隧道效应。电子对可以越过绝缘层形成电流，而隧道结两端没有电压，即绝缘层也成了超导体。穿透率与膜的面积成比例，随膜层厚度增加而呈指数性下降，最后为零。约瑟夫森结的典型伏安特性如图 7-7 所示。当导体为正常态时，流过回路的电流 I 和外电压 V 的关系遵守欧姆定律，$V = I(R + R_a)$，式中，R_a 为外电阻，R 为隧道结电阻。通常实验时使用的隧道结电阻 R 大约为 1Ω 左右，但是，当超导体处于超导态时，只要电流

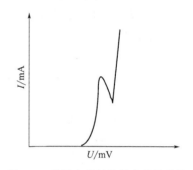

图 7-7 约瑟夫森结的伏安特性曲线

不超过临界值，$V = R_a I$ 就成立，此时隧道结部分的电阻为零。该隧道结的特性，类似于单块超导体，若通过隧道结的电流超过临界值时，结上产生电位降，隧道结的电阻不为零。这种在隧道结中有隧道电流通过而不产生电位降的现象，称为直流约瑟夫森效应。该隧道电流称为直流约瑟夫森电流。

若将整个超导体看成是很多部分超导体的集合，相邻两部分超导体的界面形成隧道结，则可将整个超导体看成是很多约瑟夫森结的串联和并联。约瑟夫森效应是超导体的最基本现象之一。

约瑟夫森效应不仅生动地显示了宏观量子力学效应，具有重要的理论意义，而且有广泛的实际应用。利用它可制作超导量子干涉器件，其中最典型的是直流超导量子干涉器件，它是由两个完全相同的约瑟夫森结 a 和 b 用超导体并联而成的双结超导环。在环面垂直的方向上加外磁场 B，外磁场变化时，流过每个结的超导电流也随 B 而变，两个超导电流耦合而发生干涉，它相当于光学中的双缝干涉结果。若以直流电流作为双结的偏置电流，结电压将随外磁场的改变作周期性变化，于是利用直流超导量子干涉器件可将磁场信号转变为电压信号。用射频电流偏置单结超导环（超导环中包含一个约瑟夫森结），就构成了射频量子干涉器的核心部分。超导量子干涉器常用来组成超导磁强计、磁梯度计、磁化率计、高灵敏度的检流计和电压计、噪声温度计等。约瑟夫森器件还可用来作为微波和远红外线的探测器和这一波段的混频器。约瑟夫森器件具有开关速度快、功耗低等特点，可组成性能优良的计算机

元件。约瑟夫森效应在电子学领域获得了重要应用，形成了超导电子学这门新的分支学科。

7.2.5 BCS 理论与应用

超导电性是一种宏观量子现象，只有依据量子力学才能给予正确的微观解释。按经典电子说，金属的电阻是由于形成金属晶格的离子对定向运动的电子碰撞的结果。金属的电阻率和温度有关，是因为晶格离子的无规则热运动随温度升高而加剧，因而使电子更容易受到碰撞。在点阵离子没有热振动（冷却到热力学零度）的完整晶体中，一个电子能在离子的行间作直线运动而不经受任何碰撞。根据量子力学理论，电子具有波的性质，上述经典理论关于电子运动的图像不再正确。但结论是相同的，即在没有热振动的完整晶体点阵中，电子波能自由地不受任何散射（或偏析）地向各方向传播。这是因为任何一个晶格离子的影响都会被其他粒子抵消。然而，如果点阵离子排列的完整规律性有缺陷时，在晶体中的电子波就会被散射而使传播受到阻碍，这就使金属具有了电阻。晶格离子的热振动是要破坏晶格的完全规律性的，因此，热振动也就使金属具有了电阻。在低温时，晶格热振动减小，电阻率就下降；在热力学零度时，热振动消失，电阻率也消失（除去杂质和晶格位错引起的残余电阻以外）。由此不难理解为什么在低温下电阻率要减小，但还不能说明为什么在热力学零度以上几度的温度下，有些金属的电阻会完全消失。

成功地解释这种超导现象的理论是巴登（J.Bardeen，1908～1991 年）、库珀（L. N. Cooper，1930～）和史雷夫（J. R. Schrieffer，1931～）于 1957 年联合提出的（现在被称为 BCS 理论）。根据这一理论，超导电性的起因是费米面附近的电子之间存在着通过交换声子而发生的吸引作用，由于这种吸引作用，费米面附近的电子两两结合成对，叫库珀对。金属中的电子不是十分自由的，它们都通过点阵离子而发生相互作用。每个电子的负电荷都要吸引晶格离子的正电荷。因此，邻近的离子要向电子微微靠拢。这些稍微聚拢了的正电荷又反过来吸引其他电子，总效果是一个自由电子对另一个自由电子产生了小的吸引力，如图 7-8 所示。在室温下，这种吸引力是非常小的，不会引起任何效果。但当温度低到接近热力学温度几度，热骚动几乎完全消失时，这吸引力就大得足以使两个电子结合成对。当超导金属处于静电平衡时（没有电流），每个"库珀对"由两个动量完全相反的电子所组成。很明显，这样的结构用经典的观点是无法解释的。因为按经典的观点，如果两个粒子有数值相等、方向相反的动量，它们将沿相反的方向彼此分离，它们之间的相互作用将不断减小，因而不能永远结合在一起。然而，根据量子力学的观点，这种结构是有可能的。这里，每个粒子都用波来描述。如果两列波沿相反的方向传播，它们能较长时间地连续交叠在一起，因而就能连续地相互作用。

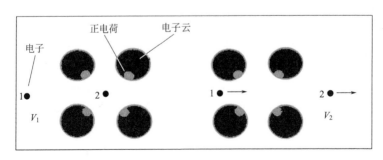

图 7-8 库珀对的形成

在有电流的超导金属中，每一个电子对都有一总动量，这动量的方向与电流方向相反，因而能传送电荷。电子对通过晶格运动时不受阻力。这是因为当电子对中的一个电子受到晶格散射而改变其动量时，另一个电子也同时要受到晶格的散射而发生相反的动量改变，结果这电子对的总动量不变。所以晶格既不能减慢也不能加快电子对的运动，这在宏观上就表现为超导体对电流的电阻是零。

BCS 理论可以导出与伦敦方程、皮帕德方程以及京茨堡-朗道方程相类似的方程，能解释大量的超导现象和实验事实。对于某些超导体，例如汞和铅，有一些现象不能用它解释，在 BCS 理论的基础上发展起来的超导强耦合理论可以解释。

7.3 高温超导陶瓷及其制备工艺

7.3.1 高温超导材料概述

高温超导体材料基本上属于金属氧化物陶瓷的一种，到目前为止，氧化物高温超导体主要有钇系 YBaCuO（YBCO）（92K）、铋系 BiSrCaCuO（BSCCO）（110K）、铊系 TlBaCuCuO（TBCCO）（125K）、汞系 HgBaCaCuO（HBCCO）（135K）四大系列。它们都属于一类有缺陷的钙钛矿型化合物结构，都具有很大的开发应用前景，但铊和汞都有毒性。

高温超导体处于转变温度以上的性质称为正常态性质。高温超导体在室温下呈现良好的导电性，它的导电率随温度变化的规律和正常金属相同，故而常称它们为金属性氧化物。但即使如此，却不可将正常态的高温超导体与一般金属等同起来，即正常态的高温超导体有许多区别于一般金属的"反常"性质。诸如，高温超导体的正常态是一个强关联体、具有强的各向异性、磁导率 χ 不随温度变化而改变等等。

目前看来，在上述几类稀土超导体中，真正具有广泛应用潜力和产业化前程的当推以 $YBa_2Cu_3O_{7-\delta}$（YBCO）为代表的稀土铜氧化物高温超导陶瓷。在过去 12 年来发现的百余种高温超导化合物中，以 YBCO 最突出。钇系高温超导体是当前已知的四类高温超导体中研究得最透彻的一种。就性能而言，其 J_c 已从 $10A/cm^2$ 跃增至 $10^6 A/cm^2$ 以上；临界磁场已由 $0.01T$ 提高到大于 $9T$。目前已能从多种商业渠道获得优质的 Y123 粉、块材和薄膜。制备超导性能优异的粉末、高度致密块材或薄膜的方法和工艺条件已相当成熟。

铋系高温超导体（BSCCO）是仅次于钇系研究得颇为透彻的高温超导体。经研究 BSCCO 共有 $Bi_2Sr_2CaCu_2O_8$（Bi2212）和 $(Bi，Pb)Bi_2Sr_2Ca_2Cu_3O_{10}$（Bi2223）两个高温超导相，前者的 T_c 约 80K，后者为 110K。BSCCO 粉具有极好的烧结特性和超导性能，目前已商品化生产用于制造和开发铋系线材。铋系粉末的制备除传统的固相反应法外，还有共沉淀法、溶胶凝胶法、溶液高温自蔓燃法等。

7.3.2 高温超导体的制备工艺

由于高温超导体的发明，大大降低了超导应用的成本，从而促进了高温超导体在许多领域的发展。从发电机到变压器、传输导线到电动机等。高温超导的应用主要分为线材的应用和块材的应用，线材主要是代替传统的导线作为电力输送，而块材主要是关心它的捕获场和悬浮力等参数。

对于高温超导体机理的研究还在继续，尚无定论。然而，高温超导体在各领域中的应用越来越受到人们的重视。超导体的应用主要包括：蜂窝状电话网络系统，可检测爆炸物、非法药品及材料结构缺陷的成像装置，医疗检查成像仪器，高效电动机和无损耗传输电能系统等等。

为了满足工业应用的要求，首先，必须能制备出各种形状（如线材或膜材）的高温超导体；另外，从应用的角度来看，在获得了足够高的临界转变温度（T_c）的超导体后，超导体的载流能力（J_c）还必须达到一定的强度（一般应用要求 J_c 在 $10^4 \sim 10^5 \, A/cm^2$）。要得到规定形状的高温超导体和良好的运载电流的能力，就必须要找到适当的制备方法。

超导材料在强电上的应用，要求高温超导体必须被加工成包含有超导体和一种普通金属的复合多丝线材或带材。但陶瓷高温超导体本身是很脆的，因此不能被拉制成细的线材。在众多的超导陶瓷线材的制备方法中，铋系陶瓷粉体银套管轧制法（Ag PIT）是最成熟并且比较理想的方法。固相反应制造块状超导样品的方法是将混合均匀的原料在低于熔点的温度下进行烧结，不同组分的原材料的颗粒相互接触处发生一定的化学反应，并放出一定的化学反应热使得化学反应得以不断地维持下去，最后整个样品变成所希望得到的化合物。一般而言，这样得到的产物为多晶或陶瓷材料。理想的陶瓷应该是成分均匀、物相单一和没有空隙的固体。最初的氧化物超导体都是用固相法或化学法制得粉末，然后用机械压块和烧结等通常的粉末冶金工艺获得块材，制备方法比较简单，如图 7-9 所示。

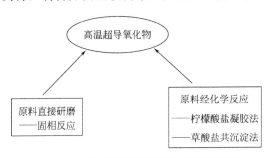

图 7-9　制备高温超导氧化物的常用方法

制备氧化物高温超导体粉末的常用方法主要有干法和湿法两种，其一，用原料直接研磨和焙烧的高温固相反应法（solid state reaction）；其二，利用溶液化学反应来合成的柠檬酸盐凝胶法（citrate［sitrit］gel），以及草酸盐共沉淀法（oxalate coprecipitation）。无论采用什么方法，重要的是制备的超细粉末应是组成均匀的、无杂质及无异相结构的，尽量纯的超导相。

为适应各种应用的要求，高温超导材料主要有膜材（薄膜、厚膜）、块材、线材和带材等各种类型，相应种类材料的制备方法见表 7-1。

表 7-1　高温超导材料主要制备方法及用途

材料类型	制备方法	用途
薄膜	磁控溅射（MS），脉冲激光沉积（PLD），金属有机物化学气相沉积（MOCVD），分子束外延法（MBE），离子束辅助沉积（IBAD）	超导量子干涉仪，约瑟夫森结转换器，红外探测器，微波谐振器
厚膜	丝网印刷技术，等离子喷镀法	电路互联和电流开关
块材	干压法，冲击波法，锻压法，熔融织构生长法（MTG）	磁悬浮和磁性轴承
线材、带材	金属包层复合带法（PIT），金属芯复合丝法，裸丝或裸带法	发电机或动力传输

（1）薄膜

高温超导体薄膜是构成高温超导电子器件的基础，制备出优质的高温超导薄膜是走向器件应用的关键。高温超导薄膜的制备几乎都是在单晶衬底（如 $SrTiO_3$、$LaAlO_3$ 或 MgO）上进行薄膜的气相沉积或外延生长的。经过十年的研究，高温超导薄膜的制备技术已趋于成熟，达到了实用化水平（$J_c > 10^6 A/cm^2$，$T = 77K$）。

目前，最常用、最有效的两种镀膜技术是：磁控溅射（MS）和脉冲激光沉积（PLD）。这两种方法各有其独到之处，磁控溅射法是适合于大面积沉积的最优生长法之一。脉冲激光沉积法能简便地使薄膜的化学组成与靶的化学组成达到一致，并且能控制薄膜的厚度。

1996 年，Wu 等利用改良后的 PLD 系统（图 7-10）制备出了大面积的 YBCO 薄膜，且具有均匀的厚度和电性能。使用具有单晶硅辐射基片加热器和活性氧发生器的激光沉积系统，可制备出高质量双面 YBCO 超导薄膜，其零电阻温度 $T_{co} \geqslant 90K$，临界电流密度 $J_c \geqslant 2 \times 10^6 A/cm^2$。美国洛斯阿拉莫斯国家实验室（LANL）的研究者们运用改进了的 PLD 方法，制备出的 YBCO 超导层，其 $J_c > 1 \times 10^5 A/cm^2$（77K，4T）。另外，为了解决扩散与晶格匹配的问题，人们利用硅和蓝宝石的特长，发展了阻挡层技术，即在硅片或蓝宝石衬底上外延上一层钇稳定的氧化锆（yttrium stabilized zirconia，YSZ）缓冲层。近年来，对这种技术的研究，国内外学者们都取得了较好的成绩。Rao 等已成功地在具有 YSZ 缓冲层的蓝宝石上生长出 $J_c \approx 4.5 \times 10^6 A/cm^2$（77K）的 YBCO 膜（PLD）。用 IBAD 方法在 Ni-Cr 合金衬底上可合成出具有双轴取向排列的 YSZ 缓冲层，这为生长出高质量的 YBCO 膜提供了良好的材料基础。Raina 等采用液相外延法（LPE）在 $NdGaO_2$ 衬底上制备出的 $Bi_2CaSr_2Cu_2O_2$ 薄膜，其 $T_{co} = 87K$，$J_c = 5.7 \times 10^4 A/cm^2$（20K）。

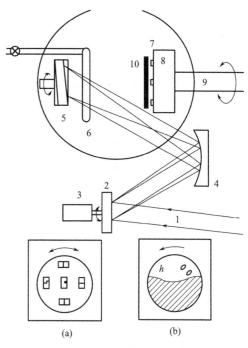

图 7-10　改良后的 PLD 系统

（a）将片状衬底放在直径为 40mm 的圆圈
内来测试大面积膜的均匀性；

（b）研究 YBCO 膜表面形态的衬底分布

1—激光物的激光束；2—平面反射器；3—直流电机；
4—凹面反射器；5—YBCO 靶；6—氧气圈；7—衬底；
8—加热器直流电机；9—直流电机；10—石英板

Hinds 等采用金属有机化学气相沉积法（MOCVD）制备出 BaCaCuO（F）薄膜，再在 Tl_2O 气氛中进行后退火处理，得到的 $Tl_2Ba_2CaCu_2O_8$ 外延薄膜具有良好的电传输特性，其 $T_c = 105K$，$J_c = 1.2 \times 10^5 A/cm^2$（77K），表面电阻仅为 $0.4m\Omega$（40K，10GHz）。Kumari 等成功地采用热解喷涂法合成出了 $Hg_{1-x}Pb_xBa_2Ca_2Cu_3O_{8-\delta}$ 薄膜，并发现铅替代汞的范围为 $0.1 \leqslant x \leqslant 0.3$，最佳 Pb 含量为 $x = 0.2$，薄膜的 T_c 达到最高值 125K，同时 J_c 也达到最高值 $7.8 \times 10^2 A/cm^2$，如表 7-2 所示。

（2）厚膜

高温超导体厚膜主要用于 HTS 磁屏蔽、微波谐振器、天线等。它与薄膜的区别不仅仅

表 7-2　不同 Pb 含量的 $Hg_{1-x}Pb_xBa_2Ca_2Cu_3O_{8+\delta}$ 薄膜的临界

Pb 含量	T_c/K	$T_c(R=0)/K$	$J_c(60K)/(A/cm^2)$
0.1	126	121	2.8×10^2
0.2	130	125	7.8×10^2
0.3	136	113	1.1×10^2

是膜的厚度，还有沉积方式上的不同。其主要不同点在以下三个方面：

① 通常，薄膜的沉积需要使用单晶衬底；

② 沉积出的薄膜相对于衬底的晶向而言具有一定的取向度；

③ 一般薄膜的制造需要使用真空技术。

获得厚膜的方法有很多，如热解喷涂和电泳沉积等，而最常用的技术是丝网印刷和刮浆法，这两种方法在电子工业中得到了广泛的应用。

表 7-3 为高温超导体厚膜的临界转变温度。高温超导体厚膜主要存在的问题是临界电流密度 （J_c） 太低，在 77K，$H=0$ 或强度较低的磁场中，J_c 仅为 $100\sim1000A/cm^2$。近期，Meng 等成功地运用控制气相反应技术，在具有 Cr/Ag 薄缓冲层的柔软的镍带上制作出了高度 c 轴取向的 Hg-1223 厚膜 （$>40\mu m$），其 J_c 约为 $2.5\times10^4A/cm^2$ （77K），而且适当调整加工参数，还可以得到更高的 J_c。Langhorn 等将 0.1%（质量分数）的铂粉掺入 YBCO 厚膜中，J_c 从 $1800A/cm^2$ 提高到 $5000A/cm^2$；而在厚膜中掺入 0.4%（质量分数）的 $Ba_4Cu_{1-x}Pt_{2-x}O_{0-\delta}$（0412） 粉可使 $J_c>7\times10^3A/cm^2$。

表 7-3　高温超导体厚膜的临界转变温度

材料	T_c/K	材料	T_c/K
YBCO	93	TBCCO-2212	98
BSCCO-2212	85	TBCCO-2223	125
BSCCO-2223	110	HgBaCaCu-1223	164(30GPa)

Ignatiev 等对光辐金属有机化学气相法沉积出的 $YBa_2Cu_3O_{7-\delta}$ 厚膜 （$4.5\mu m$） 采用离子辐射处理，在 77K、0T 下，使 J_c 从 $1\times10^5A/cm^2$ （辐射前）提高到 $1.7\times10^6A/cm^2$ （辐射后）。Holesinger 等运用等温加工技术在银衬底上加工出的 BSCCO-2212 厚膜，其 J_c 值最高可达 $1.2\times10^5A/cm^2$，在 1T 时 J_c 为 $7.38\times10^4A/cm^2$。Schultz 等用热解喷涂法制备出的 TBCCO-1223 厚膜，其 $J_c=9\times10^6A/cm^2$ （5K，0T），$J_c=2\times10^6A/cm^2$ （5K，4.75T）。Paranthaman 等采用热解喷涂法在光滑的 Ag 衬底上制出的 TBCCO-1223 厚膜，其 $J_c\approx10^4A/cm^2$ （77K，0.5T）。

（3）线材、带材

超导材料在强电上的应用，要求高温超导体必须被加工成包含有超导体和一种普通金属的复合多丝线材或带材。但陶瓷高温超导体本身是很脆的，因此不能被拉制成细的线材。在众多的超导陶瓷线材的制备方法中，铋系陶瓷粉体银套管轧制法 （Ag PIT） 是最成熟并且比较理想的方法。而压制出铋系带材的临界电流密度比通过滚轧技术制备出带材的临界电流密度要高得多。Yamada 和锂等制备出的单丝铋，Pb-2223 短带，其最高 $J_c=66000A/cm^2$ 和 $69000A/cm^2$。而长滚轧带材的 J_c 则较低，其最高 J_c 值为 $20000A/m^2$ （长度$>100m$），当长度＜5cm 时，其 J_c 值为 55000A/cm².

表 7-4 为单芯和多芯铋系超导带的局部 J_c 值。表 7-5 为单芯和多芯铋系超导带的临界电流密度 J_c 值。铊系线、带材工艺与铋系相近，且在高温下（77K）磁化测量 J_c 很高，其性能优于铋系。Selvamanickam 等发现只要控制好热机加工条件，如采用不活泼的前驱物、缩短热处理周期、高加热率、并且在最后阶段控制好加压和部分熔化之间的关系等，就可以通过 PIT 法制备出 J_c 值高达 20000A/cm² 的铊系（铊、铅）-1223 和（铊、铋）-1223 带材。关于 YBCO 带材，由于熔化生长工艺是获得钇系超导体高 J_c 的唯一的方法，因此造成基带选择、生长速度太慢、大量裂纹生成及脆性等问题都不易解决，所以钇系线带材的研制进展缓慢。值得注意的是，LANL 的研究者们用 IBAD 方法在柔韧的镍基合金带上制备出了具有良好织构的 YBCO 层。

表 7-4　单芯和多芯 Bi、Pb-2223 带的局部 J_c 值

J_c/(A/cm²)(77K)	单芯	37 根丝标准轧制	34 根丝四辊轧制
J_c 整体	28000	28000	26000
J_c 中心	22000	35000	29000
J_c 边侧	53000	22000	25000

表 7-5　单芯和多芯 Bi、Pb-2223 带的临界电流密度 J_c 值

根数	临界电流密度 J_c/(A/cm²)	带长度/m
薄膜	1000000(77K,0T)	
1	69000(77K)	0.02
1	66000(77K)	0.02
1	140000(4.2K,20T)	0.02
1	43000(77K,0T)	0.02
1	35000(77K,0T)	20
1	35000(70K,0T)	
85	54600(77K,0T)	0.02
313	39700(77K,0T)	
多芯	27800(77K,0T)	114
多芯	24000(77K,0T)	479
多芯	17000(77K,0T)	1200
55	33000(77K,0T)	0.02
55	29000(77K,0T)	10
55	22000(77K,0T)	400
37	12000(77K,0T)	1260
37	28000(77K,0T)	14.5
37	200000(4.2K,0T)	14.5
37	8000(4.2K,15T)	14.5
34	30000(77K,0T)	10

（4）块材

最初的氧化物超导体都是用固相法或化学法制得粉末，然后用机械压块和烧结等通常的粉末冶金工艺获得块材，制备方法比较简单。T_c 虽然达到了较高值，但载流能力 J_c 太低，仍不能满足应用的要求，因此必须要提高其临界电流密度。经过多年的研究，采用定向凝固技术制备出的无大角度晶界的 $YBa_2Cu_3O_{7-x}$ 块材，其 J_c 值可达 $10^5 A/cm^2$（77K）。

DowaMining 公司的超导研究中心通过降低煅烧产物中的碳含量，并且在焙烧过程中选择适当的温度和气压制备出的烧结 Bi-2223 块材，使 J_c 得到了很大的提高。用四探针法测出圆柱形 Bi-2223 块（20mm×1mm）的 $J_c = 10000 A/cm^2$（5K，4.75T）。表 7-6 为目前高温超导主要体系的 T_c 值。

表 7-6 高温超导主要体系的 T_c 值

体　系	T_c/K	备　注
$YBa_2Cu_3O_y$	94	休斯敦大学
$Bi_2Sr_2Ca_2Cu_3O_y$	110	
$Tl_2Ba_2Ca_2Cu_3O_y$	125	阿肯色州立大学
$HgBa_2Ca_2Cu_3O_{8+\delta}$	135	瑞士苏黎世固体物理研究所
$HgBa_2Ca_2Cu_3O_{8+\delta}$	157	23.5GPa

（5）制备方法

① 固相法　固相法是把金属盐或金属氧化物按配方充分混合，经研磨后再进行煅烧发生固相反应后，直接得到或再研磨后得到超细粉。工艺过程如图 7-11 所示。固相反应通常包括以下步骤：固相界面的扩散；原子尺度的化学反应；新相成核；固相的输运及新相的长大。

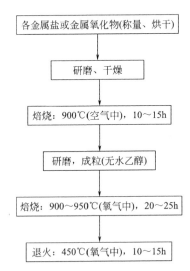

图 7-11　利用固相反应合成高温超导粉体工艺

固相法通常具有以下特点：

a. 固相反应一般包括物质在相界面上的反应和物质迁移两个过程；

b. 一般需要在高温下进行；

c. 整个固相反应速率由速度最慢的环节所控制；

d. 固相反应的反应产物具阶段性，原料→最初产物→中间产物→最终产物。

因此要将反应物研磨并充分混合均匀，增大反应物间的接触面积，使原子或离子的扩散输运比较容易进行，增大反应速率。

② 柠檬酸盐凝胶法　柠檬酸盐凝胶法是将各金属的硝酸盐溶于柠檬酸（$C_6H_8O_7$）及乙二胺（$C_2H_8N_2$）溶液中，加热至 90～120℃，受热 1～2h 后冷却至室温形成均匀的凝胶。将凝胶在 500℃预分解 2h，以便把样品中的有机杂质除去。接着再进行与固相反应相类似的步骤，即经过焙烧和烧结，最后得到具有超导性的粉末或块材。图 7-12 为用柠檬酸盐凝胶法合成高温超导体的过程。

利用柠檬酸盐凝胶法制备高温超导体材料的最大优点是：产物的颗粒细且均匀，适合大批量生产，易控制产品质量。缺点是：在凝胶合成的过程中常有碱土金属（如钡）的沉淀物产生（本方法中利用乙二胺调整溶液的 pH 值至 6 可克服此缺点），造成凝胶的均匀性降低。

（6）草酸盐共沉淀法

草酸盐共沉淀法是在各金属的硝酸盐水溶液中，加入草酸作为沉淀剂，再以氢氧化钾（或氢氧化钠）调整溶液的 pH 值，使之产生各金属的共沉淀物，然后再将该共沉淀物过滤、烧结而得到具有超导性的粉末。图 7-13 为用草酸盐共沉淀法合成高温超导材料的过程。

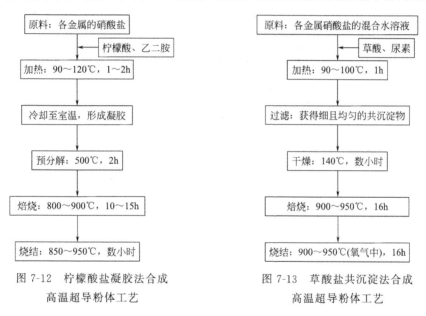

图 7-12　柠檬酸盐凝胶法合成　　　　图 7-13　草酸盐共沉淀法合成
高温超导粉体工艺　　　　　　　　高温超导粉体工艺

草酸盐共沉淀法的缺点在于：当加入氢氧化钾时，在极短的时间内，溶液的 pH 值发生变化，虽致使共沉淀物迅速产生，却不易得到均匀的共沉淀物；而且，在获得的共沉淀物中可能含有钾的成分，从而影响到所得粉末的超导性，导致材料的超导效应变差。

7.3.3　Y-Ba-Cu-O 系高温超导陶瓷的制备工艺

（1）$YBa_2Cu_3O_{7-\delta}$ 高温超导体的结构和性质

目前研究的高温超导陶瓷都具有变形钙钛矿晶胞的层状堆砌结构，其正常相具有金属性质。$YBa_2Cu_3O_{7-\delta}$ 氧化物具有强烈各向异性层状结构，属于畸变的层状钙钛矿结构，可以看作是岩盐和钙钛矿结构的衍生物，正交 $YBa_2Cu_3O_{7-\delta}$ 晶体结构如图 7-14 所示。属于不严格地基于 $YCuO_3$ 钙钛矿结构的三联单胞（triple unit cell），铜基超导体的一个特点是某些

铜以 Cu^{3+} 价态存在，在钇钡铜化合物中约有三分之一的铜是三价的，则为保持结构的电中性要存在氧空位 $YCuO_{3-x}$，钡掺杂后该结构中 3 个 Y^{3+} 中的 2 个被 Ba^{2+} 取代，则电中性条件要求每个分子式单元去掉一个氧，使氧空位围绕中心的 Y^{3+}，进一步从 $Y_3Cu_3O_9$ 的参照态降低氧含量而得到 $YBa_2Cu_3O_{7-\delta}$。Ba^{2+} 取代 Y^{3+}，产生空穴载流子。其他氧空位处在最顶和最底的铜氧面层。

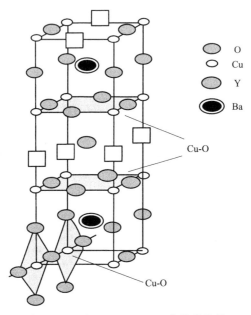

O
Cu
Y
Ba

Cu-O

Cu-O

图 7-14   正交 $YBa_2Cu_3O_{7-\delta}$ 的晶体结构

$YBa_2Cu_3O_{7-\delta}$ 在结构上呈层状类钙钛矿型晶体结构，由被 A_mO_n 层（A 为其他元素，O 为氧）隔开的导电的 CuO_2 面组成。电荷的迁移主要由保留在 CuO_2 面内的空穴完成，A_mO_n 层起电荷储存器作用并借荷电载流子控制 CuO_2 面的掺杂。故在分类上把其叫作空穴掺杂超导体。鉴于这两种高温超导化合物的晶胞内含有两个铜氧（CuO_2）面，又称其为双铜氧层化合物。其结构中有两个非等效的铜格点，在沿 [100] 取向的 Cu—O 链中的 4 重配位格点，以及形成在顶角相连的平面棱锥体层的 5 重配位格点。具有 CuO_2 面和 Cu—O 一维链，存在两个不同的 Cu 原子位，即处在 Cu—O 一维链的 Cu（Ⅰ）和处在 CuO_2 面的 Cu（Ⅱ），存在着 Cu 的混合价态，CuO_2 面对整个体系的电子性质起着决定性的作用。并且超导临界温度 T_c 随 CuO_2 面的数目单调地增加。

Y^{3+} 和 Ba^{2+} 的许多等价态取代，会对超导性质有相对适中的影响，但对铜的取代往往都是有害的。同时随掺杂元素的不同和浓度的变化，$YBa_2Cu_3O_{7-\delta}$ 还会出现由超导体到半导体的转变。

在不同特性的块层中，CuO_2 面对整个体系的电子性质起着决定性的作用。正常态时，CuO_2 面是空穴载流子导电的主要通道；超导态时，CuO_2 面不仅是库珀对承载超导电流的通道，而且是超导电性发生的舞台，即能提供超导配对机理所需的必要背景。正常态和超导态的其他性质，如光电子能谱、光反射谱、自旋动力学等都由 CuO_2 面的性质所支配。不同掺杂区域的情况都是如此，总之，CuO_2 面是铜氧层状化合物中最为重要的块层。

含铜高温超导体结构都可用图 7-14 所示的夹层模型来表达，而且在理想情况下，超导层 CuO_2 应该平整、高对称、化学组成单纯；载流子库层的不完整性使之能够向 CuO_2 面提供载流子。特别重要的是，载流子库层的结构细节对超导不是至关重要的，可以是多层原子，也可以是单层原子；可以具有不同的结构类型；其不完整性可以源于多种形式，如阳离子缺陷、阴离子缺陷、化学替代、氧含量变化等。

（2）制备工艺

本节主要介绍采用干法烧结制备块状 Y-Ba-Cu-O 系高温超导陶瓷的工艺流程。

① 原料　功能陶瓷的原料一般是采用金属氧化物或碳酸盐，固相反应是将金属氧化物或者碳酸盐按一定比例混合，直接研磨、焙烧（calcination）和烧结（sintering）而合成样品。所以首先我们要将高纯的 Y_2O_3、BaO 或 $BaCO_3$ 及 CuO 的粉末按原子比 Y：Ba：Cu＝1：2：3；计算好配料比（高温超导相 $YBa_2Cu_3O_{7-\delta}$，简称 123 相）后混合，再充分研磨。

② 研磨　因为固相反应是通过反应物颗粒相互接触在颗粒界面上进行的，反应物颗粒越细，其比表面积越大，反应物颗粒之间的接触面积也就越大，从而有利于固相反应的进行，因此，必须将反应物磨细并充分混合均匀，可增大反应物之间的接触面积，使原子或离子的扩散输运比较容易进行，加快固相反应速率。

固体原料研磨时，要加入去离子水或蒸馏水及无水乙醇等分散剂，分散剂有助于颗粒粉碎并阻止已粉碎颗粒凝聚以保持分散体的稳定。

③ 焙烧合成　混合料干燥后的配合料要进行焙烧合成反应，焙烧过程的主要作用是使原料各组分间发生化学反应，形成高温超导相 $YBa_2Cu_3O_{7-\delta}$，焙烧温度主要取决于原料组分的熔点、扩散速率和结晶能力，组分间的扩散速率、结晶能力越小则需要的温度越高，一般以组分中最高熔点的 2/3 为宜，当然助熔剂的选择也有影响，需要通过实验确定最佳温度，合成前的混合磨细粉体进行差热分析实验发现，在 820℃ 附近有吸热峰，所以焙烧合成温度应该高于这一温度，通常为了缩短固相反应时间，焙烧温度可偏高一些，也不能过高，当温度超过 1000℃ 时，$YBa_2Cu_3O_{7-\delta}$ 要分解为 Y_2BaCuO_5 和液相，失去超导性，所以焙烧温度要控制在 123 相稳定的温度范围，一般控制在 900℃ 左右。这一过程所发生的化学反应为：

$$\frac{1}{2}Y_2O_3 + 2BaCO_3 + 3CuO \longrightarrow YBa_2Cu_3O_{7-\delta} + 2CO_2 \uparrow \tag{7-6}$$

④ 研磨、二次合成焙烧　为了使配料充分合成，在第一次焙烧合成之后，需要对合成料进行充分研磨，然后再一次进行焙烧合成，二次焙烧合成时研磨所采用的分散介质必须是无水乙醇，因为 $YBa_2Cu_3O_{7-\delta}$ 超导陶瓷会与水发生反应，分解生成 211 非超导相：

$$2YBa_2Cu_3O_7 + 3H_2O \longrightarrow Y_2BaCuO_5 + 3Ba(OH)_2 + 5CuO + \frac{1}{2}O_2 \uparrow \tag{7-7}$$

$$Ba(OH)_2 + CO_2 \longrightarrow BaCO_3 + H_2O$$

超导相 $YBa_2Cu_3O_{7-\delta}$ 与水发生强烈反应。反应产物为 CuO、$Ba(OH)_2$ 和 Y_2BaCuO_5，并放出氧气。超导体在潮湿的空气中也会发生上述反应，主要是因为超导相中存在 Cu^{3+}。所以环境中水气氛的存在将大大影响 $YBa_2Cu_3O_7$ 的超导性。

由于用粉末烧结法制备的 $YBa_2Cu_3O_{7-\delta}$ 超导材料结构呈颗粒状，结构较疏松，颗粒之间孔隙较大，水和 CO_2 分子很容易渗透到材料内部，与在其渗透层内的超导相 $YBa_2Cu_3O_7$ 发生化学反应而生长成不超导相 Y_2BaCuO_5 和 $BaCO_3$、CO_2 等化合物。可见空气中的水分和 CO_2 是诱使 $YBa_2Cu_3O_{7-\delta}$ 超导体丧失超导特性的主要原因，其过程是渐进的。比如人们发现一块放置于正常的空气中的 $YBa_2Cu_3O_{7-\delta}$，在约两个月后，测量发现没有明显的转变区域，即基本丧失了超导特性，而一块放置在干燥器中的 $YBa_2Cu_3O_{7-\delta}$ 却能放置数年之久，所以在实验室中，我们放入干燥剂保存超导材料。

人们还发现光照对 $YBa_2Cu_3O_{7-\delta}$ 的 T_c 及正常态的电阻都有影响，尤其是持久的光照效应（PPC 效应）的发现表明：高温氧化物超导体的光照效应与传统超导体的不同，对 $YBa_2Cu_3O_{7-\delta}$ 光照以后发现其电阻率下降，T_c 有所升高，而且这种状态的弛豫时间很长，可以是十几小时到几十小时；甚至高功率微波对 $YBa_2Cu_3O_{7-\delta}$ 超导材料临界电流密度 J_c 也有所影响，实验表明：适当的微波辐照有利于提高超导样品的临界电流密度 J_c，一次照射与未照射的样品相比较，J_c 提高了近一个数量级。

⑤ 退火　二次合成后，以 $1\sim2℃/min$ 的降温速率降至室温，即可获得具有超导性的材料 $YBa_2Cu_3O_{7-\delta}$。所合成的 $YBa_2Cu_3O_{7-\delta}$ 的 δ 值对温度和氧分压敏感，基于热处理条件不同。通常 δ 值介于 0 和 0.5（某些报道为 0.6）之间。YBCO 或 $YBa_2Cu_3O_{7-\delta}$ 内氧的化学比也是影响其物理性能的重要因素。δ 值增加，T_c 和 J_c 都将非线性地连续下降。在最佳化的超导配方中氧计量比大致为 $O_{6.92}$，为使 δ 值变小（约至 0）而提高超导性能，合成的样品还需在 $500℃$ 左右的氧气气氛中退火（annealing）$10\sim15h$。YBCO 的超导性能、晶体结构、晶格参数均随氧含量 δ 而变化，因此在晶体生长、薄膜制备及后退火等工艺过程应在控氧气氛内进行。这样就用固相反应法制得了 $YBa_2Cu_3O_{7-\delta}$ 粉末，然后用机械压块和烧结等通常的粉末冶金工艺获得块状高温超导体。

⑥ 研磨、造粒、成型、烧结（烧成）　一般采用干压成型，为了有利于烧结和固相反应的进行，原料颗粒应越细越好，但是粉料越细流动性就越不好，在干压成型时，粉料不能均匀地填充模具的每个角落，常造成空洞、边角不致密、层裂等问题。所以干压成型前要加黏结剂造粒，提高坯料成型时的流动性、增加颗粒间的结合力，提高坯体的机械强度。选择胶黏剂时要注意：因为 $YBa_2Cu_3O_{7-\delta}$ 与水发生反应，所以在干压成型时，不能用 PVA 水溶液等胶黏剂。δ 值对温度和氧分压敏感，烧成时要保持氧化气氛，一些在高温时分解或氧化反应而产生还原气氛的有机胶黏剂，成型时不能使用。烧成时要保持氧化气氛。对于超导陶瓷的胶黏剂和脱模剂都要严格的控制选择。

因为 $YBa_2Cu_3O_{7-\delta}$ 烧结时温度超过 $1000℃$ 时，$YBa_2Cu_3O_{7-\delta}$ 要分解为 Y_2BaCuO_5 和液相，失去超导性，所以烧结时要严格控制烧结温度，另外烧结时的氧分压条件也非常重要。

组成为 $YBa_2Cu_3O_{7-\delta}$ 的两种晶体结构中，正交相为超导相。另一种四方相结构的是非超导相，该相的氧含量降到每分子 6.5。正交相在 $750℃$ 以下才能稳定存在，其温度高于 $750℃$ 左右，发生正交到四方的相变，同时含氧量降低。为了得到具有良好超导特性的烧结体，必须在适当氧分压气氛下从高温缓慢冷却。

综上，要严格控制合成制度、烧结制度和气氛，在合成后要在氧化气氛中，约 $500℃$ 进行热处理，使部分非超导的四方相获得失去的氧转变为正交超导相。当工艺控制严格时，得到的 123 相合成料为黑色，如控制不当，会出现绿色的 211 相（Y_2BaCuO_5），211 相是非超导成分，从而使材料的超导性受到影响。

本方法的优点为制备过程简易，缺点是合成的材料颗粒粗、均匀度差，影响材料的超导性能，如超导转变温度（superconducting transition temperature）的跃迁宽度 ΔT 较大等。氧化铝坩埚还会将少量铝杂质引入超导体内，特别是在高温焙烧过程中，这会严重地破坏超导性能。纯度极高的样品制备一般可用氧化镁或 $BaZrO_3$ 坩埚。虽然如此，该方法至今仍是制备汞和铊系高温超导体的主要方法。

7.4 超导陶瓷 T_c、J_c 的提高方法

7.4.1 提高临界转变温度 T_c 的制备方法

采用传统的陶瓷烧结工艺制备的陶瓷材料通常为多晶体，具有很多晶界，容易造成晶粒间弱连接，材料本身的致密度偏低，使材料的力学性能较差，临界电流密度不高。

从实用角度出发，提高超导材料的临界温度和临界电流密度是超导研究的重要内容。高温超导发展非常迅速，然而人们对高温超导体本质的认识仍然十分有限，原因之一就是这些氧化物的化学结构要比低温金属超导体的结构复杂得多，超导行为因而更具多变性。铜氧化物高温超导体就是一类复杂的多元氧化物陶瓷材料，它们的组分、非均匀性和各类微结构对超导电性有十分重要的影响，因此研究它们的结构与性能的关系是发展超导应用技术的重要基础。在高温超导理论尚未完善的情况下，人们一直期望从各种超导氧化物结构与超导性能的实验数据中找到某种自然规律，以便为建立新的超导理论提供依据。

迄今为止发现的所有系列的高临界温度铜氧化物超导体均属于掺杂超导体（doped superconductor），即它们都是在具有长程有序的反铁磁绝缘母体基础上，通过部分化学掺杂（元素替代）或改变氧含量引入空穴型或电子型载流子而得到的。故而元素替代方法是揭示高温超导电子性质、晶体结构以及元素激发谱特征和超导电性之间密切联系的重要手段之一，也是探索高温乃至室温超导材料的有效途径之一。

对高温超导体元素替代效应的研究是在保持晶体结构类型不变的情况下，通过替代不同格点上的离子，观测晶体结构、电子结构、正常态和超导态性质的变化，特别是与超导临界温度的关联。从晶体的化学角度来看，高温超导体基本上可以看成是（缺氧）钙钛矿型层 $ACuO_{3-\delta}$、岩盐型层 AO 和萤石型层 AO_2 等沿 c 轴方向堆砌而成的。由于 $ACuO_{3-\delta}$ 层中含有 CuO_2 面，而 CuO_2 面在高温超导体中又扮演着重要角色，所以从物理上看，可以将高温超导体看成是 CuO_2 层和其他块层（亦称为载流子库层）的叠合。这也是电荷转移模型的结构基础。

元素替代划分 CuO_2 面内的和 CuO_2 面外的两类。CuO_2 面内替代主要是指 CuO_2 面上的 Cu 位替代；CuO_2 面外替代的范围则很广，包括 $ACuO_{3-\delta}$、AO 和 AO_2 层上的 A 位替代，氧含量变化，甚至阴离子替代。CuO_2 面内替代通常改变 CuO_2 面上的磁关联，对 T_c 有强烈抑制作用；CuO_2 面外替代往往改变体系的载流子浓度，进而影响 T_c 值。

至今，研究的最多、最充分的元素替代效应是 $YBa_2Cu_3O_{7-\delta}$ 超导体（YBCO，或 123 相）中 3 个金属离子的替代效应。除 Pr、Ce、Tb 之外的稀土元素都能完全取代 YBCO 中的 Y^{3+}，形成 90K 左右的液氮温区超导体。用二价的碱土金属元素可以部分替代 Ba^{2+} 形成固溶化合物，但研究表明，这种替代总趋势导致 T_c 下降。而 YBCO 中的 Cu 可被大多数过渡元素（Fe，Co，Ni）和 B 族元素（Zn，Al，Ga）以及其他元素部分取代，其取代的结果也造成 T_c 降低。我们知道氧化物超导体的超导电性与 CuO_2 面、CuO 链、O 含量、离子分布有序化等因素密切相关，因此在实验上有意识地用其他元素部分置换氧，造成铜所处环境的改变，对于超导电性的研究是极有意义的。有人进行过 YBCO 的掺 F 和掺 S 的研究，在掺 F 的超导样品中观测到零电阻温度 T_{c_0} 高达 150K 的现象。

$YBa_2Cu_3O_{7-\delta}$作为一种缺陷型的陶瓷材料,其特性在很大程度上取决于它的结构和电子行为。元素替代作为一种非常有效的方法,广泛用于高温超导机理的研究工作,已经取得了很多有重要意义的结果。

7.4.2 提高临界电流密度 J_c 的制备方法

高温超导体材料在强电领域中的潜在应用前景一直受到重视,尤其是第二代高温超导带材的研制更是当前超导领域的重大课题。但是,YBCO 系超导薄膜在 77K、0T 磁场强度下测得 J_c 为 $10^6\,A/cm^2$,对粉末试样的磁化测量 J_c 为 $10^5\,A/cm^2$,而烧结体的临界电流密度仅约为 $10^3 \sim 10^4\,A/cm^2$,且随磁场增强急剧下降。研究认为影响烧结体临界电流密度主要因素是烧结体的烧结密度较低,由于烧结体的多晶结构所形成的晶粒间界弱连接性质使得该材料的实际临界电流密度 J_c 受到一定抑制,远低于晶粒内的临界电流密度 J_c。因此,如何克服晶粒间界弱连接现象,充分发挥高温超导材料的大电流、强磁场特性就成为超导材料研究领域中的一个迫切需要解决的问题之一。

目前,晶界弱连接的确切机理尚不清楚,一般认为它与晶体结构缺陷、晶界附近原子间距的变化或晶界处化学成分的偏差(阳离子或氧的化学配比)有关系。显微组织或成分上的不均匀、晶界处存在的许多位错都严重地影响着电子结构,尤其是 Cu—O 键的距离/角度,即使是很小的变化,都会抑制或损失高温超导材料的超导性。

对于 YBCO 系超导陶瓷来说,造成晶界弱连接的主要原因是材料组成和晶体结构的不均匀。一方面,所合成的材料除含有 $YBa_2Cu_3O_7$ 相外,还有 Y_2BaCuO_5 和杂质等形成的第二相存在,这是组成的不均匀。另一方面,由于存在微裂纹、位错、缺氧相而导致显微结构也不均匀,这些组成和结构上的缺陷都可能导致形成晶粒间超导体-绝缘体-超导体的弱连接,使得临界电流密度降低。为了得到较高的临界电流密度,就必须排除或尽量减少上述缺陷。较为理想的 $YBa_2Cu_3O_7$ 应该具有下列特点:致密且无微裂纹等缺陷;烧结体的组成和结构均匀;无杂质等构成的其他相;试样整体缺氧量非常小;尽可能使材料整体 c 面取向性提高。

利用熔融织构工艺制备的高温超导体准单畴块材在解决晶粒间界弱连接行为方面取得了很大成功,但是在带材方面如何消除晶界弱连接的影响似乎仍需作进一步的探索。最近,利用元素替代或化学掺杂方法尝试改善高温超导材料晶粒间界弱连接行为的研究工作不断有报道。J. Mannhart 等对生长在 $SrTiO_3$ 双晶衬底上的 YBCO 薄膜进行 Y 位替代,用二阶 Ca^{2+} 部分替代晶界附近的三阶 Y^{3+},测量结果表明,掺杂后双晶结的临界电流密度 J_c 得到了显著提高。这一结果似乎表明化学掺杂在改善高温超导体晶界弱连接行为方面有一定效果。

实用超导体的临界电流密度及磁通动力学研究:超导体的一切强电应用需要高的临界电流密度 J_c,而获得高的 J_c 必须克服弱连接和提高磁通钉扎能力。

在大多数主要应用中,阻碍高温超导材料发展的是其临界电流密度 J_c 太低,尤其是在强磁场中。表 7-7 给出了目前一些应用基础材料的 J_c 值。从原则上讲,J_c 值越高越好,但提高高温超导氧化物材料的 J_c 值却非常困难。在 77K,J_c 值低的两个主要原因是多晶高温超导体在晶界处的弱连接和晶粒内的磁力线运动。目前,提高 J_c 值的方法主要是形成非常有序的织构和引进钉扎中心(如点缺陷)。

表 7-7 主要高温超导材料的 J_c 值

材料类型	$J_c/(A/cm^2)$	备　注
$YBa_2Cu_3O_{7-x}$ 薄膜	5.8×10^7(77K,0T) 7.0×10^6(77K,0T)	丹麦 德国
YBCO 厚膜	3×10^5(77K,0T) 1×10^6(77K,0T)	橡树国家实验室
$YBa_2Cu_3O_y$ 块材	1.1×10^5(77K,0T)	日本金材
$Ba_2Sr_2CaCu_3O_x$ 带材	2.4×10^4(77K,0T)	威斯康星大学
$Ba_2Sr_2CaCu_3O_y$ 复合带材	1×10^5(4.2K,12T,80m)	日本昭和电线电缆有限公司
$TlBa_2CaCu_2O_x$ 薄膜	1.25×10^5(77K,0T,在 CeO_2 上) 7.6×10^6(77K,0T,在 $LaAlO_3$ 上)	英国牛津大学
$HgBa_2Ca_2Cu_3O_{8+\delta}$ 薄膜	2.3×10^7(5K,0T) 2.6×10^6(77K,0T) 5×10^5(100K,0T)	英国堪萨斯大学

（1）晶界弱连接

众所周知，多晶高温超导体的晶粒边界处存在约瑟夫森型弱连接。相邻晶粒间的取向偏离给运载电流的能力带来不利的影响。另外，穿过高角度晶界电流的流量会受到严重的限制，尤其是在强磁场中。晶界弱连接的确切机理尚不清楚，一般认为它与不佳的晶体结构和晶界附近原子间距的变化或晶界处化学成分的偏差（阳离子或氧的化学配比）有关。显微组织或成分上的不均匀、晶界处存在的许多位错都严重地影响着电子结构，尤其是 Cu—O 键的距离/角度，即使是很小的变化，都会抑制或损失高温超导材料的超导性。

高温超导体中弱连接问题可通过限制或减少电流通路上高角度晶界的方法来解决，即使晶体沿平行于 a-b 导电层（CuO_2 层）的方向择优生长并排成直列。解决这个问题的制备方法有熔融织构法、变形织构法、磁场调节法、衬底诱导织构法等。

1988 年美国贝尔实验室的 Jin 首先发现了熔融织构生长法（MTG），其后村上雅人先是用淬火熔融生长法（QMG），后又改进为熔化粉末熔融生长法（MPMG）。1989 年，周廉等又发展了粉末熔化法（PMP）制备钇系块材。以上这些方法都可制备出织构良好、基本克服了弱连接的大块钇系材料，J_c 可达 $1\times10^5 A/cm^2$(77K，0T)。但这种方法用于铋系陶瓷超导体的效果较差，主要是由于铋系陶瓷特殊的晶体结构和显微结构决定了它的致密烧结是相当困难的。

变形织构法是在金属包套线材制备方法的基础上改进而成的。已成功地制备出铋系和铊系超导体。经过近些年的研究，用这种方法制备的 $(BiPb)_2Sr_2Cu_3O_{10}$，其 $J_c>1\times10^5 A/cm^2$(77K)，已基本上能满足超导磁体的应用要求。另外，使用衬底诱导织构法制造出的铋系超导带，J_c 达 $2.3\times10^5 A/cm^2$(4.2K，$H_{\perp ab}=8T$)。

（2）增强磁通钉扎的方法

在所有的高温超导材料中，磁通蠕动是一个公认的难题，这也是在高强度磁场中，J_c 显著下降的主要原因。在钇系中 J_c 下降主要是由于缺乏足够的磁通钉扎，而铋系和铊系中主要是由于剧烈的磁通蠕动造成的。要解决这个问题，就要想办法提高磁通钉扎力。有效的磁通钉扎需要有足够的精细缺陷存在，其尺寸应与超导相干长度相匹配（在钇系约为 0.4～3nm）。以下几种方法可引入精细缺陷并提高磁通钉扎力：中子/质子辐照、相分解、非超导性第二相弥散法、化学掺杂法、冲击波加载法等等。

现已证实，快中子辐照可提高高温超导体的磁通钉扎力，J_c 约提高 100 倍。另外，质子辐照对增强磁通钉扎也很有效。相分解方法是以 $YBa_2Cu_4O_8$（1-2-4 相）的前驱物分解成 $YBa_2Cu_3O_7$（1-2-3 相）为基础，因相变产生高密度缺陷，从而使磁通钉扎力得到很大的提高。如相分解使钇系的磁通钉扎力提高了 10 倍左右。利用在 $YBa_2Cu_3O_y$ 的熔融加工过程中掺入钬的方法制出的 $Y_{1-x}Ho_xBa_2Cu_3O_y$，其 J_c 值可提高许多，如在 60K、1T 时，纯 YBCO 的 $J_c = 9200A/cm^2$，$Y_{1-x}Ho_xBa_2Cu_3O_y$ 的 $J_c = 51500A/cm^2$。而且研究者们相信如果进一步调整成分和制备条件，会得到更高的 J_c 值，足以满足电工技术应用的要求。

7.4.3　高温超导体的应用展望

目前国内外高温超导电性的研究和应用开发正向纵深发展：

① 在逐步解决成材的技术问题和工艺问题基础上，高温超导在低压大电流输电、变压器、限流器及超导磁流体技术等方面的应用将会很快成为现实；

② 在深入发展高温超导物理研究、高温超导薄膜技术、超导结技术和微加工技术的基础上，高温超导在科学仪器、通信技术、军用电子学、医学仪器等方面的应用也将会在近年内有一定规模的发展；

③ 直接利用完全抗磁效应和磁通俘获效应在人们的日常生活中，例如磁悬浮列车等，也会在同一时期内进一步发展并完善；

④ 发展高温超导核磁共振成像装置、发展雷达前端、卫星通信及移动电话地面站使用的高温超导微波器件，发展生物磁测量和大地电磁测量的高温超导量子干涉器等项目的使用领域。

参 考 文 献

[1] 张金升，王美婷，许凤秀．先进陶瓷导论．北京：化学工业出版社，2007.

[2] 曲远方．功能陶瓷材料．北京：化学工业出版社，2003.

[3] 殷景华，王雅珍，鞠刚．功能材料概论．哈尔滨：哈尔滨工业出版社，2002.

[4] 徐延献，沈继跃，薄占满．电子陶瓷材料．天津：天津大学出版社，1993.

[5] 贡长生，张克立．新型功能材料．北京：化学工业出版社，2001.

[6] 曲远方．功能陶瓷的物理性能．北京：化学工业出版社，2007.

[7] 郝虎在，田玉明，黄平．电子陶瓷材料物理．北京：中国铁道出版社，2002.

[8] 李言荣．电子材料导论．北京：清华大学出版社，2001.

[9] 沈能钰．现代电子材料技术．北京：国防工业出版社，2002.

[10] 周鑫我．功能材料学．北京：北京理工大学出版社，2005.

[11] 赵九蓬，李圭，刘丽．新型功能材料设计与制备工艺．北京：化学工业出版社，2003.

[12] 殷庆瑞，祝炳和．功能陶瓷的显微结构、性能与制备技术．北京：冶金工业出版社，2005.

[13] 李凤生．微纳米粉体制备与改性设备．北京：国防工业出版社，2004.

[14] 王昕，田进涛．先进陶瓷制备工艺．北京：化学工业出版社，2009.

[15] 曾令可，李秀艳．纳米陶瓷技术．广州：华南理工大学出版社，2006.

[16] 王树海．先进陶瓷的现代制备技术．北京：化学工业出版社，2007.

[17] 刘维良，喻佑华．先进陶瓷工艺学．武汉：武汉理工大学出版社，2004.

[18] 曲远方．功能陶瓷及应用．北京：化学工业出版社，2003.

[19] 林宗寿．无机非金属材料工学．武汉：武汉理工大学出版社，2008.

[20] 徐政，倪宏伟．现代功能陶瓷．北京：国防工业出版社，1998.

[21] 王培铭．无机非金属材料学．上海：同济大学出版社，1999.

[22] 李世普．特种陶瓷工艺学．武汉：武汉理工大学出版社，2005.

[23] 【美】B.Jaffe 等著．压电陶瓷．林声和译．北京：科学出版社，1979.

[24] 张沛霖，钟维烈．压电材料与器件物理．济南：山东科学技术出版社，1997.

[25] 莫以豪，李标荣，周国良．半导体陶瓷及其敏感元件．上海：上海科学技术出版社，1983.